U0121046

谨以此书献给那些做出卓越贡献的杰出地质学家，
特别是那些在我职业生涯中激励我的人。他们是：

阿尔弗雷德·魏格纳

詹姆斯·赫顿

查尔斯·赖尔

威廉·史密斯

阿瑟·霍姆斯

格里·瓦瑟堡

吉恩·休梅克

克莱尔·帕特森

查尔斯·杜利特尔·沃尔科特

乔·克什维克

托马斯·亨利·赫胥黎

艾伦·考克斯

G.布伦特·达尔林普尔

许靖华

加里·厄恩斯特

比尔·瑞安

瓦尔特·蒙克

路易斯·阿加西

前　言

　　每块岩石都有自己的故事。对大多数人来说，岩石或许仅仅是石头，但对术业专精的地质学家来说，岩石中藏着丰富且珍贵的信息——只要你知道如何解读它。我经常跟学生们说，地质学就像电视剧《犯罪现场调查》(*Crime Scene Investigation*)，地质学家和古生物学家相当于里面的法医，他们把碎片般的证据拼凑起来，深度还原"犯罪现场"。

　　本书沿用了《25种化石讲述生命的故事》(*The Story of Life in 25 Fossils*)一书的风格，希望写得既科学严谨又引人入胜，既能让普通读者感觉通俗易懂，也能让专业人士觉得逻辑缜密。和《25种化石讲述生命的故事》一样，本书每章都介绍了一种岩石，或某处经典地质露头，或重要地质现象，讲述了这些岩石或现象背后的有趣历史和文化背景，以及它们如何改变了人类对地球及地球运作方式的认识。此外，书中还穿插了这些岩石的发现过程及背后的人物故事。大多数情况下，认识是个慢慢积累的过程，这个过程中会有无数个小小的、难以解释的发现，它们就像拼图的一个个碎片，当这些碎片拼接在一起，整张拼图就变得清晰明了。本书许多章节就是按照这种思路来讲述地质学上的未解之谜及其解决之道的。

致　谢

首先，感谢给予我极大支持的编辑——帕特里克·菲茨杰拉德（Patrick Fitzgerald），他为我提供了很多宝贵建议，为此书的完稿做出了重要贡献。感谢负责监督本书印刷的哥伦比亚大学出版社的凯瑟琳·豪尔赫（Kathryn Jorge），以及负责制作工作的来自 Cenveo 出版公司的本·科尔斯塔德（Ben Kolstad）。感谢格雷格·雷塔拉克（Greg Retallack）和尼克·弗雷泽（Nick Fraser）的宝贵意见和建议，以及保罗·霍夫曼（Paul Hoffman）对第 16 章的评述。

此外，感谢我的儿子——埃里克·普罗瑟罗（Erik Prothero），他用 Illustrator 和 Photoshop 绘图软件重绘了本书中的多幅插图。感谢允许我使用其图片的人们，他们的名字列在相应图题中。

最后，我要感谢我家人们的爱和支持，感谢他们的帮助：我的儿子埃里克、扎卡里（Zachary）和西奥多（Theodore），以及我的爱妻——特雷莎·勒维尔博士（Dr. Teresa LeVelle）。

目　录

改写地球历史的25种石头

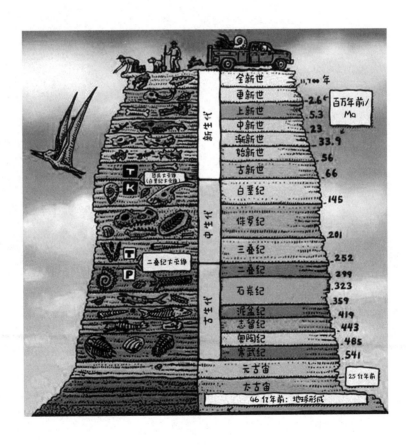

01 火神之怒：维苏威火山喷发

火山凝灰岩

> 生活在危险之中！将你的城市建造在维苏威火山旁吧！
>
> —— 弗里德里希·尼采（Friedrich Nietzsche）

诸神之怒

火山喷发恐怖至极。在古代，甚至许多现代文化中，火山都被视为神祇发怒的征兆或者人类违背神意而受到的惩罚。火山爆发的巨大威力、轰隆声及其潜在的破坏力使它比很多地质灾害更令人恐惧，仅次于地震。罗马人认为，西西里岛埃特纳火山的火焰源自火神伏尔甘［Vulcan，对应希腊神话中的赫菲斯托斯（Hephaistos）］的锻造炉。伏尔甘用地狱之火为众神锻造盔甲、金属器具和武器，其中包括众神之主朱庇特［Jupiter，对应希腊神话中的主神宙斯（Zeus）］的武器"雷霆"。传说中火山喷发是伏尔甘发怒了，因为他的妻子维纳斯［Venus，对应希腊神话中的阿佛洛狄忒（Aphrodite）］对其不忠。罗马人将那不勒斯（Naples）湾的维苏威火山视为大力神海格立斯［Hercules，对应希腊神话中的赫拉克勒斯（Herakles）］的圣山。有些学者认为，"维苏威"（Vesuvius）这个名字便是源自希腊语中的"宙斯之子"（son of Zeus，因为赫拉克勒斯是宙斯的儿子）。

人类对火山本质及其喷发方式的最早的科学描述和认识源于远古时期。在某种意义上，公元 79 年的维苏威火山爆发可视为现代地学认知的开端，这次事件也促使了地质学的诞生。

当时，维苏威火山附近的城镇非常繁荣。那不勒斯湾丰富的资源带动渔业蓬勃发展，当地居民在维苏威火山的山坡上种植了许多酿酒葡萄。和现在一样，维苏威火山周围的火山土十分肥沃，非常适宜种植农作物和酿酒葡萄。罗马皇帝在附近的卡普里岛（Capri）上建造了宏伟的宫殿，许多罗马贵族也在这里置办了房产。庞贝城（Pompeii）在当时是一个拥有两万多人口的大城市，其附近还分布着许多小聚落。

维苏威火山上一次爆发是在公元前 217 年，自那之后一直很平静，因此许多罗马人认为它是一座死火山。不过，在公元 62 年，这里发生过一次大地震［这次地震导致庞贝、赫库兰尼姆（Herculaneum）和那不勒斯城等许多地区遭受了严重破坏］。此后的 17 年间，这里地震频发。早在公元前 30 年，希腊历史学家狄奥多·西库鲁斯（Diodorus Siculus）就曾以"炙热"一词形容坎帕尼亚平原（Campanian Plain），因为维苏威火山上留有很久之前被火灼烧过的痕迹。

到了公元 79 年 8 月，维苏威地区地震愈加频繁，许多水井和泉水相继干涸。8 月 23 日是罗马人一年一度的火神节（Vulcanalia）。讽刺的是，第二天火神伏尔甘对其虔诚的信徒们的回应竟是一场巨大的火山喷发。整整 20 个小时里，火山灰和浮石雨遮天蔽日（图 1.1）。赫库兰尼姆和庞贝城的许多居民立即撤离，但仍有一些人留了下来，他们或是不愿离开，或是来不及离开，因为港口船只不足，且大部分路段被 2.8 米厚的火山灰和浮石覆盖，交通堵塞。

图 1.1　1944 年维苏威火山大爆发（图源：维基百科）

不只是难以逃离，漫天的火山灰也令很多人和动物难以呼吸，最终窒息而死。而这仅仅是这场灾难的序曲。一天后，维苏威火山喷涌出大量火山碎屑流（*nuées ardente*，法语意为"炽热灰云"）。这些炙热（温度高达 850℃）的火山气体和火山灰的混合物以时速 160千米沿山坡奔涌而下，所经之处焦土一片，满目疮痍。赫库兰尼姆城被掩埋在几十米厚的火山凝灰岩之下。

灾难史学家

　　这场火山喷发的目击者几乎都葬身于这场灾难之中，未留下只言片语，他们的想法也都消逝在历史的迷雾中。幸运的是，目击者历史学家小普林尼的记述留了下来。灾难发生时，小普林尼 17

岁，正和家人一起乘船逃往米塞努姆镇（Misenum）。米塞努姆镇离海湾对面的维苏威火山只有 35 千米。这位年轻人在写给他的朋友——著名历史学家科尼利厄斯·塔西佗（Cornelius Tacitus）的信中写道，他 56 岁的舅舅，古罗马著名的海军将领、学者和博物学家老普林尼，决定乘小船到火山附近解救他的朋友。自从我在高中拉丁语课上第一次阅读到这段叙述，它便成为我最喜欢的关于火山喷发的记述之一：

亲爱的塔西佗：

您让我写一些关于我舅父去世的详情，以便留给后人的记述尽可能可靠。可以预见，如果您将舅父之死记录在《历史》（*Histories*）一书中，他将名垂千古。对此我十分感激。舅父死于一场灾难，这场灾难摧毁了他最爱的土地，也毁灭了这片土地上的人民和城市，但这对他来说也是一种生命的永恒。尽管他自己也写了许多流芳百世的作品，但您的著作将让他永垂不朽。在我看来，所做之事意义重大而值得被记述的人，以及所著作品值得阅读的人都是快乐的；若两者兼而有之，他将是多么幸运啊！我的舅父不仅自己留下了许多著作，而且能被记录在您的史书中，也算得上是最幸运的人了。所以，我十分乐意接受，或者说担负起您赋予我的任务。

舅父是米塞努姆镇的舰队的舰长。（公元 79 年）8 月 24 日下午两三点的时候，我母亲让他看一团形状奇特的巨大云朵。当时他刚晒了个日光浴，又洗了个冷水澡，吃过饭后正斜靠在床上看书。舅父听到我母亲的话，穿上鞋子，爬到高处，以便更好地观察那片云。那云是从山上腾空而起，但因距离太远，我们无法分辨是哪座山，不过随后得知是维苏威火山。这团云的形状有点像松树（现在我们将其比作"蘑菇云"）。它直冲云霄，有着高大笔直的"树干"，树干再分出若干"枝杈"。我猜测，云朵可能是因火山突然喷发而上涌，后因上冲力减弱没了支撑，在自身重力的作用下向四周扩散开来。云朵有些部分呈现白色，其他部分则是主要由火山灰组成的暗斑。这一景象唤醒了舅父身上的科学精神，他决定到那座火山附近去看个究竟。（这种会形成由火山灰和浮石构成的蘑菇云的喷发类型被命名为"普林尼式火山喷发"，以示纪念。）

舅父安排了一艘船，预备妥当，然后问我要不要一起去。我想留下来读书，因为他刚给我安排了写作训练。他正要离开房子时，收到了塔斯西乌斯（Tascius）的妻子雷克蒂娜（Rectina）的求援信，她被正在逼近的危险吓坏了。雷克蒂娜的家就在维苏威火山脚下，只能坐船逃生。于是，舅父改变了他的计划。这趟原本追寻知识的探索之旅现在需要更大的勇气。他命令大船出发，并亲自上船。因为那片宜人的海岸人口众多，除了雷克蒂娜之外还有许多人需要营救。他将奔赴一个众人争相逃离的地方，直奔危险地带。他害怕吗？看上去并不，因为他仍在不断观察那片恐怖之云变幻莫测的移动轨迹和形状，然后口述他所观察到的现象。

火山灰不停地落在船上，离火山越近，灰尘就越灰暗、越浓密。接着出现了一些浮石，以及被灼烧成黑色的岩石碎块。海水越来越浅了，来自山上的岩石碎块阻隔了通往海岸的路。舵手力劝他，所以他停了一会儿，考虑是否要返航。他说："幸运之神眷顾勇者。去救庞波尼亚努斯（Pomponianus）！"

在由蜿蜒曲折的海岸形成的海湾对面的斯塔比伊（Stabiae），

庞波尼亚努斯在危险尚未到来时就已经上了船，因为灾难一旦降临便会迅速蔓延。他计划等逆风一停便立即出发。正是这阵风将我舅父带到了这里，舅父拥抱受了惊吓的朋友，给了他安慰和勇气。舅父试图用自己的漫不经心来减少其他人的恐惧，故意表现得若无其事。他提出要去洗个澡。舅父在那里洗澡、用餐，毫无忧虑，至少表面看来如此（这同样让人印象深刻）。此时，维苏威火山许多地区出现了大片火焰，火光在夜晚显得格外耀眼。为了缓解民众的恐惧，舅父宣称，大火来自那些被遗弃的农民家里，他们惊慌失措地离开，留下的炉火仍在燃烧，导致发生火灾。接着舅父就休息了，种种迹象表明他是真的睡着了。他体形偏胖，鼾声如雷，经过门口的人都听得到他的鼾声。他房间外的地上很快堆积起厚厚的灰烬和碎石，如果他在屋里再多待一会儿可能就无法逃出。他起床出门，回到庞波尼亚努斯和其他无法入睡的人中间，一起讨论接下来该怎么办，是留在屋里等待被埋葬还是到外面试试，破开一条通路寻求生机。房子受到一连串强震的侵袭，似乎已与地基分离，开始晃来晃去；到外面去则将面临不断从天而降的被火灼烧的浮岩碎块。权衡了将要遭遇的危险之后，他们决定走出屋外；舅父也认为这是一个明智之选，但有些人选择了另一个让他们稍不恐惧的方案——继续待在屋里。

舅父他们把枕头绑在头顶上，以免头部被浮石雨砸伤。当时是白天，但天空比任何一个夜晚都要黑，他们点起了火把等照明设备。他们决定到岸边去，靠近看看是否有可能通过海路逃生，但形势仍然十分严峻。在船帆下休息时，舅父要了一两次冰水喝。这时空气中传来一股硫黄味，这预示着大火即将到来。火很快烧到跟前,人们争相逃窜,惊醒了舅父。在两名奴隶的搀扶下,他站了起来,但马上又倒下了。我想,可能是当时的空气中全是灰尘,使他呼吸不畅,他原本就不怎么强壮的内脏也遭破坏,彻底罢工了。他去世两天之后,天空才重新亮起来。他的尸体被发现,原封未动,也没有伤痕,身上还穿着之前的衣服。他看起来不像死了,更像是睡着了。

在写给塔西佗的第二封信中,小普林尼写道:

现在已是黎明时分,但是光线仍然十分微弱。周围的房屋都摇摇欲坠,我们所处的露天空间实在太小,一旦房屋倒塌,我们将再次陷入困境。这也是迫使我们最终决定离开城镇的原因。我们后面跟着一群惊慌失措的人,他们毫无主意,只想跟着别人行动(从这点上,恐惧与谨慎相差无几)。他们在后面挤在一起,催促着我们赶快前进。我们一走出建筑物就停了下来,并且遭遇了一些非同寻常的经历,令我们恐慌不已。虽然路面平整,但我们叫来的马车还未出发,就开始四处乱窜,即使我们用石块楔在车轮下也无法使它们停下来。我们还看到海水因地震被吸走,明显后退:海水远离海岸,导致许多海洋生物被遗留在干涸的海滩上。在海岸的方向,一片可怕的黑云裹挟着颤动的烈焰,露出巨大的火舌,看上去就像巨型闪电。

这时,舅父的一个西班牙朋友急切地说:"如果你的兄弟、你的舅舅还活着,他一定希望你们都能得救;如果他死了,也会希望你能将他的生命延续下去,为什么要放弃逃生呢?"我们回答说,如果不能确定舅父的安危,我们不会考虑自己的安全。我们的朋友没再耽搁，径直冲了出去，以最快的速度逃离了危险。

那片黑云很快下沉，积压在海面上，它已遮住卡普里岛，导致我们根本看不到米塞努姆。这时我的母亲恳求并命令我一定要尽全力逃出去——年轻人或许可以逃离，但是她年事已高，行动迟缓，只要不连累我，她就可以安然死去。我不愿丢下她自己逃走，于是抓住她的手，让她能走得更快些。她不情愿地答应了，直怪自己拖累了我。灰烬不停落下，但还不算厚。我环顾四周：一片浓密的黑云正在我们身后追赶，像洪水一样在地面上逸散开来。我说："趁我们还能看清路赶快离开，不然我们就会在黑暗中被后面拥挤的人群踩踏而死。"还没等我们坐下来休息，黑暗就已降临，这不是那种没有月光或者多云的夜晚的黑暗，而是像被关在密闭房间里不开灯一样。你可以听见女人们的尖叫、婴儿的哭号，还有男人们的呼喊；人们有的在呼喊他们的父母，有的在呼喊他们的妻儿，试图通过声音来辨认出自己的亲人。有的人在哀叹自己和亲人的厄运，有的则在面临死亡的恐惧中求死以得解脱。许多人向神祈祷，请他伸出援手，但是更多人认为神已不复存在，宇宙将陷入永恒的黑暗。有的甚至还编造虚构的危险加剧正在面临的灾难：有人说米塞努姆的一部分已经坍塌，另一部分也正被火焰吞噬。尽管他们编造的故事是假的，但人们依然相信了。这时出现了一道光，我们知道那不是日光，而是火焰靠近的预兆。但是，火焰一直在一段距离之外。接着黑暗再度降临，火山灰又开始飘落，这次是像大雨般倾泻而下。我们得不时站起身，将身上的火山灰掸落下来，否则就会被压垮掩埋。我可以自豪地说，在这场危险中，我没有因恐惧而发出一声抱怨和哭泣，因为我相信整个世界将与我一起消亡——我与世界是一体的，这种想法让我心里宽慰不少。

最后，黑暗逐渐消散，变成烟云，接着我们看到真正的阳光。太阳真的出现了，但像日食时一样有点偏黄。周遭一切都变了样，它们被埋在深深的废墟和灰烬中，令人感到恐惧。我们回到米塞努姆，在那里尽力去满足自己的生理需求，然后在希望和恐慌交织中度过了一个焦虑的夜晚。因为余震尚未停止，到处仍笼罩着恐惧的氛围，有些情绪失控的人在散布可怕的预言，这令他们自己和别人的灾难看起来荒唐可笑。即使在那个时候，经历了种种危险，我们依然怀有希望，除非知道舅父的下落，否则我和母亲都不打算离开。

事件余波

第六次也是最大的一次火山灰雨将他们的船因在海港，所以老普林尼没有生还的机会。最后，船只回到了庞贝城，人们在码头发现了老普林尼的尸体，显然他是因火山灰窒息而死。在这场灾难中，包括老普林尼在内的数千人遇难，庞贝城两万多名居民中只有少数人幸存下来。整个庞贝城被埋在 20 米厚的火山灰之下，以至于这座城市被遗弃甚至完全被遗忘了（图 1.2）。直到 1748 年，钻井工人在钻井时发现了城市存在的迹象，庞贝城才于近 1700 年后重见天日。从那以后，庞贝城几乎完全被发掘出来，让我们得以一窥罗马帝国的生活景象。这里不仅房屋和自然物保存完整，就连墙上的壁画也保留了原本生动鲜艳的颜色，马赛克瓷砖完好如初，不可燃材质制成的手工器具也出乎意料地毫发无损。最引人注目的是

图 1.2 庞贝城废墟，远处的背景是维苏威火山（图源：维基百科）

考古人员在火山灰中发现的许多空腔。他们用石膏将这些空腔填充之后再挖出，发现它们原来是当时的罗马人（和狗）的遗体模型。这些死者因火山灰窒息而死，以自我保护的蜷缩姿势葬于灰烬中（图 1.3）。他们的躯体已气化蒸发，只剩下了空腔。

　　赫库兰尼姆城被埋藏在 23 米深的火山泥流堆积物之下，因而发掘难度更大。虽然这座城市发现于 1709 年，于 1738 年开始发掘，但到目前为止，仅有一小部分重见天日。从这里出土的房屋、珠宝及其他手工艺品可看出，与庞贝城不同，赫库兰尼姆城只是一个仅有 5 000 名居民的海边度假小镇，分布着许多豪华别墅。和庞贝城一样，考古学家在这里也发现了许多遗体蒸发而留下的空腔，还有300 具保持着死亡时姿势的骨架。这些骨架大多发现于岸边，表明他们曾经试图逃跑，但旋即因火山气体窒息而亡，不久后被掩埋并

图 1.3　庞贝城内保存在火山灰中的尸体化石（图源：维基百科）

气化蒸发。

　　维苏威火山于公元 79 年爆发，使庞贝和赫库兰尼姆这两座城市从地图上消失（其后不久也从罗马人的记忆中抹去）。在接下来的数百年里它都十分活跃。它于公元 203 年发生过一次大规模喷发，于公元 472 年又喷发了一次，喷出的火山灰甚至波及君士坦丁堡。随后，维苏威火山进入休眠期，直到 20 世纪。1906 年的一次火山爆发产生了大规模熔岩流，导致 100 余人丧生。1944 年，第二次世界大战期间，它再度喷发，摧毁了许多村庄，以及盟军进攻意大利时所使用的 88 架 B-25 米切尔（Mitchell）轰炸机。过去 70 年来，维苏威火山相对平静，但是从过往记录来看，它仍然是地球上最活跃、最危险的火山。尽管如此，现在仍有一百多万人生活在维苏威火山的山坡上，还有三百多万人生活在山脚下。因此，若它再次喷发且规模与公元 79 年那次相仿，将会导致更多人死亡，造成更大的灾难。

维苏威火山和庞贝城的故事，与其他大型火山喷发并无二致。让它与众不同的是老普林尼和他的外甥在火山喷发时的观察和记录。他们并没有将这次火山喷发看作神的复仇，而是以一种科学的方式来观察它，将它描述为一种自然过程。这与老普林尼一生中所著的《博物志》（*Natural History*，共 37 卷，是史上最早的博物志著作之一）所体现的科学思想是一致的。小普林尼对浓密的火山灰很像地中海地区的松树的描写，及其对随后的火山喷发过程的描述，是史上第一次细节详尽、科学准确、不带神话色彩的火山喷发记录。因此，两位普林尼先生（老普林尼还在科学观察中不幸身亡）的记述标志着人类用自然观察法研究地质过程（我们现在将其称为地质学）的开端。

延伸阅读

Beard, Mary. *The Fires of Vesuvius: Pompeii Lost and Found*. Cambridge, Mass.: Belknap Press of Harvard University, 2010.

Cooley, Alison E., and M. G. L. Cooley. *Pompeii and Herculaneum: A Sourcebook*. New York: Routledge, 2013.

De Carolis, Ernesto, and Giovanni Patricelli. *Vesuvius, A.D. 79: The Destruction of Pompeii and Herculaneum*. Malibu, Calif.: J. Paul Getty Museum, 2003.

Pellegrino, Charles R. *Ghosts of Vesuvius: A New Look at the Last Days of Pompeii, How Towers Fall, and Other Strange Connections*. New York: William Morrow, 2004.

Scarth, Alwyn. *Vesuvius: A Biography*. Princeton, N.J.: Princeton University Press, 2009.

02 冰人与铜岛

自然铜

我们正在和好莱坞一家大型工作室合作，共同制作一部名为《铜》的影片。故事设定发生在 24 世纪的火星上。到那时全世界将有 270 亿人口，因为生活完全依靠电力，且已停止燃烧化石燃料，铜成为最有价值的金属。

—— 罗伯特·弗里德兰（Robert Friedland）

冰人现身

1991 年 9 月 19 日，两名德国游客在奥地利境内的阿尔卑斯山区徒步时，在海拔 3 210 米处离开有标示的路线，走了一条捷径。长途跋涉途中，他们发现一个冻在冰中的黑色物体。一开始他们以为这是之前的徒步者遗留的垃圾。当他们走近后，却发现是露在冰外的人类头颅和躯干。这具尸体保存得相当完好，从最初发现的徒步者到后来的法医和警察，都认为死者是近年犯罪事件的受害者或者迷路后不幸身亡的徒步者。死者的确是迷路的徒步者——但是并非最近死亡。在当地太平间，警方仔细检查了死者的衣物和携带的工具，断定这两位徒步者偶然间发现的是一具古人类木乃伊。后来的年代测定结果表明，这名死者的生活年代约为 5 300 年前。由于发现于厄茨山谷（Ötz Valley），人们称其为"冰人厄茨"（Ötzi the

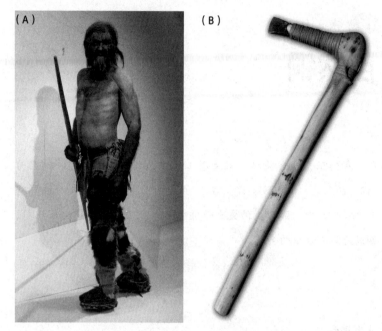

图 2.1 （A）冰人厄茨；（B）他随身携带的铜斧（图源：维基百科）

Iceman，图 2.1）。这名"幸存者"及其衣物、工具为我们研究青铜时代与石器时代交替时期的人类文明提供了十分有价值的线索。

人类演化初期，已知最早的武器和工具都是用燧石和黑曜石等岩石制造而成的。人类工具文化的第一个阶段被称作旧石器时代（Old Stone Age 或 Paleolithic Age）和新石器时代（New Stone Age 或 Neolithic Age），可追溯到 200 万年前。但是石器工具有其局限性——相比于金属器具，它们更易碎也更难塑形。铜制工具的出现代表人类首次尝试走出石器时代，步入铜器时代（Chalcolithic Age 或 Copper Age），接着出现了用铜锡合金（即青铜）制作而成的武器和工具 [（所以这个时代又称为青铜时代（Bronze Age）]。

与石器相比，这些金属制的工具和武器更为锋利、重量更轻，因此在之后很长时间里都保持优势。配有金属刀剑和长矛的军队更有战斗力。借助金属兵器，这些军队征服了强大的帝国。金属工具也与农村安土重迁的生活方式密切相关。金属使得群体生活变得更加便利，但金属勘探也需要更多资源和技能。石器的原材料随处可见，而金属加工是一种专业技能，只有拥有专门的金属工匠、可获取金属的庞大贸易网络的大型聚落才可能发展出这种技能。

　　和大多数元素和矿物不同，铜在自然界以单质形式存在（金、银、硫和石墨亦如此）。自然铜常以巨大晶体的形式存在（图 2.2）。世界上某些地方，比如密歇根上半岛，以其自然铜矿床而著名，这些铜矿通常是通过冰川作用被搬运到美国中西部。最早期的铜制工具有些是用纯自然铜制成的，因为自然铜只需冷锻法便可成型。早在 11 000 年前，某些文明中就已使用以自然铜制成的工具，中东

图 2.2 　自然铜（图源：维基百科）

出土的一个铜制吊坠可追溯到 10 700 年以前。7 500 年以前，人类文明进入下一个阶段的证据出现：出土于塞尔维亚的一把用熔炼法精炼的铜所打造的斧头。

铜器时代处于石器时代向青铜时代过渡的阶段，在世界各地出现的时间不同：中国大约是 4 800 年前，苏美尔和埃及约为 5 000 年前，北欧为 4 280 年前，密歇根北部可能是 5 000 年前，甚至可追溯至 8 000 年前。冰人厄茨携带的肯定是他最重要的家当——一把由 99.7% 的纯铜打造的斧头。考古学家在他的头发中检测到大量的砷，表明他在世时可能从事熔炼铜的工作。欧洲许多地区的战斧文化始于 7 500 年前，结束于 5 300 年前，而当时中东地区已开始制造更为坚固耐用的青铜器具（由铜锡合金制成），拉开了青铜时代的序幕。但是铜的需求持续不减，因为青铜的主要成分仍然是铜。

铜 岛

在古希腊和古罗马时代，即使当时铁等金属的冶炼技术已经发展起来，铜仍然被广泛使用。古希腊人称铜为 *"chalchos"*，且仅在地中海地区的几个地方才能开采得到。古罗马人称铜为 *"aes Cyprium"*，意为 "来自塞浦路斯的金属合金"，因为当时塞浦路斯岛是最大的铜矿来源地。由此，我们得到铜的拉丁文 *"cuprum"*。这也是炼金术师们后来使用的名字，因此铜的化学元素符号为 Cu。古人认为塞浦路斯是个 "铜岛"。

实际上在整个古代，塞浦路斯都具有十分重要的地位，不仅因为它地处地中海东部的重要战略位置，更因为这里拥有丰富的矿产资源。人们曾在塞浦路斯发现 12 000 年前的狩猎采集文化的遗迹，以及已知最古老的水井（现在仍在使用）。这些水井已经有 10 500

年的历史了。这些古人显然是冰河时代当地哺乳动物灭绝的元凶，如矮河马和矮象等，它们在塞浦路斯与世隔绝的小岛上演化出了侏儒种，正如它们在马达加斯加和克里特（Crete）等孤岛上的演化一样。塞浦路斯岛上的古人类及其宠物猫的坟墓可追溯到公元前9500年，比古埃及的木乃伊猫还要古老。公元前8800年的大型村落基罗基蒂亚（Khirokitia）是目前世界上保存完好的最古老的新石器时代遗址之一。

在接下来的几千年里，塞浦路斯被古代各大政权轮番征服，他们主要为了争夺这里的铜矿。迈锡尼人（Mycenaean）于公元前1400年入侵塞浦路斯；公元前1050年，迈锡尼文明莫名消亡，被其他海上民族入侵。塞浦路斯在迈锡尼和希腊神话中也相当重要。据说，阿佛洛狄忒就诞生于塞浦路斯某处海岸的海浪泡沫中，阿多尼斯（Adonis）也诞生于此。塞浦路斯是传说中的雕塑家皮格马利翁（Pygmalion）创作他的杰作《加拉塔亚》（Galatea）的地方，神将这个雕塑变成了一个真正的女人，作为对艺术家的奖赏。创立斯多亚学派（Stoic，又译斯多葛学派）并于公元前300年将斯多亚学派的思想传到雅典的季蒂昂的芝诺（Zeno of Citium）就是塞浦路斯人。

到了公元前8世纪，腓尼基人在塞浦路斯南岸建立了殖民地，并通过他们的海上贸易帝国出口昂贵的铜。公元前708年，亚述帝国征服了这个岛屿，后来它又被埃及人夺走，之后又在公元前545年被波斯人统治。公元前499年，爱奥尼亚起义期间，塞浦路斯人在萨拉米斯（Salamis）国王欧涅西流斯（King Onesilus）的带领下反抗波斯帝国。虽然这次起义失败了，但塞浦路斯岛的文化依然相当希腊化，而且基本上是自治的。公元前333年，亚历山大大帝赶走了波斯人，他受到岛上希腊人的欢迎。亚历山大去世后，他的土地被他属下的将军们瓜分，塞浦路斯成为希腊化的托勒密埃及帝国的一部分。最终，公元前 58 年，塞浦路斯被罗马人征服，此后其一直隶属罗马帝国（及其后的拜占庭帝国）。直到英格兰国王"狮心王"理查德在 1191 年的第三次十字军东征中占领此地，并将其作为他攻打圣地（Holy Land，指耶路撒冷）的基地。之后，理查德把塞浦路斯岛卖给了圣殿骑士团（Knights Templar），圣殿骑士团又把它卖给了吕西尼昂的居伊（Guy of Lusignan），最后它成了神圣罗马帝国的一部分。然而，港口城市威尼斯于 1473 年控制了这座岛屿，直至 1570 年，当时 6 万名奥斯曼土耳其人发动全面进攻，将塞浦路斯置于穆斯林统治之下。虽然塞浦路斯在历史上被许多国家统治过，但它所经历的血腥战争在很大程度上归因于历史悠久的希腊文化与奥斯曼帝国征服以来盛行的穆斯林文化两者之间的冲突。最后，1974 年，该岛被分成两部分，土耳其穆斯林占据的东北部（只被土耳其承认）和以希腊文化为主流的西南部。

洋壳板片

塞浦路斯为何成为古代世界最主要的铜产地，并成为多次战争和侵略的目标？早在公元前 4000 年，塞浦路斯岛上就开始了铜的开采，当时是直接刮采暴露在地面上的纯铜矿床。但是这些矿床很快就被采完了；之后不久，早期的塞浦路斯人发现了这些地表铜的原始矿藏：塞浦路斯中部的特罗多斯山（Troodos Mountains）上的蛇绿岩。

早在 1813 年，法国地质学先驱亚历山大·布龙尼亚（Alexandre Brongniart）便创造了"蛇绿岩"（ophiolite）一词，用来描述在阿尔卑斯山发现的这种奇特岩石。ophiolite 一词源自希腊语 ophis，意为"蛇",因为大多数蛇绿岩的原岩是黑色玄武岩构成的海底熔岩,后者发生变质作用而形成蛇纹石。蛇绿岩因其外观像平滑光亮的蛇皮而得名。1968 年,发现蛇绿岩的地方不止塞浦路斯,还有希腊的马其顿(Macedonia)和波斯湾(Persian Gulf)的阿曼(Oman)等地。蛇绿岩通常分布于奇怪但有规律的岩石组合中。岩石组合上层为深海沉积物,下方是状如水滴和枕头的"枕状熔岩"(图 2.3A)。当时,没有人知道这些岩石是如何形成的,但是如今我们已经知道,它们是熔岩在海底喷发而成。如果你在搜索引擎中输入"枕状熔岩喷发",可以找到许多壮观的熔岩喷发的视频。当熔岩流在海底移动时,熔岩表面冷却固结形成硬壳,而炽热的岩浆会挤破硬壳,像挤牙膏一样从裂隙中挤出来(图 2.3B);岩浆与海水相遇,迅速冷却,瞬间由灼热的红色变成冰冷的黑色,形成水滴或枕头样的形状。

枕状熔岩的下方是规模巨大、近乎垂直的熔岩墙,被称为"席状岩墙"(图 2.4)。几十年来,没有人知道这些岩墙是如何形成的。最终,地质学家发现,它们是岩浆侵入地壳中巨大且垂直的裂隙后冷凝而成的岩石。当岩浆沿裂隙向上涌出,就形成了枕状熔岩;裂隙中的岩浆冷却凝固,形成垂直的岩墙,即席状岩墙。在枕状熔岩和席状岩墙之下,是已冷却的古老岩浆房,被称为层状辉长岩,其化学成分和矿物组成与上覆玄武岩相同。这些岩浆并未喷出形成熔岩,而是在岩浆房中缓慢冷却,所以其矿物结晶颗粒比其他火成岩要大得多。许多蛇绿岩套的底部都有橄榄岩,如今我们知道它们其实是上地幔的一部分。

早在 150 多年前,就有人绘制并描述了塞浦路斯等地区的神秘蛇绿岩,但当时没人能解释这种奇怪岩石组合的成因。直到 20 世

（A）

（B）

图 2.3 （A）美国加利福尼亚港圣路易斯码头西部，海底火山喷发所形成的枕状熔岩；（B）海底喷出的枕状熔岩 [图源:（A）作者拍摄;（B）维基百科]

图 2.4　塞浦路斯的席状岩墙（图源：维基百科）

纪 60 年代末，板块构造理论面世，答案才终于揭晓。地质学家发现，蛇绿岩其实是洋中脊海底扩张的产物（图 2.5）。扩张洋壳的最顶部是岩浆遇水冷却而成的枕状熔岩；枕状熔岩的下方是岩浆侵入到洋壳分离时所形成的垂直裂隙中冷凝而成的席状岩墙；席状岩墙之下是所有岩浆的来源——岩浆房冷凝而成的层状辉长岩；有时最下方甚至有上地幔的橄榄岩。这一岩石组合称为蛇绿岩套。

　　但是在海底深处形成的岩石为何会出现在塞浦路斯等陆地上？这同样是板块构造运动的结果。两个板块相互碰撞时，其中一个大洋板块俯冲到另一板块的下方，进入地幔，这就是俯冲带（subduction zone）。大部分俯冲板块会在俯冲带平滑地插入地幔中，但俯冲带上方许多洋底沉积物及洋壳碎片被上盘板块刮落，并堆积在上盘板块的边缘，形成所谓的增生楔（accretionary wedge）。

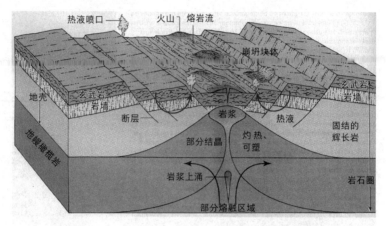

图 2.5 洋中脊蛇绿岩套形成示意图（据资料重绘）

偶尔也会有洋壳板片从俯冲板块上剥离，堆积在增生楔上。我们可以在美国加州的谢拉丘陵（Sierra Foothill）西部、克拉马斯山脉（Klamath Mountains），特别是太平洋海岸山脉的蛇绿岩中看到这种现象，这些岩石都是加利福尼亚州曾位于俯冲带时形成的。蛇绿岩也可形成于两个大陆板块相互碰撞之时，两者之间的洋壳被挤压抬升，形成山脉，如塞浦路斯，它就是非洲板块与欧亚大陆的安纳托利亚（Anatolian）板块相互碰撞的产物。

海 底

20 世纪 70 年代，现代大洋中脊的大量测绘和观测结果均证实，蛇绿岩起源于海底扩张带，但是为什么像塞浦路斯这些地区的蛇绿岩会如此富含铜等矿物呢？1977 年，一项海底调查有了重大发现，这个谜题终于解开。伍兹霍尔海洋研究所（Woods Hole Oceanographic Institution）的科学家利用小型研究潜艇"阿尔文号"（*Alvin*，下潜深度可达 4 500 米），花了数小时对大洋中脊进行调查研究。

在这样的深度，海底一片漆黑，水温只略高于冰点，水压高达 40.7 MPa，是海平面大气压力的 400 倍。只有专门为这个项目建造的潜艇才能承受如此重压而不被摧毁。"阿尔文号"上的科学家不仅看到了大量枕状熔岩，还有更大的发现：黑色、富含矿物质的热液从由黄铁矿（"愚人金"或"二硫化亚铁"，化学式为 FeS_2）等硫化物在海底形成的烟囱里喷出（图 2.6）。这些烟囱被称为"黑烟囱"，它们是冰冷的海水通过裂缝渗透到下方炙热的岩浆中，遇热沸腾后再度上升而形成的富含硫化物矿物的热泉。除了黄铁矿，黑烟囱还富含铜硫化物［铜蓝（CuS）、辉铜矿（Cu_2S）和黄铜矿（$CuFeS_2$）］、锌硫化物、铅硫化物，以及锰、银、金等金属矿物。这些物质由经裂缝渗入的热液从地壳岩石中溶解出来，遇到冰冷的海水时发生结晶，从热液中析出。

更令人惊讶的是，这些黑烟囱供养了一整个生物群落。这里的生物对科学家来说都是全新的物种，有 1 米多长的巨型蛤蜊、极长的管虫、外表奇特的白化螃蟹，以及其他许多闻所未闻的生物。我清楚地记得，1978 年我在伍兹霍尔海洋研究所做研究生课题期间，曾参加过一个研讨会，当时科学家第一次向同行展示了这些奇怪的动物。

科学家后来发现，这些奇怪生物是生存在洋中脊深海热液喷口处的特有生物群落。大部分生物群落的食物链的最底端是植物，植物通过光合作用将阳光转化为有机物。但这些群落较为特殊，它们生活在一个没有阳光的世界里，因此，食物链最底端是嗜硫细菌，这些细菌生活在富含硫的海水热液中，通过化学合成将热液的能量

图 2.6 洋中脊热液喷口喷出富含矿物质的热液柱，后者沉淀后形成"黑烟囱"（图源：维基百科）

转化为有机碳；食物链中营养级别较高的动物以这些细菌或食用这些细菌的小型生物为食。因此，我们在课本上学到的食物链金字塔的底端都是植物这一观点，在海底并不适用。海底食物链金字塔最底端不是以植物为主的光合作用群落，而是以细菌为主的化能合成群落。

黑烟囱也揭开了塞浦路斯蛇绿岩富含铜的谜团。黑烟囱自然富集铁、铜、锌、铅、锰等金属硫化物：海底热液溶解了周围岩层中的金属元素，后者又在黑烟囱中沉淀下来。因此，塞浦路斯的古代铜矿商并不知道，他们一铲铲挖出财富的地方，在侏罗纪曾是分布着一大片黑烟囱的海床，后来海床因板块运动抬升，成为特罗多斯山脉的山顶。

延伸阅读

Fowler, Brenda. *Iceman: Uncovering the Life and Times of a Prehistoric Man Found in an Alpine Glacier*. Chicago: University of Chicago Press, 2001.

Lienard, Jean. *Cyprus: The Copper Island*. Paris: Le Bronze Industriel, 1972.

Nicolas, Adolphe. *The Mid-Oceanic Ridges: Mountains Below Sea Level*. Berlin: Springer, 1995.

Searle, Roger. *Mid-Ocean Ridges*. Cambridge: Cambridge University Press, 2013.

03 "锡岛"与青铜时代

锡　石

那时的青铜像今天的石油一样珍贵。

——考古学家克里斯蒂安·克里斯蒂安森
（Kristian Kristiansen）

直到世界尽头

在古代，船只无法远洋航行。当时的船只要么借风扬帆而行，要么由奴隶划桨，行驶非常缓慢，且当时的地图也相当简陋。因此，穿越大洋是一件危险的事情。大多数古代文明起源于陆地，它们没有海军，只能派遣陆军作战。仅地中海东部的腓尼基或希腊等少数几个文明发展出重要的航海文化。然而，即使是最早拥有精良地图的腓尼基航海家们也无法确定自己所在的经度，在地图上精确定位自己的位置。因此，他们只能在开放水域进行短距离航行，并尽可能靠近海岸线。

后来，罗马帝国征服了整个地中海沿岸，使地中海变成罗马的内海。他们称地中海为"*Mare nostrum*"，意为"我们的海"（古罗马时，"地中海"一词的字面意思是"内海"，因为它位于罗马帝国领土之内）。尽管如此，罗马帝国在战争中仍以训练有素的陆军为主，海军力量相当有限。

地中海的海员几乎没人敢冒险进入大西洋这片未知水域。在当时人们的认知中，这里就是世界的尽头。事实上，"大西洋"（Atlantic）一词来源于希腊神话中的泰坦神阿特拉斯（Atlas），据说他用肩膀扛起了地球。横跨直布罗陀海峡的阿特拉斯山脉（Atlas Mountains）也因此而得名。直布罗陀海峡两侧的岩石［西班牙南部的直布罗陀和北非的穆萨山（Jebel Musa）］又被称为"赫拉克勒斯之柱"，典故出自希腊神话，讲的是大力神赫拉克勒斯为了完成 12 项任务，曾暂时代替阿特拉斯背负地球的故事。这些危险水域之外的海域被视为未知之地。柏拉图之所以将他虚构的亚特兰蒂斯大陆（Atlantis）置于赫拉克勒斯之柱以外，部分原因也在于此。

尽管如此，已发现塞浦路斯铜矿的航海国家（参见第 2 章）也迫切需要寻找另一种金属：锡。在古代，锡是非常重要的金属，因为锡与铜混合（5%～20% 的锡，其余为铜）后可制成青铜合金。这种合金比当时任何金属都要坚硬，且比纯锡或纯铜更容易塑形。最早的青铜合金主要用来制造更优良的工具和武器，也把人类文明带入青铜时代。

在欧洲其他地区，锡元素相当罕见，因此需求格外迫切。许多商人长途跋涉去寻找锡，在地中海锡矿枯竭之后更是如此。腓尼基人最先发现不列颠西南部的锡矿床，他们把锡资源视为必须严格保守的商业秘密。相传迦太基（Carthage，腓尼基城邦之一，位于现在的突尼斯）的一位船长宁可毁船，也不愿让希腊（以及后来的罗马）船只跟随，就是怕有人找到这种贵重金属的秘密原产地。为争夺地中海的统治权而向腓尼基人发起战争的希腊人知道传说中的"锡岛"［希腊人称之为"卡西尼德斯"（Cassiterides）］，但不知道它的确切位置（图 3.1）。正如许多地图所显示的那样，早期的海员认为卡西尼德斯是岛屿名称，而不是他们后来在东方发现并命名为"不列颠"的一部分。这是古代历史上首次提到不列颠群岛——锡岛。

关于腓尼基锡矿的神秘来源，在古代作家中引起广泛讨论。早在公元前 500 年，米利都的赫卡泰奥斯（Hecataeus of Miletus）就曾写道锡的产地位于高卢（Gaul）之外。大约公元前 325 年，马萨利亚的皮西亚斯（Pytheas of Massalia）在其航行记录中提到，当他航行到不列颠时，发现那里的锡矿贸易十分火热。公元前 90 年左右，希腊天文学家和地理学家波希多尼（Posidonius）也曾提到不列颠的锡贸易。

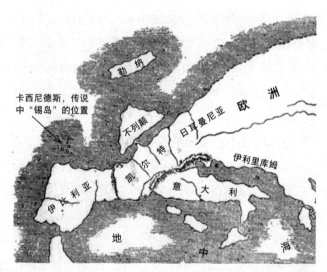

图 3.1　古罗马地理学家斯特拉波（Strabo）于公元前 23 年左右所著的地理学书籍中的古世界地图，图中将"卡西尼德斯"标示为"不列颠群岛"以外的"岛屿"，这也是古人把康沃尔（Cornwall）当成岛屿的原因（图源：维基百科）

许多后世学者都在猜测锡岛的具体位置。有些认为，锡岛位于现在的锡利群岛（Scilly Isles），并认为这表明了腓尼基人曾与不列颠群岛通商。但是，在锡利群岛上，除了一些小规模探坑外，并未发现锡矿的存在。近年来人们才逐渐认识到，"卡西尼德斯群岛"其实是位于英国西端的康沃尔半岛，它并不是个岛屿。

公元前 1 年左右，狄奥多·西库鲁斯描写了不列颠岛上锡矿的开采：

> 居住在不列颠贝勒里恩（Belerion，现认为这是康沃尔）海角的人们经常与外地人来往，所以与其他人相比，他们对陌生人比较文明有礼。锡的开采提炼需要花费大量劳力。人们将原矿从地下挖出，此时锡矿中仍混着一些泥土，需要将金属熔化精炼。接着，他们将锡铸成大小相同的小块，再把它们运到附近一个叫作伊柯提斯（Ictis）的小岛上。因为退潮时，这个小岛和海角之间没有了海水阻隔，将出现一条通道，他们可以用手推车将大量的锡块运过去。

早在公元前 2100 年，不列颠西南部（德文和康沃尔）地区就已开始开采锡矿，大部分开采者来自当地的凯尔特部落。他们与腓尼基人（当时居住在现今的黎巴嫩和叙利亚等地）进行交易。后来，康沃尔的锡贸易大多被威尼西亚人（Veneti）控制，他们是居住在法国西北部布列塔尼（Brittany）、同样使用古康沃尔语、拥有相同文化的布列塔尼人（Breton）。大不列颠的西南部从未被冰川覆盖，所以矿床靠近地表，既没有被冰川运移到别处，也未被冰碛物覆盖。他们甚至在溪流的砾石中也发现了矿石，这是史前人类开采的最早矿藏，但最终矿工们开始挖掘短堑沟，深入矿体内部。

锡矿开采从上古时代到中世纪，一直延续到 20 世纪。鉴于锡矿的重要性，爱德华一世（King Edward I）于 1305 年建立了锡矿法庭与议会，以负责管理和控制锡矿开采事务。这两个机构成为德文和康沃尔的主要政府机构，控制锡矿开采事务长达数世纪之久。锡矿工从深沟中挖出地表浅层的锡矿，再用以水车驱动的捣磨机进行加工；接着，将压碎的矿石放入熔炉中熔化提炼，再倒入花岗岩制成的模具中，制成粗糙的锡锭；最后，把锡锭运到锡矿法庭进行称重和检验。

锡矿代表着巨大的财富，因而成为令人垂涎的目标。1497 年，英格兰国王亨利七世（King Henry Ⅶ）提高了锡矿的税率，用以支付苏格兰战争的军费，但这违反了之前由锡矿法庭设立的规则。康沃尔的矿工们十分愤怒，他们发起反抗。数周内，他们的军队横越了英格兰南部，几乎未受到任何镇压。他们向北进入布里斯托尔（Bristol），到达英格兰东南部的肯特（Kent）之后才撤退。最终，1497 年 6 月 17 日，他们在德特福德桥（Deptford Bridge）战役中遭遇了一支由 25 000 名士兵组成的皇家军队。如今，这座桥和战场早已因伦敦东南部的城市扩张而被掩盖，不复存在。相比于皇家军队，他们的规模要小得多，也没有骑兵和大炮，因此在战争中处于绝对劣势。皇家军队数次试图穿过这座桥，但康沃尔的弓箭手们顽强抵抗。由于没有援军支援，他们遭到各个击破，很快就被镇压，伤亡人数多达 2 000 人。

康沃尔的锡矿工

这场战斗是康沃尔人最后一次公开反抗国王，不过康沃尔的人民十分以自己独特的方言和文化为傲。他们一向认为自己与不列颠其他地方不同，他们在康沃尔挂满了黑底白十字的旗帜。在随后的几年里，康沃尔许多孤立的海湾和城镇成为走私者逃避皇家税和关税的天堂，活跃着许多粗鲁的海员。吉尔伯特（Gilbert）和沙利文（Sullivan）的著名歌剧《彭赞斯的海盗》（*Pirates of Penzance*）的灵感就来源于这些海员。

18世纪和19世纪，锡的需求量很大，但不是为制造青铜兵器，而是用于合成锡镴（85%～90%的锡与铜、锑或铅的合金）来制作碗、杯子、盘子、餐具和容器。其中，最大的需求是制作最早的"锡罐"和"锡箔"，以此密封保存食物。事实上，可以说是锡改变了现代战争的进程，推动了18世纪和19世纪几大帝国的建立。锡制容器使军队和海军可以在长途航行和战役中自给自足，因为食物不足一直是军事后勤部门的大难题。锡罐实际上是应拿破仑的要求而发明出来的。正如拿破仑曾说过："士兵是靠肚子行军打仗的。"

锡熔点低，易于塑形和加工，且耐腐蚀，所以可用于制作各种工具和物品。安徒生童话《坚定的锡兵》（"The Steadfast Tin Soldier"）故事中提到的锡兵是许多代欧洲男孩的玩具。铝箔普及之前，人们主要用锡箔来密封容器。它也可用于电气设备上。因为这样，如今许多人仍然称铝箔为"锡箔"。在这期间，"康沃尔锡矿工"（Cornish tin miner）成为不列颠文化中的常用语，堪比"威尔士矿工"（Welsh collier）。如今锡仍有不少用途，特别是用于制作钢铁容器的防腐蚀内胆和电子产品的焊料。例如，苹果iPad就需要用到1～3克锡，单单其中的两个元件就有7 000个焊点。在如今生产的大多数电子产品中，锡仍然是非常重要的金属。

不过，铝取代锡罐和锡箔后，锡在现代世界中的地位已大不如前。从 20 世纪 20 年代开始，在金属锡价格和市场份额不断下跌的情况下，康沃尔矿藏已接近枯竭，不具开采价值，因此矿山开始关闭。而且，秘鲁和玻利维亚也发现了大量锡矿，在 20 世纪的大部分时间里，这些地方成为世界上的"锡矿之都"。之后中国、澳大利亚、马来西亚等国家也陆续发现大型锡矿。刚果随后也发现巨型锡矿，导致非洲许多暴力反叛组织为了夺取开采权而与政府对抗。目前，世界上大部分的锡产自印度尼西亚、中国和马来西亚等地。

锡来自哪里

德文和康沃尔是欧洲主要的锡产地。这里的锡矿的形成与石炭系和二叠系花岗岩［如达特穆尔（Dartmoor）和兰兹角（Land's End）的花岗岩］的侵入直接相关。这次岩浆侵入事件发生在华力西造山运动（Variscan Orogeny）期间，当时名为阿莫利卡（Armorica）的微板块与英格兰南部发生碰撞，导致其岩层发生揉皱变形，从而使山脉底部岩石部分熔融产生的岩浆向上侵入。

这次岩浆侵入事件将许多富含矿物质的岩浆带到地表附近并形成岩脉。炙热的岩浆也导致地下水温度升高，地下水渗到周围的泥盆系岩床上，溶解其中的稀有元素，将其带走并沉淀下来，成为富含矿物质的矿脉。这些矿脉富含铜、铅、锌和银，但这一地区最著名的是拥有世界上最大的锡石（cassiterite，氧化锡，化学式为 SnO_2）矿床。锡石一词源于古老的锡岛传说。锡石是一种有金刚光泽的银灰色矿物，常具双晶，偶尔呈双锥状，形状像两个底对底相连的金字塔（图 3.2）。

虽然康沃尔的锡矿大多已经关闭，但如今我们仍然可以去参观，一窥这个曾推动英国工业发展的强大产业。历史悠久的康沃尔

图 3.2 锡石（氧化锡）双晶（图源：维基百科）

吉沃尔锡矿区（Geevor Tin Mine）位于不列颠最西部、兰兹角北部，现已对游客开放。它从 1840 年一直运营到 1990 年，在其全盛时期是英国最大的锡矿，锡矿总产量超过 5 万吨。19 世纪 80 年代，该矿区就有 200 余名矿工；在鼎盛时期，矿工曾达 270 人。如今这里已成为著名的锡矿遗址，被联合国教科文组织（UNESCO）认定为世界文化遗产，曾经在那里工作过的矿工及其后代作为导游带观众参观当年的锡矿开采作业。

锡矿开采危险肮脏，甚至连露天开采也会引发人们对其影响林场、水源和牧场的指控。所有地下作业都是在狭窄的矿井中进行的，这些矿井沿着矿脉深入地下。在地表，吉沃尔矿区最著名的地标是井架（图 3.3），井架上安装了电缆卷扬机以使电梯升降，将装满矿工和设备的罐笼向下运载，然后再把装满矿石的矿车运上地

图 3.3 位于康沃尔吉沃尔锡矿博物馆中的井架（图源：作者拍摄）

面。最初人们用镐和铲子在坚硬的基岩上开采锡矿，后来改用液压钻和锤子在岩石上钻洞，把炸药放进去（图 3.4）。数十年来，这种

图 3.4 锡矿井下开采作业（图源：维基百科）

钻探法产生了大量粉尘，使矿工易患硅肺病，寿命不长。直到矿场改用水冷钻机，解决了岩石粉尘问题，矿工的死亡率才有所下降。

　　一天工作结束时，矿工们会把炸药装进钻洞里，然后离开矿坑，引爆炸药。经过一夜尘埃落定之后，他们将在第二天早上返回工作地点，把所有矿石和废石都装进小矿车，运到地面。矿工必须挖掘许多水平隧道（横坑），才能到达矿脉或将水排出。他们将隧道与竖井连通，以到达更深的岩层，同时也进行排水。矿工也会从主矿井挖掘多条短隧道以到达含矿岩脉，这种技术称为"回采"（stoping，即以梯段法开采）技术。经过多年开采，吉沃尔锡矿的矿脉越挖越深，有些矿坑甚至到达大西洋深处，离矿坑口数千米远。最终，吉沃尔锡矿的矿坑巷道总长度将近 137 千米，其中很多都是沿着锡矿矿脉深入到海床，需要不停地用泵排出海水才能作业。杜尔科斯矿井（Dolcoath）是 20 世纪 20 年代世界上最深的矿井之一，它深至地表以下 1 067 米。

　　装满矿石的矿车被运送至地面，矿石被倒进捣矿机中，砸碎成细砂大小的颗粒。接下来的挑战是将有价值的矿石与毫无价值的废料分升。通常做法是用水冲洗原矿，以将密度大的金属矿石与密度较小的废石分离开来。较老的矿区一般都有一排被称为"洗矿槽"（buddle pit）的大型水槽，这些水槽都是用黏土砌成的，用来将较重的金属矿物与较轻的矿物分开。

　　必须加工大量的矿石才能得到其中少量有价值的矿物。康沃尔矿区的矿石品位通常不到 1%，即必须开采 100 吨的原矿石才能生产 1 吨纯锡。

　　吉沃尔矿区等较现代化的锡矿场中通常有一座建筑，里面有数

图 3.5　吉沃尔锡矿场的磁选机。这些震动水流将密度较大的含锡等金属矿石和密度较小的废石分离；然后，台子下面的磁铁把金属矿物吸聚在水台上，其他废料则从底部流出（图源：作者拍摄）

百台磁选机（图 3.5），粉末状的矿石沿不断震动的水台输送，利用水台底部的磁场选出矿石粉中的磁性物质，非磁性矿物则流入废弃物收集区。最后，浓缩的金属剩余物被集中送往冶炼厂，熔化并分离成不同的金属（锡、铜、锌），再浇铸成可送往市场的铸锭。康沃尔矿区的缺点之一是当地缺乏冶炼所需的煤等燃料，所以他们不得不把加工过的矿石运往其他地区进行最终的熔炼。

锡帝国的崩塌

20 世纪早期，玻利维亚和东南亚地区发现了储量更高、开采更经济的矿藏，导致康沃尔锡矿的利润越来越低。尽管如此，康沃尔的锡矿在 20 世纪的大部分时间里都在持续开采。锡价在一定程度上得到世界联合组织国际锡理事会的支撑，该组织负责调控锡产业内部的生产量，压低产量，以抬高锡在大宗商品市场上的价格。必要时，该理事会还会购买康沃尔或马来西亚的剩余库存，以维持市场价格。

然而，锡需求仍在不断下降，许多产品用廉价的铝取代了锡。发展中国家采矿业的发展使得开采成本较高的康沃尔锡矿不得不降低价格。最终，国际锡理事会无力继续购买过剩的锡库存以维持锡价。尽管几经努力，该组织仍于 1985 年 10 月崩溃。现在，由于低收入国家锡矿开采成本低廉，且锡需求有限，锡价大幅下跌。矿工们的处境越来越危险，尤其是在印尼，那里的矿藏越来越深，开采作业越来越危险。印尼的锡矿工人仍在使用镐和铁铲挖矿，每天薪酬很低，而且没有任何措施（如露天矿山实行阶梯式开采）来防止塌方。2011 年，印尼大约每周都有一名矿工遇难，却仍然没有任何法规来规范矿场或改善矿工安全。

国际锡理事会的崩溃标志着康沃尔和德文锡矿的终结。20 世纪 80 年代，德文最后一个锡矿场——普林普顿（Plympton）附近的赫莫顿矿（Hemerdon Mine）停采了。康沃尔最后一个位于南克罗夫特（South Crofty）的锡矿，也于 1998 年关闭。参观吉沃尔矿区，最后也是最让人心酸的一站是矿工们的更衣室。1986 年，整个矿场毫无预警地关闭，许多矿工最后一次轮班后没带走他们的装备和采矿服。矿工和导览人现在仍在抱怨，那些富有的投资者、矿山老板和大宗商品交易商在锡价大幅暴跌之前利用内幕消息大赚一笔，但矿工们对此一无所知，矿山关闭后也无处谋生。康沃尔的一个矿井外有一处刻于 1999 年的涂鸦："康沃尔的小伙子们是渔民，也是矿工。但是，当鱼和锡罐都不见了，他们该何去何从？"

参观康沃尔如鬼城般的矿区，看着早已被遗弃的矿井，这是一段发人深省的经历。这是锡漫长历史的最后一个阶段，它引领人类步入青铜时代，推动了工业革命，使人们能够以锡罐储存食物，供应大批陆军和海军将士，且至今仍然是现代电子产品中最重要的金属之一。青铜时代已成为过去，但在计算机时代，锡依然很重要。

延伸阅读

Atkinson, R. L. *Tin and Tin Mining*. London: Shire Library, 2010.

Price, T. Douglas. *Europe Before Rome: A Site-by-Site Tour of the Stone, Bronze, and Iron Ages*. Oxford: Oxford University Press, 2013.

角度不整合

凝视时间的深渊令人眩晕。

————约翰·普莱费尔（John Playfair）

伊　始

在将近 2 000 年的时间里，西方几乎所有的学者都将《圣经》作为他们认识地球起源、了解地球历史的向导。即使到了 18 世纪中期，博物学家仍然认为地球只有几千年的历史，它几近完美且亘古不变。著名博物学家约翰·伍德沃德（John Woodward，1665—1728）在 1695 年写道："这个由海水和陆地合成的球体自大洪水退去直到今天几乎一模一样，它将维持到毁灭解体之时，从古到今，始终如一。"这是他所处时代的普遍观念。

地球的年龄也是依据圣经教条。例如，1654 年，爱尔兰阿马（Armagh）教区英国圣公会大主教詹姆斯·厄谢尔（James Ussher，1581—1656，当时此地大部分人是天主教徒，所以他负责的教徒不多）曾根据圣经族谱推算出地球形成于公元前 4004 年 10 月 23 日。另一位学者约翰·莱特富特（John Lightfoot）甚至将创世时间精确到上午 9 点（他们都没有解释太阳或地球出现之前，如何区分白天和黑夜）。当然，圣经里并没有明确写出创世之后过了多久发生的诺亚洪水，更不用说洪水之后的时间了，所以很多地方需要猜测。尽管如此，大主教厄谢尔的估算结果依然是当时学术界的重大成就，它融合了当时已知的希伯来（Hebrews）、巴比伦、波斯、希腊和罗马的历史，所以我们必须尊重这个估算结果，它是人类的一次努力尝试——虽然我们知道该结果只有实际年龄的百万分之一。

启蒙运动

在长达一个多世纪的时间里，教会的权力凌驾于欧洲学术界之上，因此该估算结果从未受到质疑。然而，到了启蒙运动时期，宗教教条对学者和科学家的控制开始减弱。例如法国的布丰伯爵乔治-路易斯·勒克莱尔（Georges-Louis Leclerc，count Buffon，1707—1788）在 1779 年提出，地球的年龄是 75 000 年，是根据圣经年表估算结果的 10 倍多。

18 世纪后半叶，学者和博物学家开始质疑教会和贵族的权威。他们开始用理性、证据和批判性思维挑战掌权者和过去的方式。他们专注于研究人类知识的来源、政府和宗教领袖的权力的正当性，以及过去几个世纪未受质疑的假设。在法国，启蒙运动始于沙龙文化，并以德尼·狄德罗（Denis Diderot）主编的《百科全书》（Encyclopédie）为标志达到高潮。当时还有数百位著名学者参与了这本书的编订工作，如伏尔泰（Voltaire，1694—1778）、让-雅克·卢梭（Jean-Jacques Rousseau，1712—1778）和孟德斯鸠（Montesquieu，1689—1755）等。英格兰启蒙运动的触发点是艾萨克·牛顿（Isaac Newton，1643—1727）对物理学理论的变革，颠覆了人类对宇宙的认识。约翰·洛克（John Locke，1632—

1704）也是这场运动的倡导者，他对政府和宗教的看法启发了诸如托马斯·杰斐逊（Thomas Jefferson，1743—1826）、本杰明·富兰克林（Benjamin Franklin，1706—1790）和其他美国启蒙运动人士。这些人中，托马斯·潘恩（Thomas Paine）不仅反对英国在美国的统治，还反对宗教和圣经；伊曼纽尔·康德（Immanuel Kant，1724—1804）彻底改变了德语世界的哲学领域；戈特弗里德·莱布尼兹（Gottfried Leibniz，1646—1716）极大地推动了科学和数学领域的进步，尤其是他发明的微积分（与艾萨克·牛顿的版本稍微不同）。

　　令人惊讶的是，爱丁堡竟然是当时重要的知识中心，并且（和格拉斯哥共同）成为苏格兰启蒙运动的中心。爱丁堡被誉为"北方的雅典"，它拥有许多新古典主义建筑，并在学术方面享有很高的声誉，正如它古老的名字一样。在托拜厄斯·斯摩莱特（Tobias Smollett）的小说《汉弗莱·克林克历险记》（*The Expedition of Humphry Clinker*，1771 年）中，其中的一个人物称爱丁堡为"天才的温床"；历史学家詹姆斯·巴肯（James Buchan）在他的《天才云集》（*Crowded with Genius*）一书中也描述了这一点。

　　为什么像爱丁堡这样的小城市竟会超越伦敦和巴黎等大城市，成为世界的知识中心？正如阿瑟·赫尔曼（Arthur Herman）在其著作《苏格兰：现代世界文明的起点》（*How the Scots Invented the Modern World*）中指出，促成爱丁堡成为自由思想和知识发展的理想环境的因素有很多。第一个因素就是在 1707 年与英格兰结盟后，苏格兰政治稳定，经济繁荣。苏格兰商人们通过跨大西洋贸易（特别是烟草行业）变得富有，他们将财富也捐赠给许多机构，尤其是大学。除了 1745 年詹姆斯党（Jacobitism）和英俊王子查理

（Bonnie Prince Charlie）发动叛乱引起动荡外，18 世纪的大部分时间里，爱丁堡都处于政治稳定的和平状态。1745 年之后，苏格兰赶超英格兰，并努力在英国社会和文化中力争上游。

第二个因素是城市的宗教氛围，以及没有宗教迫害。1697 年，苏格兰青年托马斯·艾肯海德（Thomas Aikenhead）因亵渎神明而被处以绞刑之后，爱丁堡的宗教领袖们的权力开始迅速减弱。部分原因在于苏格兰既有天主教徒（尤其是苏格兰皇室和高地居民），也有长老会约翰·诺克斯（John Knox）的追随者，这些追随者受到了加尔文派（Calvinist，也称长老会）的影响，还有少数人（低地苏格兰人）信奉英国国教圣公会。这与英格兰和法国形成了鲜明对比。在英格兰，不信奉圣公会的教徒根本没有出头机会；而法国的天主教会权势滔天，贵族也很腐败。

长老会在苏格兰各地建立公立学校，所以到了 18 世纪晚期，苏格兰的识字率是世界上最高的。当时，苏格兰有 5 所大学，而英格兰只有 2 所。此外，苏格兰还有多家报纸和图书出版商。在苏格兰知识界，文化媒体主要以书籍为主。1763 年，爱丁堡只有 6 家印刷厂和 3 家造纸厂；但到 1783 年，已发展为 16 家印刷厂和 12 家造纸厂。因此，爱丁堡成为重要的英文书籍贸易中心。

18 世纪初，爱丁堡出现了很多社交俱乐部，知识分子们主要在俱乐部活动。最早也是最重要的俱乐部是政治经济俱乐部（Political Economy Club），它旨在建立学者和商人之间的沟通渠道。还有由艺术家艾伦·拉姆齐（Allan Ramsay，1713—1784）、哲学家大卫·休谟（David Hume，1711—1776）和经济学家亚当·斯密（Adam Smith，1723—1790）创立的"菁英社"（Select Society），以及后来由历史学家、哲学家亚当·弗格森（Adam Ferguson，1723—

1816）于 1762 年创立的"拨火棍俱乐部"（Poker Club），目的是让公共议题讨论得更热烈。

历史学家乔纳森·伊斯雷尔（Jonathan Israel）指出，到了1750 年，苏格兰几乎所有大城市都配备了知识基础设施，如大学、读书会、图书馆、杂志社、博物馆和共济会等，各机构之间相互支持。苏格兰的人才网"主要是自由派加尔文教徒、牛顿学说信仰者，'设计导向'是培养将在大西洋彼岸启蒙运动发展中发挥重要作用的角色"。布鲁斯·伦曼（Bruce Lenman）说，它们的"核心成就是认知和诠释社会形式的新能力"。

其中哲学领域取得了重大进展，因为该领域未受到宗教约束，人们可以自由地思考、质疑和争论，所以易出现重大突破。18 世纪晚期苏格兰启蒙运动中的大多数重要人物都深受弗朗西斯·哈奇森（Francis Hutcheson，1694—1746）的影响。1729—1746 年间，哈奇森在格拉斯哥大学担任哲学教授。他的思想启发了许多后世哲学家，如亚当·斯密、大卫·休谟、伊曼纽尔·康德和杰里米·边沁（Jeremy Bentham），他们都强调哲学的实用性、功利性和现实主义，而此前哲学家们的思想偏抽象。

詹姆斯·赫顿

在苏格兰启蒙运动的众多天才中，有著名怀疑论哲学家大卫·休谟；有经济学家亚当·斯密，他的著作《国富论》（*The Wealth of Nations*）首次提出了资本主义；有化学家约瑟夫·布莱克（Joseph Black，1728—1799）；有詹姆斯·瓦特（James Watt，1736—1819），引发工业革命的现代蒸汽机的发明者；还有一个叫詹姆斯·赫顿（James Hutton）的冷静沉着的年轻绅士（图 4.1）。赫顿于 1726 年

6 月 3 日出生在爱丁堡，父亲是著名商人和市政官员。虽然赫顿自幼丧父，但他仍设法在当地的文法学校接受了教育，甚至考上了爱丁堡大学。虽然他对化学很感兴趣，但还是进入了法律行业。不过，作为一名律师学徒，詹姆斯却花了很多时间做化学实验，而非抄写法律文件。他和朋友詹姆斯·戴维（James Davie）都对用煤尘生产氯化铵（sal ammoniac，现为 ammonium chloride，NH_4Cl）的方法非常感兴趣。结果，赫顿不到一年就离开律师事务所，转而从事医学研究，因为这是当时学习化学等自然科学的唯一选择。他在爱丁堡大学念了三年，然后在巴黎待了两年，最终于 1749 年 9 月在荷兰获得了医学学位。（他离开英国去往巴黎是为了逃脱他在苏格兰未婚生子的丑闻。）

但是，实用医学对赫顿没有任何吸引力。他与戴维合作开发了一种廉价的氯化铵制法，这种方法被证实是成功且可赢利的，这让赫顿有时间管理家庭农场，特别是位于苏格兰贝里克郡（Berwickshire）的史莱庄（Slighhouses）农场。他运用自己的知识积累，在农业上试验最新的技术，并取得了巨大成功。农场整地、挖掘沟渠、敷设排水渠道，在当地的基岩上造出不少新挖掘痕，这些工作令他着迷。1753 年，他写道，他"非常喜欢研究地球表面，总是怀着热切的好奇心，研究眼前的每个基坑、壕沟或河床"。1765 年，他的农场和氯化铵厂蓬勃发展。到 1768 年，他已有足够的收入，因此把农场转让给佃农，自己回到爱丁堡，继续做他感兴趣的科学研究。

赫顿继承了他父亲的财产，他的农场和氯化铵工厂也收入颇丰，这令他无须为生计而工作。因此，他拥有足够的空闲时间与朋友们交流，尤其是亚当·斯密和约瑟夫·布莱克。他们一起组建了

图 4.1 詹姆斯·赫顿肖像（图源：维基百科）

一个讨论小组，名为"牡蛎俱乐部"（Oyster Club）。他们每周五下午两点聚会，但每周都会去不同的小酒馆，因为他们的聚会太受欢迎了。聚会时，他们会讨论艺术、建筑、哲学、政治、物理科学及经济学，每个人都简要汇报下自己项目的进展情况。用赫顿的话来说，这样的讨论"虽然知识量很大，但相当轻松有趣"。其他成员还包括詹姆斯·瓦特、约翰·普莱费尔（数学家兼地质学家，是赫顿的忠实粉丝），以及各大学的学者和自然哲学家。本杰明·富兰克林访问爱丁堡时，被视为贵宾。一位访问爱丁堡的瑞士化学家曾这样描述牡蛎俱乐部："这个俱乐部完全由哲学家组成，有亚当·斯密博士、赫顿、卡伦（Cullen）、布莱克及麦高文（McGowan）先生，我也是其中一员。因此，我每周都参加这样一个极具启发性、包容性、愉悦性和交际性的聚会。"

均变论

作为一名乡绅和地主，赫顿必须维持并发展他在苏格兰东南部的家庭农场，因此，他研究了土壤的形成过程、沉积物的侵蚀作用，以及沉积物随河流流入海洋时成层沉积的机理。由此，赫顿了解了岩石的风化，以及沉积物的形成和沉积过程。他参观位于苏格兰 - 英格兰边境的古罗马防御工事哈德良长城（Hadrian's Wall，图 4.2）时发现，这座长城自 122 年建成以来，历经 1 600 多年却未遭受严重风化或分解。赫顿由此意识到，整个山脉的风化过程需要更长的时间。

赫顿花了大量精力阅读科学文献，并到处旅行实地观察岩石和各种自然过程。他将启蒙运动中学者所遵循的自然基本原理应用到地球上。在他看来，圣经中的诺亚洪水等超自然灾难（"灾

图 4.2 赫顿在 18 世纪 70 年代参观哈德良长城时发现，它自罗马人在公元 122 年建成后的 1 600 多年的时间里，并没有受到严重侵蚀或改变。这让赫顿确信，整个山脉的侵蚀过程非常缓慢（图源：作者拍摄）

变论",catastrophism)无法用科学解释,因为它们不能用自然原理或证据来加以证实。相反,赫顿认为,适用于现在的自然法则和过程必然也适用于过去。这种理论通常被称为"均变论"(uniformitarianism)。用地质学家阿奇博尔德·盖基(Archibald Geikie)的话说就是"现在是了解过去的钥匙"。赫顿于 1785 年首次正式向爱丁堡皇家学会提交他的均变论等理论。他的论文也于 1788 年发表在英国《爱丁堡皇家学会学报》(*Transactions of the Royal Society of Edinburgh*)上,题目是《地球理论:陆地的组成、消亡及再生机制研究》("Theory of the Earth; or an Investigation of the Laws Observable in the Composition, Dissolution, and Restoration of Land Upon the Globe")。他还在 1795 年把这篇论文出版成了书。

赫顿的观点令人震惊,且在那个时代是非常超前的。18 世纪晚期,学者对岩石、地层和化石有了更深的了解,但仍未形成系统的地质学理论。其中一个阻碍是,根据厄谢尔-莱特富特对《创世记》的解释,当时的人们仍然普遍认为地球大约形成于 6 000 年前。某些地质学家甚至认为,沉积岩是矿物从诺亚洪水中沉淀而成的。也有许多学者已认识到侵蚀作用的重要性,但无法解释陆地的抬升和创造过程。

赫顿发现角度不整合的露头时,对该过程所需的时间有了更深的见解(图 4.3)。在赫顿看来,角度不整合证明,地球形成时代极为久远。他认为,露头底部的倾斜岩层原本是河流或海洋底部的水平状沉积物固结而成的砂岩和页岩,后者在巨大应力作用下发生了倾斜;大角度剥蚀面切穿下伏倾斜岩层,表明岩层曾上升成为山脉,接着遭受了数百万年的侵蚀;上覆水平岩层则代表另一次长期的河流或海相沉积,如果以现代沉积速率推算,该过程需要数百万年的时间。总之，任一角度不整合都代表至少数百万年的时间，而不是按照圣经所推测的 6 000 年。

1787 年，赫顿在杰德堡镇（Jedburgh）南部的杰德沃特（Jed Water）东岸发现了角度不整合现象（图 4.3 A）。1795 年，他写道：

> 河床上的垂直岩层令我十分惊讶，我确信这些河岸是由水平地层构成的。很快我就得意于自己能够注意到这一现象，并为我的好运而感到高兴，因为我偶然间发现了一个如此有趣、能够体现地球自然历史的现象，之前我一直在寻找但徒劳无功……这些垂直岩层之上是绵延整个国家的水平地层。

赫顿继续考察苏格兰附近的地质露头，以寻找证据来支持他后来在《地球理论》一书中发表的观点。他在蒂维厄特河谷（Teviotdale）和阿伦（Arran）岛上又找到了几处角度不整合，但是露头太小，无从得知它们的时代。在 1788 年的最后一次野外考察中，赫顿带着他的朋友，也是他的追随者詹姆斯·霍尔（James Hall）和约翰·普莱费尔，乘坐一艘小船沿贝里克郡海岸航行。他知道，从爱丁堡沿海岸向东南前进，就可看到近乎垂直的砂岩和页岩（当时称为片岩，现在已知它的时代是志留纪，年龄约为 4.35 亿年）露头。杰德堡的不整合面之下也分布有这种岩层。如果从南向北走，露头主要是具水平层理的老红砂岩（现在已知其时代是晚泥盆世，年龄约为 3.7 亿年）。和许多优秀的侦探（或地质学家）一样，赫顿相信，这两种岩层肯定会在沿岸某处交会。最后，他在西卡角（Siccar Point）找到了这个地方（图 4.3B）。

（A）

图 4.3 苏格兰的角度不整合现象：（A）杰德堡南部杰德沃特山谷里的因寄邦尼（Inchbonny），展示了约翰·克拉克（John Clerk）为赫顿的书所绘制的角度不整合。位于剥蚀面之下的是大角度倾斜的志留系"片岩"，砂岩和页岩层发生倾斜后被剥蚀面切穿。其上覆盖着近乎水平的泥盆系老红砂岩层。（B）位于西卡角的著名角度不整合面。这些岩层同样是志留系"片岩"，和杰德堡的露头一样被泥盆系老红砂岩覆盖（图源：维基百科）

（B）

图 4.3 （续）

普莱费尔如此记述这重要的一天：

  这种现象给我们之中第一次看到的人留下了难以磨灭的印象……我们仿佛回到古代，片岩仍在海底、砂岩刚刚沉积之时，当时砂岩还是泥、砂的形式，从泛大洋的海水中沉积下来。……凝视时间的深渊令人眩晕。我们认真而钦佩地倾听着这位学者向我们讲述这些奇妙事件的演变关系，深切感受到，推理往往比想象更深一步。

赫顿的想法与当时的地质思想大相径庭。他主张，沉积岩曾经是泥、砂，后者被河流搬运到海洋中，在洋底沉积，然后固结成岩。但他认为，泥、砂固结成岩的原因并非简单地在水中沉淀，它们也受压力和温度的影响。现代地质学证实了这一点。

赫顿宣称，这些地质过程足以解释当时全世界的各种地形。最后，他还主张，山脉的侵蚀、沉积、沉降和抬升的过程都具有周期性，在地球史上肯定发生过多次。考虑到这些周期所需的时间漫长，赫顿认为，地球的年龄一定大到无法想象。正如赫顿自己所述：地质年代极为漫长，几乎无穷无尽，"既没有开始的痕迹，也没有结束的迹象"。斯蒂芬·杰·古尔德（Stephen Jay Gould）也曾写道，赫顿"打破了时间的界限，确立了地质学对人类思想最独特、最具变革性的贡献——深时"。

延伸阅读

Broadie, Alexander, ed. *The Scottish Enlightenment: An Anthology*. London: Canongate Classics, 2008.

Buchan, James. *Crowded with Genius: Edinburgh, 1745–1789*. New York: Harper Collins, 2009.

Geikie, Archibald. *James Hutton: Scottish Geologist*. Shamrock Eden Digital Publishing, 2011.

Herman, Arthur. *How the Scots Invented the Modern World: The True Story of How Western Europe's Poorest Nation Created Our World and Everything in It*. New York: Broadway Books, 2002.

Hutton, James. *Theory of the Earth with Proofs and Illustrations*. Amazon Digital Services, 1788.

McIntyre, Donald B., and Alan McKirdy. *James Hutton: The Founder of Modern Geology*. Edinburgh: National Museum of Scotland Press, 2012.

Repcheck, Jack. *The Man Who Found Time: James Hutton and the Discovery of the Earth's Antiquity*. New York: Basic Books, 2008.

Rudwick, Martin J. S. *Earth's Deep History: How It Was Discovered and Why It Matters*. Chicago: University of Chicago Press, 2014.

火成岩脉

　　火山的存在并不是为了恐吓迷信的人，也不是为了让他们沉浸在虔诚和奉献之中。它应该被看作是熔炉的通风口。

——詹姆斯·赫顿

水成论与火成论

　　18世纪晚期，启蒙运动早期的博物学家仍深受"创世记"观点和诺亚洪水传说的影响。乔瓦尼·阿尔杜伊诺（Giovanni Arduino，1714—1795）等早期学者试图将他们所观察到的所有岩石均归类为过度简化的硬质结晶"原生岩"序列（花岗岩和片岩/片麻岩等变质岩），并认为它们都是和地球同时形成的。这些岩石又被"次生岩"，即富含化石、常产生褶皱或变形的沉积岩层覆盖（如今我们知道，大部分"次生岩"的年代在泥盆纪到白垩纪之间）。根据一些博物学家的说法，"次生"岩层是诺亚大洪水时期的主要沉积物。"次生"岩层之上是松散的沉积物和沉积岩，被称为"三级岩"（第三系岩层），它们被认为形成于大洪水之后。

　　倘若没有走到户外近距离观察真正的岩石，你可能也会接受这种过分简单的岩石分类。但当时的大多数地质学家都没有机会到别处考察，也无法验证他们对露头的认识是否正确，而是用他们先入为主的教条强行解释北欧有限的岩石露头。这种认为所有岩石都是在水（通常被解释为诺亚大洪水）中形成的观点被称为"水成论"（neptunism），得名于罗马神话中的海神尼普顿（Neptune）。水成论者认为，即使是熔岩流也曾位于水中。然而，这种观点的反对者认为，熔岩流曾经是炽热的熔融岩石，而非来自水中，这一观点被称为"火成论"（plutonism），得名于罗马神话中的地下火山之神普鲁托（Pluto），即冥王。

最著名的水成论者是德国博物学家亚伯拉罕·戈特洛布·维尔纳（Abraham Gottlob Werner，1749—1817）。维尔纳是弗赖堡矿业学院（Freiburg Mining Academy）的矿物学教授。据说他讲课风趣幽默，极具个人风格，几乎所有听过他演讲的人都成了他的信徒。维尔纳的理念在欧洲备受欢迎，这主要归因于他的雄辩能力和个人魅力，而不是基于对大范围露头的详细考察（不过，与当时的主流观点不同，他并没有明确指出沉积岩和熔岩流是诺亚大洪水的产物，只说它们形成于水中）。他的信徒遍布欧洲各大院校，包括爱丁堡大学。爱丁堡大学的罗伯特·詹姆森（Robert Jameson）是坚定的水成论者，也是詹姆斯·赫顿的主要竞争对手。即使是伟大诗人兼博物学家歌德（Goethe）也坚信水成论。在《浮士德》（Faust）第四幕中，有一段水成论者与火成论者之间的对话，其中梅菲斯特（Mephistopheles，《浮士德》中的魔鬼）显然是邪恶的火成论观点的代言人。

有人可能会问："怎么会有人认为火山岩形成于水中呢？"别忘了，当时化学还处于初始阶段，没人知道岩石的熔融与温度和压力有关。在欧洲，也几乎没有人见过熔岩流。如今，我们平常便能看到基拉韦厄（Kilauea）火山等活火山流淌的炙热熔岩的视频；但在赫顿所处的时代，几乎没有欧洲人离家远游。除非有人恰好在维苏威火山、斯特龙博利火山或者埃特纳火山喷发期间前往意大利南部，否则没机会见到火山喷发，而且这些火山的主要产物是火山灰，而非熔岩流。1774年，法国地质学家尼古拉·德马雷（Nicolas Desmarest，1725—1815）指出，法国南部奥弗涅地区的死火山群的火山锥和已风化的熔岩流表明，它曾是喷发过的活火山。仅凭这一证据就足以证明火成论的存在，虽然在很长时间里，水成论占据主导地位。

詹姆斯·赫顿思考山脉抬升并遭侵蚀等问题时，开始确信花岗质和玄武质熔岩流由被称为岩浆的炽热熔融岩石形成，而不是形成于水中。但是，当时北欧没有活火山，赫顿也从未见过熔岩流在地面流动的现象。由于缺乏证据，赫顿开始寻找花岗岩或玄武岩熔融或侵入原岩使围岩受热发生蚀变的露头。

蒂尔特峡谷和索尔兹伯里峭壁

赫顿的第一条线索是，他发现从爱丁堡北部高地凯恩戈姆山脉（Cairngorm Mountains）向南流的蒂尔特河（River Tilt）的砂砾中遍布花岗岩卵石和古老变质岩岩块。他由此推断出，河床中一定也有这两类岩石，向上游考察或许能找到二者的交界处。1785年的一天，他沿蒂尔特峡谷而上，在洛奇森林（Forest Lodge）过夜。第二天，他在洛奇森林附近的Dail-an-eas桥的上游勘查了蒂尔特河河床上裸露的岩石，发现了他一直在寻找的东西：砖红色的花岗岩岩脉切穿年代较早的变质岩，并使其围岩发生蚀变（图5.1）。这些证据表明，花岗岩曾是熔融的岩浆，而不是在水中形成！不仅如此，花岗岩的年代一定比片岩更年轻，并非所有岩石都形成于地球形成之初。

但是，赫顿需要更有力的证据：熔岩流侵入在水中形成的层

图 5.1 蒂尔特峡谷（Glen Tilt）中的花岗岩侵入现象证实了詹姆斯·赫顿的地球"火成论"观点：（A）如今位于 Dail-an-eas 桥上游的露头。朝蒂尔特峡谷东北方观察，这里展示了白色花岗岩脉侵入到苏格兰高地深色前寒武系片岩中。（B）这是约翰·克拉克为赫顿遗作绘制的一幅插图，展示了岩脉侵入到较老的岩石中［图源：（A）英国地质调查局；（B）维基百科］

状沉积岩的迹象。赫顿带着他的狗米西（Missy）在爱丁堡南部
山丘上漫步时，发现这座高耸于城市之上的山脉——亚瑟王座山
（Arthur's Seat），其实是古老火山的喉部（图 5.2）；山脉北侧的索尔
兹伯里峭壁（Salisbury Crag）则是古老火山岩凸出来的断崖。最终，
他在峭壁的西南坡上发现了他所寻找的东西：玄武质熔岩侵入沉积
岩层，甚至使沉积岩变形（图 5.3）。这个地方现在非常有名，被
称为"赫顿剖面"（Hutton's Section）。在很多地质学课程教授过程
中，老师都会定期带学生来这里考察实习。1786 年，赫顿在加洛韦

图 5.2 亚瑟王座山，石炭纪死火山的喉部，高耸于爱丁堡南侧。前景的
断崖是索尔兹伯里峭壁，火山岩水平侵入石炭系沉积岩中。在这张照片里，
赫顿住在索尔兹伯里峭壁底部的一座房子里，经常带他的狗米西一起在这
片区域徒步。这张照片拍摄于爱丁堡城堡附近，该城堡坐落在这座火山的
另一个火山口上（图源：维基百科）

图 5.3 索尔兹伯里峭壁上的赫顿剖面：（A）露头如今的样貌，展示了沉积岩层（底部）受周围岩浆（顶部）的影响受热发生变形；（B）露头右侧近景，展示了弯曲的沉积岩层与其周围的侵入岩；（C）约翰·克拉克为赫顿遗作绘制的此剖面的插图，不过图上的比例尺完全错误［图源：（A）作者拍摄；（B）作者拍摄；（C）维基百科］

（Galloway）发现了另一处实例；1787 年，他又在阿伦岛找到了一处。

赫顿和约瑟夫·布莱克、詹姆斯·霍尔爵士等化学家朋友对岩石化学成分的了解也远超同代人。赫顿知道通过化学作用从水中沉淀形成的矿物（如盐）是什么样的，因此知道岩浆并不是在水中形成的。1768 年，赫顿搬到爱丁堡和布莱克一起工作，他们俩都热爱化学，而化学是理解高温对岩石影响的关键。布莱克推断出了潜热的存在及压力对物质熔点的重要影响。例如，水在一定压力下加热时，即使加热温度高于沸点仍会保持液态。对热量和压力的认识成为赫顿研究埋藏沉积物如何变成岩石的关键。1792 年，霍尔做了一个实验。他将一块玄武岩加热至 800～1 200℃之间，再慢慢冷却，结果岩石重新结晶成玄武岩。这是最早的地质学实验，呈现了熔融岩石在自然界中的样子。

动态地球

赫顿读过关于热泉和火山的报道（但从未实地考察）。他认为，地球中心灼热且处于熔融状态，由他所称的"地球热引擎"提供动力。他曾说过："火山的存在并不是为了恐吓迷信的人，也不是为了让他们沉浸在虔诚和奉献之中。它应该被看作是熔炉的通风口。"被侵入岩烘烤过的煤层进一步证实了他的观点。赫顿认为，这个热引擎导致地壳抬升、高山隆起，后者再遭受风化剥蚀变为沉积物，沉积物又随水流进入海里。抬升、侵蚀、沉积、再抬升，这些过程循环往复，永不停止。所有这些观点都是动态地球理论的一部分，该理论认为，地球非常古老，且不断地被重塑和循环，而不是一个自 6 000 年前创始以来就一直保持不变的年轻星球。

赫顿的文章于 1788 年出版，他的《地球理论》一书也于 1795

年出版。自此，他的观点在世界各地传播。然而，赫顿的想法并没有被大众立即接受，部分原因在于他的著作文字晦涩，难以阅读和理解。赫顿于 1797 年去世时，他的理论仍未被广泛接受，尽管他的信徒之一约翰·普莱费尔在 1802 年发表了《赫顿地球理论说明》（*Illustrations of the Huttonian Theory of the Earth*）一书，旨在帮助人们理解赫顿的理论，使这本书能被更多人阅读（此外，书中还有赫顿的朋友约翰·克拉克绘制的插图，以帮助人们理解赫顿的观点）。

SIR CHARLES LYELL.

图 5.4 晚年的查尔斯·赖尔，此时他已受封爵士。他由于在书中以均变论的方法研究了地质学，成为科学界最受尊敬的人物（图源：维基百科）

　　这一全新的理论花了一代人的时间才在地质学界获得认可。这一切都要归功于一个名叫查尔斯·赖尔（Charles Lyell，图5.4）的年轻人。赖尔生于1797年，也就是赫顿去世的那一年。他起初学习法律，立志成为一名律师，但很快感到厌倦，转而将新兴的地质学作为爱好。赖尔游览欧洲各地，以赫顿均变论的眼光观察了许多地质现象。最终，赖尔完成了他的杰作《地质学原理》（*Principles of Geology*），分成三册于1830年至1833年间出版。这本书的写作方式类似诉讼案情摘要（但在律师看来，它一点都不"简短"）。他整理了自己在旅行和阅读中收集到的所有观察结果，运用律师的技巧，提出地球均变论这一明确结论。和许多优秀律师一样，他使用了各种战术打击灾变论者的可信度，同时为自己的观点提供强有力的证据。他提出多处（尤其是意大利南部）火山喷发或热泉记述，证实了赫顿的"地球热引擎"理论。其后短短几年内，最后一些保守的灾变论者和水成论者陆续去世或放弃，地质学终于成了一门现代科学。

延伸阅读

Bonney, Thomas G. *Charles Lyell and Modern Geology*. New York: Andesite, 2015.

Geikie, Archibald. *James Hutton: Scottish Geologist*. Shamrock Eden Digital Publishing, 2011.

Hutton, James. *Theory of the Earth with Proofs and Illustrations*. Amazon Digital Services, 1788.

Lyell, Charles. *Principles of Geology*. 3 vols. Chicago: University of Chicago Press, 1990–1991.

McIntyre, Donald B., and Alan McKirdy. *James Hutton: The Founder of Modern Geology*. Edinburgh: National Museum of Scotland Press, 2012.

Repcheck, Jack. *The Man Who Found Time: James Hutton and the Discovery of the Earth's Antiquity*. New York: Basic Books, 2008.

Rudwick, Martin J. S. *Earth's Deep History: How It Was Discovered and Why It matters*. Chicago: University of Chicago Press, 2014.

煤

我叫波莉·帕克,来自沃斯利,
我的母亲和父亲都在煤矿工作。
我们是个大家庭,有七个小孩,
所以我不得不在同一矿区工作。
我知道你觉得我可怜,但这就是我的命运,
我必须靠这个工作生存。
但我仍努力打起精神,唱着歌,让自己看上去高兴一点,
尽管我只是一个贫穷的煤矿女工。

我每天都要面对极大的危险,
生命悬于一线。
矿井可能塌陷,我可能会被砸死或受伤,
也可能被毒气毒死或被火烧死。
但是如果我们不工作,你们怎么办?
你们将处于极度饥饿之中,
因为你们生活中最重要的东西需要我们提供,
所以不要轻视一个贫穷的煤矿女工。

或许你觉得我们整天身处地下,

失去了太阳的光明和温暖。

但其实在夜里，我们也常匆忙从床上爬起，

水漫进来，我们光着脚逃跑。

尽管我们衣衫褴褛，脸颊漆黑，

但我们同样追寻善良和自由。

我们的心胸比位居高位的君主还开阔，

尽管我们只是在地下工作的贫穷矿工。

——传统矿工歌曲《煤矿姑娘》

一块煤

早在公元前 4000 年，中国人就已开始从地下挖煤，主要用作壁炉和炉灶的燃料。到了公元前 1000 年左右，中国人已经开始利用煤冶炼铜。马可·波罗（Marco Polo）于 1271—1295 年间在中国游历时，曾在游记中记述了中国人使用"黑色的石头……这种石头像木材一样可以燃烧"。他惊讶于中国的煤如此之丰富，人们可以一周洗三次热水澡。

实际上，欧洲人对煤的使用可追溯至上古时代，但到了马可·波罗所生活的中世纪，人们几乎忘了它的用途。公元前 300 年左右，古希腊哲学家泰奥弗拉斯托斯（Theophrastus）在其地质学论著《论石》（*On Stones*）中就这样描述煤：

在因为有所用处而被人类挖掘出来的物质中，煤（*anthrakes*）的主要成分是泥，一旦点燃，它们就会像木炭一样燃烧。利古里亚（Liguria）有这种物质，沿山路去奥林匹亚山路过的埃利斯（Elis）也有。它们可用于冶炼金属。

人们已在公元前 3000 年英国青铜时代遗址的火葬柴堆中发现了煤存在的证据。公元 200 年之前，罗马人就开始在英格兰、苏格兰和威尔士的大部分煤田中采煤。煤不仅可用于锅炉和冶炼，也可用于住宅的壁炉和暖气，以及加热浴场的洗澡水，比如英国巴斯（Bath）著名的罗马浴场。

工业革命

从中世纪到 1700 年，煤炭只是一种次要资源，因为它很难开采，而且当时有大量的木材可用来烧制木炭，也有很多其他燃料。但 18 世纪后期工业革命开始加速时，一切都变了。虽然人们仍广泛使用水车等能源，但没有足够的河流为大型工厂提供动力。到 1830 年，英格兰河流周围已找不到合适的厂址。因此，18 世纪晚期出现的蒸汽机为工厂经营、驱动船舶或机车提供了最有效的动力。小型蒸汽机可以烧木材，但是驱动大型机器需要更廉价、更高效的能源，于是煤炭成为工业革命的首要燃料，并推动了工业时代的到来（图 6.1）。

随着工业革命在英国兴起，英国也成为最早大规模开采煤矿的国家。到 1800 年，世界上 83% 的煤产自不列颠，主要产地是威尔士南部、英格兰中部和北部［曼彻斯特到纽卡斯尔（Newcastle）］，以及苏格兰南部的大型煤田（图 6.2）。在 1947 年的巅峰时期，英国各地共有数十座煤矿，大约 75 万名矿工（图 6.3）。

然而，煤炭开采是一项肮脏、危险且往往致命的工作。煤矿早期开采中，矿主拥有绝对的权力，不管矿井下条件如何，工人们都

图 6.1 这幅古老的石版画展示了煤矿开采的艰辛（图源：维基百科）

必须接受，否则只能饿死。当时矿场的条件十分恶劣。煤矿开采过程中会释放大量废气，这些废气或有毒，或有爆炸性，或者两者兼具，所以煤矿爆炸是多年来煤田普遍存在的问题。矿工们开采煤矿时，会带一个鸟笼（通常是金丝雀）进入矿井，因为鸟类对煤气更为敏感，会在矿工们察觉之前有所反应（这就是为何英文习语"煤矿里的金丝雀"指危险来临前的信号）。煤矿开采过程中还会产生大量黑色煤灰，它们被矿工吸入肺部，所以很多煤矿工人都死于黑肺病。煤矿也很容易发生坍塌，一旦发生事故，数百名矿工就会被活埋。

更令人震惊的是，在 19 世纪，年仅 8 岁的孩子就被送往煤矿（图 6.4）。因为他们个头小，可以在较狭窄的地方工作。这些儿童

图 6.2 19 世纪英国主要煤田的位置（图源：维基百科）

图 6.3 爱尔兰煤矿工人和他们的小马驹，档案照片，约摄于 1884 年（图源：维基百科）

非常重要，他们可以打开或关闭矿井风门以让矿车通过，同时防止气体积聚。18 和 19 世纪，儿童像成年人一样每天都要在矿井里工作，都是 12 小时一班，每周工作 6 天，只有周日休息。大多数时候，他们要在黑暗中工作，只在必要时点上蜡烛，留意矿车的隆隆声，在矿车来之前打开风门。在寒冷的冬天里，白昼很短，孩子们摸黑起床，在黑暗中工作 12 小时，天黑后再回家，所以他们只有周日才能看到阳光。

采矿过程中的安全事故也十分可怕。仅在美国，1900—1950 年间就有超过 9 万名矿工死亡，仅 1907 年就有 3 200 人遇难。即使现代安全法规颁布后，2005—2014 年间，每年仍有 28 名矿工死

图 6.4 西弗吉尼亚州煤矿里赶着马工作的孩子们，档案照片，约摄于 1908 年（图源：维基百科）

亡，使得矿工成为最危险的工作之一。即使没有突然死于爆炸、塌方或火灾，矿工仍可能因黑肺病而早逝。到了 20 世纪，在工会的努力下，煤炭大亨逐渐开始让步。最终，规范安全措施、减少工时及禁用童工等法案获准通过。

随着工业革命在世界其他地区蔓延，为支持快速的工业化进程，人们发现了更丰富的煤炭矿藏。美国的大型煤矿主要分布在宾夕法尼亚州西部、弗吉尼亚州、西弗吉尼亚州的阿巴拉契亚（Appalachian）山脉地区，以及肯塔基州、俄亥俄州和田纳西州的周边地区。1870 年，这些地区的煤田累计产出 4 000 万吨煤炭，且其产量在以每 10 年翻 1 倍的速度增长。到 1900 年，这一数字跃升至 2.7 亿吨，并在 1918 年达到了 6.80 亿吨的最高纪录，因为在第一次世界大战期间，船舶和工厂对煤的需求暴涨。

德国鲁尔谷（Ruhr Valley）地区也有一个类似的煤矿区，加上附近的铁矿藏，使德国成为一个工业强国。1850 年，每座煤矿平均只有 64 名矿工，开采量大约为 7 700 吨，总产量约 180 万吨。到 1900 年，每座煤矿的平均产量高达 25 万吨，矿工 1 400 名，总产量达 5 400 万吨。欧洲其他国家也陆续发现了煤矿，包括法国、比利时、奥地利、匈牙利、西班牙、波兰和俄罗斯等。最终，煤矿产业迅速扩散至全球，到 1900 年，俄罗斯、印度、日本、澳大利亚、新西兰和南非等国，都积极开发大型煤矿。今天，中国已成为世界上最大的煤炭生产国，2008 年产量超过 28 亿吨，占世界煤炭总产量的 40%。如今许多国家的煤炭资源已枯竭，或是它们的煤硫含量太高，会引起酸雨；或是面对更便宜的能源竞争时，不具价格优势。

"煤系"地层

煤炭资源勘查不仅对工业革命具有重要的经济意义，还是英国乃至世界最早地质研究的基础。人们研究煤田时发现，英国大部分煤层分布于特定的地层中。18 世纪初，英国人称这种地层为"煤系"（"coal measures"），地质年代中"石炭纪"（"carboniferous"，意为"含煤的"）一词的词根便来源于此。近一个世纪后，威廉·科尼比尔（William Conybeare）和威廉·菲利普斯（William Phillips）于 1822 年正式将这套地层命名为石炭系。

地质学先驱约翰·斯特雷奇（John Strachey，1671—1743），是一位来自萨默塞特（Somerset）的乡绅，他对其庄园附近及下方的煤矿非常感兴趣。1719 年，他发表了一幅著名的剖面图（图 6.5），

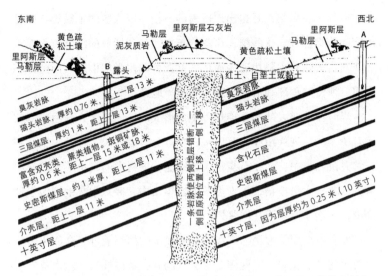

图 6.5 约翰·斯特雷奇绘制的当地煤田地质剖面图（图源：维基百科）

这张图是史上最早的地质剖面图之一。斯特雷奇首先绘制了地表出露的煤层，并测量了它们的厚度和倾角，进而正确预测出煤层在地下的分布，展示了煤层的三维空间展布。根据这张图，斯特雷奇不仅确立了自己的煤矿租赁权，还可以预测某一区域内的煤矿储量、煤层厚度、潜在储量，以及分布地点。与之前一代代矿工长期以来仅依靠寻找煤层露头，再沿煤层向下挖掘的笨方法相比，这是一个巨大的飞跃。正如我们将在第 7 章中讨论的那样，这张地质图对70 年后威廉·史密斯（William Smith）关于萨默塞特乃至整个英国的地层层序研究至关重要。

但是为什么世界上如此多的煤矿都分布在石炭系中，而在其他年代的地层中分布较少？原因在于许多地质事件会以某种独特的方式相互影响。首先，晚泥盆世之前，还没出现高大的树木等陆生植物；但到了石炭纪，开始出现巨大的石松、巨人般的木贼类，以及茂密的蕨类森林。这些植物广泛分布在北美新形成的阿巴拉契亚山脉及盘古大陆各大陆块碰撞而成的欧亚大陆内类似山脉四周的冲积平原、河流三角洲和沿海潟湖上的沼泽地带。

当时在欧亚大陆和北美热带地区形成的巨大沼泽，与后来的沼泽有所不同。现代沼泽中有许多白蚁等分解者，树木死后很快就被分解并沉入水中；而在石炭纪，这些能分解树木的昆虫还未演化出来，因此，大量植物沉入安静的酸性煤沼中，并被永久地埋藏于地壳中，而不是像今天这样腐烂。

地壳中沉积了大量的煤炭。形成煤炭的植物通过光合作用吸收大气中的二氧化碳，因此固定了大量的碳，最终导致地球由早石炭世的"温室气候"（两极无冰盖；二氧化碳含量高；海平面较高，淹没了大部分大陆）转变为晚石炭世的"冰室气候"（南极出现冰盖；二氧化碳含量低；由于大量海水被冻结在两极冰盖中，导致海平面较低）。此后近 1.5 亿年的时间里，地球一直是个"冰室"星球。

在过去的 10 亿年里，地球在"温室"和"冰室"之间多次来回转换。不像金星那样温室效应失控（金星大气中充满了硫酸，热到足以使铅熔化），也不像火星那样成为完全冻结的冰球，地球上存在生命，可以调节碳循环。地球上的碳能以石灰岩（主要由贝类等化石组成）或煤（由植物形成）的形式被封存在地壳中。地球的生命系统像一个自动恒温器，可防止地球变成失控的"温室"或者"冰室"。

煤的诅咒

可惜的是，推动工业革命的煤炭正在破坏我们的星球。自 18 世纪以来，人类已燃烧掉数百万吨的煤炭，释放了曾经封存在地壳中的数百万吨二氧化碳。这些曾因石炭纪的特殊环境而被固定在地壳中的二氧化碳，现在以前所未有的速度使地球变成一个"超级温室"。那些率先开采煤炭、为蒸汽机提供动力的先驱者们无意中破坏了地球大气、海洋和地壳三者之间微妙的碳平衡。

除了是温室气体的"最大制造者"外，煤炭对环境也有许多危害。为到达深处煤层，煤田使用的是竖井开采法。这种方法不仅对矿工来说十分危险，而且会留下大量的尾矿、矿渣和有毒污泥，以及劳累过度而残缺的生命。露天开采的破坏性更大，这种开采方式需要移走覆盖在煤层上方的大量土壤和岩石。这将破坏大面积的自然景观，损害生态环境。早期的露天采矿在地面留下了巨大的矸石堆，中间穿插着装满水的矿井，昔日美景变成废墟。环境法规颁布后，矿业公司现在必须在煤炭被开采运移后将废土石移回原处，将其恢复成农田或被破坏之前的景观。在许多情况下，这项规定使得露天开采毫无意义，因为这种开采方式的收益甚至无法弥补开采和修复环境的巨大成本。最近，出现一种叫作"山巅移除"的采矿方法，即矿业公司将煤层之上的整个山顶移开，然后将废弃的岩石倒入山谷中，彻底改变地貌。

煤炭开采的另一个环境成本是酸雨。煤炭中含有大量的硫，燃烧后会产生硫酸，硫酸随风飘到发电厂下风处，降雨时雨滴降落之处一片萧条。酸雨几乎毁掉了德国南部的黑林山（Black Forest）地区，也严重危害着美国东北部的森林。1970年，《清洁空气法》通过，导致高硫煤的开采成本变高，阿巴拉契亚和伊利诺伊州的许多煤矿因成本问题而关闭。相反，怀俄明州保德河盆地（Powder River Basin）的低硫煤的开采成本相对低了很多。现在有一套"总量控制和交易制度"，旨在遏制人们燃烧高硫煤，减少对环境的破坏。

基于以上原因，煤炭被视为对环境破坏最大的化石燃料，煤炭开采对矿工和民众来说也是最危险的。虽然法规的颁布减少了煤炭开采导致的酸雨损害，限制了其对景观的破坏，也使矿工的工作有了安全保障，但煤炭仍然是巨大的温室气体排放源。许多环保主义者长期努力，就是为了找到方法逐步将煤完全淘汰，用其他更清洁的能源替代。

具有讽刺意味的是，完成这项任务的关键不是监管手段，而是亚当·斯密所说的资本主义自由市场中那双"看不见的手"。太阳能技术的突破、廉价的太阳能发电和风力发电、2014—2017 年间石油价格暴跌，尤其是天然气供应过剩使得能源价格降低，导致煤炭在世界大部分地区不再具有竞争力。2016 年，北美最大的煤炭公司皮博迪能源公司（Peabody Energy）申请破产，美国东部的煤矿开采近乎停止。英国的煤炭生产也因此几乎完全停止，曾经遍布不列颠和威尔士的煤田，如今只剩下封闭的矿井和满目疮痍。中国是当前唯一一个仍然大量开采和燃烧煤炭的国家，也是目前世界上最大的煤炭生产国。不过，由于煤燃烧会造成严重空气污染，中国也在努力逐步淘汰煤矿开采和煤发电厂，并已采取重大措施。

煤炭曾经是推动工业革命和建设现代世界的重要燃料，也是把地球上大部分的碳都封存在地壳中的一种资源。燃烧掉这些煤，相当于我们留给后代一个温室地球。幸运的是，煤炭的时代似乎即将结束，但我们能否弥补曾因燃烧化石燃料而造成的危害以避免灾难的发生，这还是一个悬而未决的问题。

延伸阅读

Berry, William B. N. *Growth of a Prehistoric Time Scale*. San Francisco: Freeman,

1968.

Freese, Barbara. *Coal: A Human History*. New York: Penguin, 2004.

Goodell, Jeff. *Big Coal: The Dirty Secret Behind America's Energy Future*. New York: Mariner, 2007.

Martin, Richard. *Coal Wars: The Future of Energy and the Fate of the Planet*. New York: St. Martin's, 2015.

Thomas, Larry. *Coal Geology*, 2nd ed. New York: Wiley-Blackwell, 2012.

侏罗纪世界

化石序列对博物学家来说就像是古币对考古学家一样。化石是地球上的古董，可清晰展示出地球渐变且有规律的地层，以及水中蕴含的各种变化。

——威廉·史密斯

地球切片

亚伯拉罕·戈特洛布·维尔纳、詹姆斯·赫顿，以及 18 世纪晚期的大多数博物学家都专注于从大规模、大尺度上研究地球。他们考察了苏格兰、德国等地有限的露头，并根据有限的证据推断出整个地球的历史。其中有些人的结论是错误的（如维尔纳），而另一些人大致正确（如赫顿）。这些人大都是富有的绅士，无须为生计而工作；或者是拥有固定职位的博学教授，可以随意支配自己的时间。他们拥有足够的学识、财力和时间来研究地质学。不过，他们只是把地质学当成兴趣爱好，而非职业。

然而，18 世纪晚期煤矿的爆炸式增长创造出新的需求，即以一种更实际、更详细、更局部的方式来解释地球。正如我们在第 6 章中所述，勘查煤矿时需要绘制煤层分布图，并预测在哪里可以找到更多的煤。1719 年，由约翰·斯特雷奇绘制的首张萨默塞特煤田地质剖面图（图6.5）是穿透地球浅层地壳、将其深部可视化为剖面图的第一次尝试。不过，当时的大多数博物学家对绘制地图和剖面图的工作不感兴趣，他们更喜欢坐在舒适的扶手椅上，归纳地球的大尺度理论模型，而不是详细研究露头。此外，英国和欧洲大多数地区的地表覆盖着大量植被，露头极少，人们难以了解脚下的地质情况。

与其他地质学先驱不同，威廉·史密斯（1769—1839）并不是一位富有的英国绅士（图7.1），他是一名铁匠的儿子。他的父亲约翰·史密斯（John Smith）在威廉只有8岁的时候去世了，因此史密

图7.1 威廉·史密斯肖像（图源：维基百科）

斯并不具备上层阶级的优势。不过，他非常聪明勤勉。史密斯接受
到的学校教育有限，他大多靠自学，并表现出数学和绘画方面的才
能。18 岁时，他曾给在格洛斯特郡（Gloucestershire）工作的测量员
爱德华·韦布（Edward Webb）当学徒。他很快就成为一名优秀的测
量员，能够胜任几乎所有项目。

1791 年，史密斯受聘到萨默塞特的萨顿苑（Sutton Court）工
作，这正是 70 多年前斯特雷奇调查和勘探煤炭的地方。史密斯在
这里看到了斯特雷奇绘制的地图和剖面图，这影响了他在勘察乡村
路线时的想法。他和韦布在这个项目上工作了 8 年，在萨默塞特规
划了挖掘运河的路线，尤其是萨默塞特煤炭运河（图 7.2）。当时，
工业革命需要一种廉价的运输方式，将煤炭等商品运往工业城市，
因此英格兰各地都在挖掘运河。史密斯得以有机会观察到英格兰大
部分地区暴露出的新鲜基岩，这些地区以往通常被植被覆盖，难以
绘制地图。他还对该地区的许多煤矿进行了调查和研究，观察到的
地质剖面远超前人。

牛津郡和萨默塞特郡的大部分岩层属于著名的侏罗系（图 7.3），
莱姆里吉斯（Lyme Regis）海岸附近的地层中含有许多海生爬行
类、鹦鹉螺等海洋生物化石。该岩石单元之所以如此出名，不仅
因为其富含化石，也因其色彩丰富且古雅的名字："蓝里阿斯层"
（Blue Lias，莱姆里吉斯的主要含化石层）、"红色页岩段"（Shales-
with-Beef）、"黑色泥灰岩"（Black Ven Marls）、"绿色菊石层"（Green
Ammonite Bed）、"粗粒介壳灰岩"（Cornbrash）、"科拉利安群"
（Corallian Group）、"下鲕粒岩"（Inferior Oolite）、"福里斯特马布尔
组"（Forest Marble）、"基默里奇黏土组"（Kimmeridge）和著名的
"牛津黏土"（Oxford Clay）。这些地层不仅含有丰富的无脊椎动物化

图 7.2 （A）萨默塞特煤炭运河现存遗迹，最早由威廉·史密斯于 18 世纪 90 年代勘查。（B）威廉·史密斯在塔克金米尔（Tucking Mill）的房子，位于巴斯的南面，他在考察萨默塞特煤炭运河时居住于此。这是史密斯居住过的现存的唯——座建筑（图源：作者拍摄）

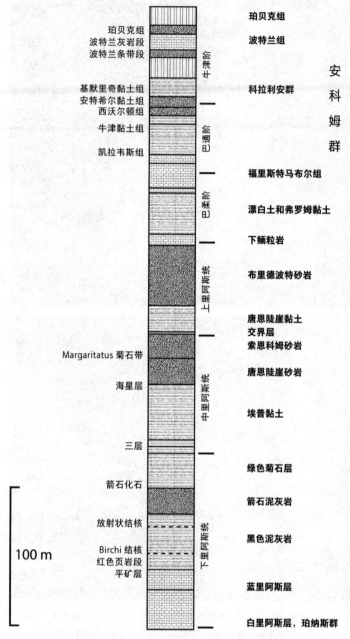

图 7.3　英格兰中部侏罗系地层序列（据资料重绘）

石，还有大量海生爬行类化石（有些地层名称是威廉·史密斯自己命名的，并沿用至今，例如粗粒介壳灰岩）。第一个被研究命名的恐龙化石是巨齿龙（*Megalosaurus*），发现于牛津郡东北的侏罗系泰顿灰岩（Taynton Limestone）中。这些化石直到1824年才被正式命名，"恐龙"的概念也是直到19世纪30年代到40年代才出现。

化石层序律

史密斯观察到英格兰西部的侏罗系地层序列反复出现，他不仅认识到岩层组的存在，还发现每个地层单元都有其特征化石（图7.4）。更重要的是，他意识到，对于外观相似的岩石单元，最好的方法是通过化石进行区分辨别。这就是所谓的化石层序律，它是生物地层学的基础，也是通过特有的化石组合来判定岩石年代的理论依据。最终，史密斯无须看到化石采自哪种岩石，仅仅通过观察化石就能判断它所处的地层。前来请教的绅士地质学家们惊讶于史密斯能如此正确地预测他们所收藏的化石的来源，还能按照地质年代对这些化石进行排序。

1799年，史密斯列出的各地层特征化石清单在英国地质界广为流传，但史密斯当时忙于绘制第一幅英格兰地质图，隔了10多年才公开发表这一发现。1799年，他绘制出了巴斯和萨默塞特周围的地质图；到1801年，他已绘出一幅包括英格兰许多地质单元的草图，并以此图为基础提出另一个重大项目，即绘制整个英格兰和威尔士的地质图（图7.5）。在接下来的几年里，史密斯成为一名独立的矿山测量员，研究并绘制了他能找到的英国境内的所有岩石，并为富人研究其庄园的地质状况。

在这期间，由于史密斯未公开发表自己的成果并确立优先权，

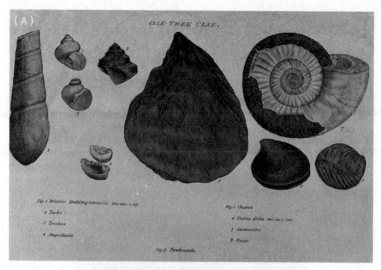

图 7.4 史密斯的发现是基于对各地层所含化石的仔细观察和鉴定:(A)史密斯发表的一幅插图;(B)史密斯发现的部分化石的照片,现存于博物馆(图源: 维基百科)

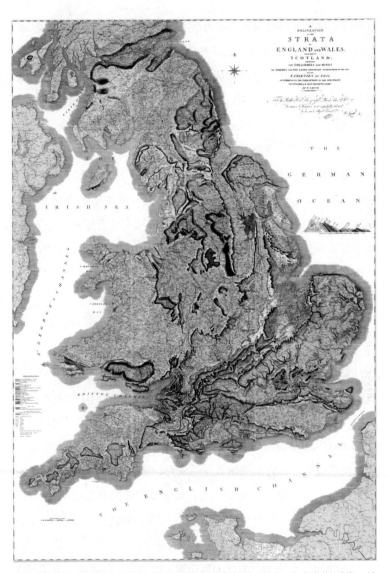

图 7.5 英格兰、威尔士和南苏格兰部分地区的地质图，由史密斯测量、绘制，并于 1815 年发表（图源：维基百科）

其他地质学家竟将他的发现纳为己用，并在此基础上重新做出解释。此外，史密斯还遭到富有、具有阶级意识的绅士地质学家的歧视，他们认为史密斯是一个地位低下的工人（当时人们认为工程师和测量员的地位低下）。大多数人将地质学视为一种爱好，而不是"庸俗"的谋生方式。史密斯是当时少数的"专业"地质学家，因为他通过从事地质工作获取收入。

化石层序律的概念因其正确性很快在法国出现。乔治·居维叶男爵（Baron Georges Cuvier）和亚历山大·布龙尼亚绘制了巴黎盆地地层图，并最终识别出法国自有的岩层和化石序列。有人说，布龙尼亚可能在 1806 年访问英国时听说过史密斯的理论，但法国人坚持认为是居维叶和布龙尼亚他们自己提出的这个观点。不管真相如何，化石层序律的观点在当时显然流传甚广。

监禁与辩护

史密斯把大部分收入都花在到英国各地的旅行和测绘中。最后，他出版了第一幅英国地质图（1815 年）。该地质图绘制得相当精确，直到现在仍有参考价值（图 7.5）。地质学家西蒙·温切斯特（Simon Winchester）称其为"改变世界的地图"，因为它开启了现代地质学关于岩石时空三维展布的研究，从而了解地球的历史、造山带的形成、古海洋的演变，尤其是重要矿床的分布。自此以后，每个地质学家在其职业生涯早期都要学会绘制地质图，因为它是研究地球科学最基本的工具。

1817 年，史密斯带着他的地质图，绘制出横跨英格兰南部和威尔士的典型剖面。该剖面从威尔士北部斯诺登山（Mount Snowdon）的古老岩石延伸到另一端伦敦地下非常年轻的始新世岩石（图 7.6）。

这是首次有人绘制如此大范围的地质剖面图，从图中倾斜的地层人们可直观地看出，整个英格兰的岩石层序呈现出有规律的重复。今天，我们常用科罗拉多大峡谷等地形来展现这一概念，但是史密斯是第一个证明这一观点的人，且是在当时放眼望去缺乏露头的情况下。尽管史密斯本人从未对它进行过哲学思辨，但它成为我们如今十分熟悉的经典地质柱状图和地质年代表的基础（图 7.7）。

当时法国的乔治·居维叶和阿尔西德·德萨利纳·道尔比尼（Alcide Dessalines Orbigny）等学者试图将几十种不同的化石层序和确切岩石记录进行整合，而仅以创世事件和诺亚洪水理论解释世界上所有岩石的观点被迅速推翻。道尔比尼甚至认为，有 29 个独立

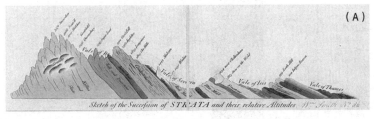

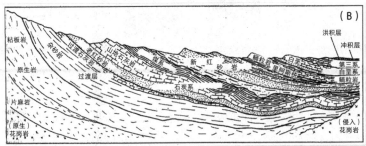

图 7.6 （A）史密斯于 1815 年绘制的从威尔士到伦敦的东西向地质剖面图，岩层从威尔士西部斯诺登山最古老的岩石到伦敦地区的年轻岩石；（B）这是同一地质剖面的现代版本，仍沿用史密斯于 1815 年识别出的岩石单元（图源：维基百科）

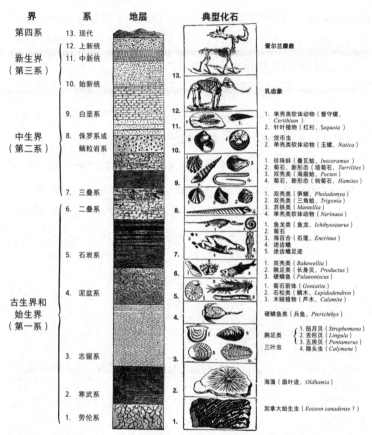

图 7.7 这张图绘于 19 世纪 40 年代，展示了建立在史密斯的化石层序律基础之上的已知化石序列（图源：维基百科）

的创世事件和洪水事件未被圣经记载。显然，随着地质学家开始绘制并记录真实的岩石层序，维尔纳古老的洪水地质学观念正在瓦解。

糟糕的是，其他人毫无顾忌地剽窃史密斯的成果，以粗劣手法盗印他制作精良的地质图，而史密斯并未从他这一伟大项目中获利。由于没有人购买他的地图和图表，他最终陷入债务危机，并在

1819 年被送到债务人监狱。他出狱时发现自己失去了居住 14 年的家，所有的财产均被没收。他只能担任测量员四处谋生，直到以前雇佣过他的约翰·约翰斯通爵士（Sir John Johnstone）发现他的困境。约翰斯通安排史密斯在他约克郡斯卡伯勒庄园（Scarborough）里工作。在那里，史密斯不仅修订了英格兰东部的地图，还建立了一个专门研究约克郡海岸地质的博物馆——Rotunda 博物馆。它是英国第一个为特定目的而建造的博物馆。根据史密斯的建议，它被设计成一个高耸的圆形塔，最初的化石展陈方式反映了他的理论。这些化石和岩石按它们出现的年代顺序排列，其中最年轻的位于顶部，最古老的位于底部。墙壁上的层序反映了约克郡海岸的地层序列。这座博物馆至今仍很受欢迎，过去 180 年间曾被多次整修与翻新。

1831 年，在晚年，史密斯的开创性研究终于获得认可，他获得了第一届沃拉斯顿奖（Wollaston Medal），并被伦敦地质学会誉为 "英国地质学之父"。1835 年，他在都柏林三一学院获得荣誉博士学位。1838 年，他被任命为委员，负责为新威斯敏斯特宫（国会大厦）选址。1839 年，史密斯去世，享年 70 岁，遗体安葬于北安普敦（Northampton）。我们在马费尔（Marefair）圣彼得教堂的教堂墓地里依然能看到他的陵墓。

更重要的是，史密斯发现的化石层序律如今已是判定地质年代的基础，他还绘制了第一幅英国地质图。从那以后，他绘制的地质图成为整个地质学的基本工具，是名副其实的 "改变世界的地图"。

延伸阅读

Berry, William B. N. *Growth of a Prehistoric Time Scale*. San Francisco: Freeman,

1968.

Rudwick, Martin J. S. *Earth's Deep History: How It Was Discovered and Why It Matters.* Chicago: University of Chicago Press, 2014.

Winchester, Simon. *The Map That Changed the World: William Smith and the Birth of Modern Geology.* New York: HarperCollins, 2001.

08 地质时钟：阿瑟·霍姆斯和地球年龄
放射性元素铀

> "地质年代的概念"令人崩溃。人类和情感的时间尺度与地质上的时间尺度二者差异极大。但是，对于非地质学家而言，对地质年代概念的理解十分重要：地质过程发生的速度极为缓慢（每年只有几厘米），但如果持续时间足够长，其产生的影响是巨大的。在地质时间尺度上，100 万年只是一个很小的数字，相比之下，人类历史更是转瞬即逝（这里指全人类的历史，而非某个人的一生）。只有在极偶然的情况下，这两种时间尺度才会互相重叠。
>
> ——约翰·麦克菲（John McPhee）在《构建加利福尼亚》（Assembling California）中引用埃尔德里奇·穆尔斯（Eldridge Moores）的话

> 探问地球母亲的年龄可能有点失礼，但科学求知并不可耻，人们时不时还斗胆试图揭开她严守的秘密。
>
> ——阿瑟·霍姆斯（Arthur Holmes），《地球的年龄》（The Age of the Earth）

陷入僵局

詹姆斯·赫顿曾写道，地球"没有开始的痕迹"。自查尔斯·赖尔的《地质学原理》于 1830 年出版后，几乎所有地质学家都认同地球是非常古老的。但是，地球究竟有多古老？我们如何得知地球的年龄？

这个问题很棘手，但是科学家们并不气馁，他们尝试了各种独特的解答方法。最常见的方法是将地球上各种沉积岩的最大厚度相加，推算出这些地层的沉积时间，将其视为地球年龄的下限。例如，他们收集了地球各地寒武系的最大厚度、奥陶系的最大厚度等数据，然后根据沉积速率，估算出寒武纪或奥陶纪等地质年代的持续时间。这种方法估算出的结果大多是，自寒武纪到现在的时间约为 1 亿年。但如今我们知道，地球的实际年龄大约是该值的 50 倍。为什么会这样？这是因为这些早期的计算方法中都存在一个错误假设。它们没有考虑到因侵蚀而缺少沉积记录的年代间断，即不整合面的存在。之后的研究表明，岩石记录中充满了沉积间断，实际上"间断时间比有沉积记录的时间还长"。当时有些地质学家便认识到，不整合面可能是估算地球年龄时的一个大问题，但是没人知道它到底能引起多大的误差。

不久之后，爱尔兰物理学家约翰·乔利（John Joly）进行了一次著名的估算。他试图通过已知的盐从世界各地的河流进入海洋的速率，计算出海洋从淡水演变到当前盐度所需的时间。他估算的结果同样是 0.8 亿 ~ 1 亿年，即地球实际年龄的 1/50。这个方法哪里出错了呢？同样，问题出在他错误地假设海洋自形成以来盐度一直不断增加。事实证明，海水中的含盐量并没有随时间的推移而发生很大的变化，因为大部分的盐都被封存在地壳的盐类沉积中，海水的盐度处于平衡状态，并且保持稳定。

其中最著名、最有影响力的估算结果出自著名物理学家威廉·

汤姆森（William Thomson，后来他以开尔文勋爵的头衔为人熟知）。开尔文在物理学领域，尤其是热力学领域取得了巨大成就。开式温标便是以他的名字命名的，因为他开创了绝对零度的概念（现在被称为 0 K。这里要说明一下，这种温标的单位是开尔文，而不是"度"开尔文，所以这个单位没有"度"的符号）。开尔文也是一位伟大的发明家，他协助建造了横跨大西洋的电缆系统，使得欧洲和北美之间能够进行电报和电话通信。因此，他是当时的科学伟人，很少有人敢质疑他的观点。

1862 年，开尔文试图通过热力学理论来解决地球的年龄问题。他假设地球最初是一个与太阳温度相同的炽热球休，此后以一定速率逐渐冷却，这样我们就可以根据地球内部向外释放的热量测定出地球的冷却速率。通过这种方法，他估算出地球只有 2 000 万年的历史，比大多数地质学家预想的结果要年轻得多。这对查尔斯·达尔文（Charles Darwin）来说也是个问题，因为他发现，如果自己新提出的演化论行得通，地球必然非常古老。开尔文的估计结果显然不能为演化提供足够的时间。

在 19 世纪接下来的时间里，物理学家和地质学家陷入了僵局。他们都无法理解对方的观点，也无法认识到自己的估算方法中存在的缺陷。到 19 世纪晚期，地质学家开始屈服，将自己估算的 0.8 亿～1 亿年的原始结果修正到接近开尔文的 2 000 万年。"物理学妒忌"（physics envy，指在很多专业领域中，大家认为理论最终应该要像物理学一样，能通过数学模型的方式加以解释或呈现。最完美的是像牛顿定律那种，靠简单的数字与模型来"标准化某些反应"）在当时和现在一样强大！但是开尔文的估算和其他估算一样，都存在错误的假设。开尔文假设，地球的热量全部来自原始的太阳系，没有其他热源贡献，从而计算出地球的冷却时间。我们现在知道，这是错误的。地球存在其他热源。

放射性

1896 年，法国物理学家亨利·贝克勒耳（Henri Becquerel）发现了放射性现象。1903 年，玛丽·居里（Marie Curie）和皮埃尔·居里（Pierre Curie）证明，镭等放射性物质可以产生大量的热量。彼时，新西兰科学家欧内斯特·卢瑟福（Ernest Rutherford）是英国核领域的权威。1904 年，他正准备向英国皇家学会发表关于这个新发现的演讲时，突然看到当时已 80 岁高龄的开尔文勋爵也在观众席中。年轻的卢瑟福即将挑战世界上最著名的物理学家估算的地球年龄！卢瑟福后来写道：

> 我走进阴暗的会场，一眼就发现观众席中的开尔文勋爵，我意识到我演讲的最后一部分可能会遇到麻烦，因为关于地球的年龄问题，我的观点与他的观点不一致……让我宽慰的是，开尔文勋爵很快就睡着了。但当我的演讲进行到最重要的部分时，我看到那个老头坐了起来，睁开眼，对着我充满恶意地一瞥。当时我灵光一闪，说如果没有发现新的热源，地球年龄就会被开尔文勋爵缩短。这一新热源就是今晚我们将要讨论的镭！看呀！那个老家伙在向我微笑。

开尔文的估算是基于一个错误的假设，即地球自熔融球体冷却后没有其他的热量来源，这样它才能在不到 2 000 万年的时间内冷却下来。事实上，放射性物质提供了大量热量，它是我们现在测得的地球内部热量的唯一来源。开尔文所计算出的地球冷却余热早在数十亿年前就已消散殆尽，甚至可能早在 46 亿年前地球形成之初的 2 000 万年间就消散了。

地质年代

贝克勒耳、居里夫妇和卢瑟福是放射物理和放射化学领域的先驱。他们的发现表明，开尔文没有额外热量的假设是错误的。不过，他们并不是地质学家，对判定地球年龄不感兴趣。但伯特伦·博尔特伍德（Bertram Boltwood）和阿瑟·霍姆斯两位科学家意识到，放射性不仅解开了开尔文不明热源的谜团，也解决了另一个重大问题：地球的年龄。

这个方法相当简单，却广遭误解。自然界中只有少量元素具有放射性，它们会自发地从母原子（如铀-238、铀-235 和钾-40）衰变为相应的稳定子原子（分别对应铅-206、铅-207 和氩-40）。它们衰变的速率非常慢，因此可用于测定地质年代。元素的衰变速率是已知的，所以如果我们能测量样品中母原子和子原子的数量，就可以利用两者比值得到衰变已进行的时间。

当然，岩石的情况复杂得多，因此必须满足特定的条件。衰变时间是从衰变的母原子刚发生冷凝结晶时算起的，所以它主要适用于由岩浆冷却而成的火成岩，如熔岩、火山灰层，以及岩浆侵入体。地质年代学家（放射性定年专家）试图获得最新鲜的晶体，以确保母原子和子原子没有丢失或遭污染，否则这可能会导致测年结果异常。现在有各种各样的实验步骤，来预先排除可预期的问题，并准确校准仪器（称为质谱仪，因为它能按质量分离并测量不同的同位素原子），以提供可靠的年龄。最后，放射性定年结果都要进行误差估算，这主要基于仪器测定结果的可重复性。比如，如果他们测定年龄为 100（±5）Ma（Ma 为地质年代单位，指百万年），表明真实年龄有 95% 的概率介于 95 Ma 和 105 Ma 之间。

但在 1900 年，科学家刚发现放射性时并不知道这些。物理学家一直试图通过测量铀衰变释放出的氦来确定岩石的年代，但要捕获所有氦气几乎不可能。耶鲁大学化学家伯特伦·博尔特伍德发现，铀衰变为铅后其放射性减弱。在卢瑟福的建议下，博尔特伍德注意到较古老岩石中的铅含量比较年轻的岩石中的高。可惜的是，他只能基于彼时盛行的铀-铅系统的基本认识，并没有意识到铀元素有两种不同的放射性同位素——铀-238 和铀-235，而这两种同位素的衰变速率不同，会得到两种不同的铅同位素。尽管如此，他还是分析了他的样品，并在 1907 年得出样品年龄范围为 4 亿～22 亿年。这一证据首次证明了地球确实有几十亿年的历史，符合地质学家长期以来的想法，而开尔文的估算结果错得离谱。不幸的是，博尔特伍德晚年患上严重的抑郁症，他的研究陷入停滞，最终于 1927 年自杀身亡。

定年游戏

博尔特伍德利用放射性定年法对样品进行了初步分析，他的数据结果表明，有些岩石的年龄高达 22 亿年，但是在取得突破后他并未继续推进。于是，这个任务落在年轻的英国地质学家阿瑟·霍姆斯（图 8.1）身上，他把这一新兴的地质年代学发展成一门严谨的科学。霍姆斯于 1890 年出生在达勒姆（Durham）和苏格兰边界附近的盖茨黑德小镇（Gateshead）的一个普通家庭，他原本计划在皇家

图 8.1 1912 年时年轻的阿瑟·霍姆斯，此时他开始从事地质年代学研究，并结束了他研究生院的学业（图源：维基百科）

科学院（现在的伦敦大学学院）主修物理专业。但入学第二年，在导师的建议下，他选修了一门地质学课程，找到了他真正的使命。

事实证明，霍姆斯确实才华横溢，他很快就开始了研究。他抓住了放射性这一热点问题，并意识到博尔特伍德在 1907 年发表的关于铀-铅年代测定的论文有着巨大潜力。在本科研究项目中，他分析了一个来自挪威的泥盆纪花岗岩样品。霍姆斯牺牲了圣诞假期，留在伦敦，独自在安静的实验室里工作。他的导师，物理学家罗伯特·斯特拉特（Robert Strutt）后来回忆道：

我们目前主要靠租借设备维持运转，其中有些属于皇家天文台、皇家学会等公共机构，有些是从朋友那里借来的。老师为了教学不得不向朋友借用设备，这似乎有失帝国理工学院的脸面。

1910 年 1 月，霍姆斯在寒冷、安静的实验室里孤独地工作。他在玛瑙研钵中将岩石研磨成矿物粉末，再将矿物粉末和硼砂放入铂坩埚中使其熔融，之后将熔融物溶解于具强腐蚀性的氢氟酸中（参见第 12 章），再反复煮沸，同时测量氦的排放量（间接得到铀的含量）。铅含量的测定方法是先将矿物粉末加热熔融成浆，继续加热使之沸腾，然后将其在氢氟酸中溶解两次，再蒸发掉所有水分。接着将样品放入硫化铵中加热，使铅以硫化铅（又称方铅矿）的形式析出。用滤纸收集沉淀物，烘干、灼烧，用硝酸处理后煮沸，再用硫酸处理后再次加热。霍姆斯写道："留下一点点白色沉淀物。用微小的过滤器收集，再用酒精冲洗、干燥、灼烧，最后用精度最高的方法称重。"最终剩下的物质通常只有几毫克。

这些复杂的化学操作需要惊人的耐心、非凡的敏捷度及大量的时间，并且经常要用光几乎所有原始样品。最重要的是，结果必须经过验证，所以整个分析过程必须重复 2~5 次，依原始样品量而定。有一次，氦外泄了，霍姆斯不得不将所有数据作废。还有一次，他因为用光了原来分配的样品，不得不去大英博物馆再次申请。最终，所有努力得到了回报，他从挪威泥盆纪花岗岩样品中得到了一个可靠结果：3.7 亿年。霍姆斯极大地改进了博尔特伍德的原始方法，并证明了铀-铅定年体系的可行性，证实了这种方法测定岩石形成年代的可能性。他于 1910 年毕业，很快就在 1911 年发表了这项研究结果。

霍姆斯依靠每年仅 60 英镑的奖学金生活了几年后，便因为太穷不得不休学一段时间，到莫桑比克从事矿产勘探工作，挣点生活费。他在那里待了 6 个月，不仅毫无收获，还患上严重的疟疾，导致他的同事给他的家人写信说他已经去世。霍姆斯最终病愈，并设法找到一艘船返回了家乡，成为伦敦帝国理工学院的一名助教（低级讲师）。在那里，他重新开始了对铀 - 铅年代测定技术的研究，他发现铀和铅各有两种不同的同位素，在年代测定分析中必须考虑到这一点。

1913 年，霍姆斯有了更多新成果，继续改进铀 - 铅定年法，进而完成了他的开创性著作《地球的年龄》，而他当时仍只是一名研究生。在这本书中，他不仅解释了地质年代学的基本原理，还讨论了早期测定地球年龄时所用方法中存在的问题，最终使得开尔文勋爵的错误估算方式退出历史舞台。虽然他拒绝推测地球的年龄，但他测得英国一些最古老岩石的年龄有 16 亿年。后来的版本增补了他对更古老样品的分析结果。到 20 世纪 50 年代，最古老的样品的年龄已达 46 亿年，这也是目前的估算结果。因霍姆斯的早期研究，他在 1917 年获得了伦敦大学学院的博士学位。但是第一次世界大战在欧洲爆发，仅靠助教微薄的薪水很难维持生活。1920 年，为了挣钱养家，他决定再次从事地质勘探工作，这次是在缅甸的一家石油公司。然而，这家石油公司后来破产了，身无分文的霍姆斯于 1924 年又回到英国。祸不单行，他 3 岁的儿子在抵达缅甸后不久就感染痢疾去世了。

幸运的是，1924 年回国后，他凭借早期的声誉和研究成果获得了杜伦大学地质学教授的职位。这里离他的出生地不远。其后，他在杜伦大学教授了 18 年的地质学，并增补和修订了世界各地放射性定年的数据库。他的研究成果在这一领域占据了主导地位，因此他被誉为"地质年代学之父"或"地质年代表之父"。1943 年，霍姆斯前往国境北部的爱丁堡大学，在那里度过了他职业生涯的最后 13 年，直到 1956 年他 66 岁退休。

板块构造理论先驱

霍姆斯在大学部教授地质学多年，其间积累了丰富的经验，写了一本地质学入门教材。霍姆斯的《普通地质学原理》（*Principles of Physical Geology*）自 1944 年首次出版后，便成为英国地质学专业学生的标准教科书，并在之后再版多次。但这本书并非完全遵循传统。在该书第一版的最后一章，霍姆斯完全接受了当时尚有争议的大陆漂移说，该理论由德国气象学家阿尔弗雷德·魏格纳（Alfred Wegener）于 1915 年提出。这一观点遭到了当时大多数地质学家的强烈反对，但霍姆斯已经看到了证据——非洲的岩石与南美洲的岩石完全吻合。

霍姆斯的研究甚至更为深入。他利用对放射性物质如何在地球内部产生热量的认识，揭开了赫顿"地球热引擎"的神秘面纱。在 1931 年发表的一篇论文（图 8.2）中，霍姆斯首次提出，这种热量引发了地幔中的巨大对流，驱使其上的大陆发生漂移。他甚至还提出，海床肯定是逐渐分离的，这比 20 世纪 50 年代末发现海底扩张的证据早了数十年。

霍姆斯晚年因几乎以一己之力解决了地质年代的问题而屡获殊荣。他于 1940 年荣获伦敦地质学会的默奇森奖章，并于 1942 年当选为英国皇家学会会员，1946 年又获得沃拉斯顿奖章。1956 年，

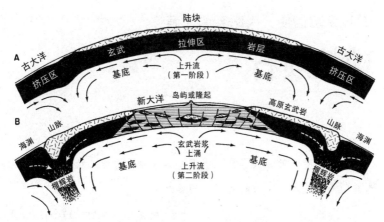

图 8.2 霍姆斯绘制的地幔对流驱动大陆漂移示意图，出自阿瑟·霍姆斯的《普通地质学原理》（伦敦：托马斯·尼尔逊出版社，1944 年）

霍姆斯获得了美国地质学会最高奖——彭罗斯奖章。1964 年，也就是在他去世的前一年，他因对地质年代学和新兴起的板块构造理论的重大贡献，获得了有"地质学界的诺贝尔奖"之称的维特勒森奖（Vetlesen Prize）。

延伸阅读

Dalrymple, G. Brent. *The Age of the Earth*. Stanford, Calif.: Stanford University Press, 1994.

Hedman, Matthew. *The Age of Everything: How Science Explores the Past*. Chicago: University of Chicago Press, 2007.

Holmes, Arthur. *The Age of the Earth*. London: Harper and Brothers, 1913.

Lewis, Cherry. *The Dating Game: One Man's Search for the Age of the Earth*. Cambridge: Cambridge University Press, 2002.

Macdougall, Doug. *Nature's Clocks: How Scientists Measure the Age of Almost Everything*. Berkeley: University of California Press, 2008.

球粒陨石

> 除了灵魂之外，大多数艺术灵感都来自大自然。对我来说，美丽的陨石就是来自宇宙的看得见的灵感。
>
> ——达里尔·皮特（Darryl Pitt）

从天而降

1969 年 2 月 8 日，这是一个宁静的夜晚，墨西哥奇瓦瓦（Chihuahua）一个叫阿连德（Allende）的小镇的居民都睡着了。凌晨 1 点 05 分，一个巨大的火球突然自西南方向出现，照得夜空和地面比白天还亮。这是一颗汽车般大小的陨石，以每秒 16 千米的速度从空中坠落，撞击地球时发出巨大的爆炸声，将居民们从睡梦中惊醒。撞击形成的碎片散落在 50 千米长、8 千米宽的椭圆形区域内，面积大约 250 平方千米，包括数以千计的陨石碎片，以及撞击坑的碎块。

当黎明终于到来，阳光再度照耀大地，惊恐的居民走出家门，看看是怎么回事。当他们捡到数百块那天晚上坠落的来自太空的石头时，很快意识到发生了什么。当地政府和居民四处寻找陨石碎片。幸运的是，这次事件未造成人员伤亡，也没有造成严重破坏。

消息一传开，科学家们立刻动身前往现场。休斯顿大学地质学家、陨石研究专家埃尔伯特·金（Elbert King）在他1989年出版的著作《登月之旅：阿波罗计划与科学回忆录》（*Moon Trip: A Personal Account of the Apollo Program and Its Science*）中写道：

> 我当时正在得克萨斯州克罗斯比（Crosby）附近搜寻陨石，一无所获，后来在汽车收音机里听到，在新墨西哥州南部、得克萨斯州和墨西哥北部有人看到一颗非常明亮的火球。我立刻回到办公室，让秘书帮我打了几个电话，因为他会说西班牙语。我首先联系了奇瓦瓦市的一位报社编辑。我们就陨石坠落时伴随的现象进行了长时间的讨论，但奇瓦瓦市附近没有发现任何标本。最后，我问了他一个关键问题："你知道有谁捡到陨石碎片吗？""哦，我知道。"他说，并建议我打电话给更靠近南方的帕拉尔河畔伊达尔戈（Hidalgo del Parral）市的报社编辑。我的秘书找到《帕拉尔河畔日报》（*Correa del Parral*）的编辑鲁文·罗查·查韦斯（Ruben Rocha Chavez）先生。查韦斯说他半夜里看到一个明亮的火球崩裂，产生巨大的爆炸声，并在帕拉尔附近很大的区域里如雨般落下很多碎片。查韦斯的桌子上就放着几块陨石，他一一向我描述。毫无疑问，他真的有刚刚落下来的新鲜陨石碎片。他邀请我去帕拉尔，看看他手上的陨石碎片并收集标本。我对他提供的信息和邀请表示感谢，并告诉他我会尽快赶到那里。
>
> 我快速查了一下航班时刻表，发现要去帕拉尔没那么容易。我可以先飞到埃尔帕索（El Paso），但那离帕拉尔仍约500千米，不过这已经是最快的方式了。我的秘书答应帮我处理文书工作。我回家拿了几件衣服就去了机场。

飞机准时起飞，但不走运的是，由于起落架指示灯有故障需要修理，我们不得不在圣安东尼奥（San Antonio）停留了 5 个小时。我到达埃尔帕索时，天已经黑了。我租了一辆车，通过海关检查，然后向南行驶。陨石中含有半衰期极短的放射性元素，我必须尽快拿到陨石碎片进行测量。这对休斯顿月球研究实验室（Lunar Research Laboratory, LRL）辐射计量实验室来说是个好机会。夜间行驶在墨西哥公路上不太安全，最好的驾驶技巧是跟在一辆墨西哥牌照的汽车后面大概 90 米左右。有的司机的时速达 130 千米，当我看到刹车灯亮起或一团灰尘扬起时，就知道前面的司机肯定是看到了驴。天刚亮我就到达帕拉尔。我找了一家旅馆，洗了个澡，喝了点浓咖啡，吃了鸡蛋和玉米饼，就去了报社。编辑到时，我已经等了一会儿了。看到桌子上的两块巨大陨石碎片时，我十分惊讶。其中一块重达 13.6 千克。

最令人惊讶的是陨石的类型——这是一种罕见的碳质球粒陨石（carbonaceous chondrite）。球粒陨石是含有球粒的石陨石，其硅酸盐球粒的来源仍有争议。碳质球粒陨石是含有丰富的碳和有机化合物的球粒陨石。我在查韦斯的办公室时，电话铃响了，查韦斯把话筒递给了我。电话来自史密森学会（Smithsonian）的一位同事，他想要关于陨石的信息。他给我的休斯顿办公室打了电话，我的秘书给了他报社办公室的电话号码。我告诉了他我所知道的。我问查韦斯打算怎样处理他办公桌上的两个标本。他说他计划捐赠给国家博物馆。我表示十分赞同，但我很想自己找一些标本。查韦斯说我应该去拜访当地的市政主席或市长。我决定以 NASA 的名义去拜访。

市长卡洛斯·佛朗哥（Carlos Franco）先生非常亲切，虽然我的西班牙语讲得很差，他的英语也不好，但我们的会面还是相当友好。我让查韦斯帮我翻译，说明了陨石具有十分重要的科学价值，更不用说这种极为罕见的陨石。佛朗哥很乐意帮忙，他给我指派了一名警察和一辆公务车以备不时之需。

我们开车去了发现那些标本的地方。事实证明，我们很容易就得到了更多标本。人人都有几小块陨石碎片，但我想要大一点的。我让警察充当翻译，帮我讲价，从当地人那里买了些。我们记录了几个发现标本的地点。陨石散落的面积非常广。有一大块陨石差点砸到普埃夫利托德阿连德的邮局（距离不到 10 米）。陨石通常是以最近的邮局命名，这块可谓名副其实。我们听了许多关于火球的故事，它的坠落方向、雷一般的响声、陨石四处降落，以及当地人半夜跑到教堂。我选了 13 块陨石，包括 2 块大的，这对我来说暂时足够了。

随后，世界各地博物馆和大学里的许多科学家也陆续来到这里，希望能找到尽可能多的阿连德陨石碎片。当时正值陨石研究的重要时期。多亏了阿波罗计划，行星科学领域正处于发展阶段，经费充裕。"阿波罗 11 号"的两名宇航员［尼尔·阿姆斯特朗（Neil Armstrong）和巴兹·奥尔德林（Buzz Aldrin）］是第一批登陆月球的人类，他们的月球漫步仅仅发生在阿连德陨石撞击的几个月后。最终，人们共收集到数千个陨石碎片，总重超 3 吨。几十年之后的今天，仍然有人在寻找小陨石碎片。事实上，互联网上现在还有人在出售重约一两克的小陨石碎片，价格也很实惠。由于公众对阿连德陨石都有浓厚兴趣，它成为迄今为止研究得最深入的陨石。

早期太阳系的痕迹

阿连德陨石属于碳质球粒陨石，是最稀有也最重要的一类陨石。它相当不寻常，因为已知的大部分碳质球粒陨石都是多年前收集的，且一直收藏在博物馆。阿连德陨石出现之前，科学家研究得最深入的碳质球粒陨石是来自法国的奥盖尔陨石（Orgueil meteorite），它于 1864 年陨落至地球。其他已知的还有一些较小的样例，但研究得不多。奥盖尔陨石中所有的短寿命同位素都早已衰变，有的陨石在被收集之前就已经在野外暴露了相当长时间，已遭受风化和蚀变。与此相反，阿连德陨石刚刚陨落，尚未遭风化或污染，可在落地几天内就进行分析。

球粒陨石是在早期太阳系中形成的一种特殊陨石，且其形成先于行星。球粒陨石由原始太阳系尘云、太阳星云或未大到足以使核幔分离的小行星体的尘埃和残骸构成，所以它可为研究早期太阳系演化提供宝贵线索。球粒陨石的名字源自它含有的微小斑块（图 9.1），被称为球粒，它是陨石形成时被包裹进去的早期太阳系碎片。

虽然小的球粒陨石并不罕见［现已收集到的陨石中约 2 700 个（约占陨石总量的 86%）是球粒陨石］，但某些类型的球粒陨石非常罕见。像阿连德这样的碳质球粒陨石，占比不到球粒陨石总数的 5%。碳质球粒陨石之所以得名，是因为与其他陨石相比，其碳含量相对较高，而且通常还含有来自原始太阳系的含水化合物。人们认为，这是因为它们与太阳的距离比其他陨石要远，受热较少，所以它们所包含的碳或水未完全蒸发掉。

科学家把阿连德陨石样品带回实验室后，立即对其进行分析，

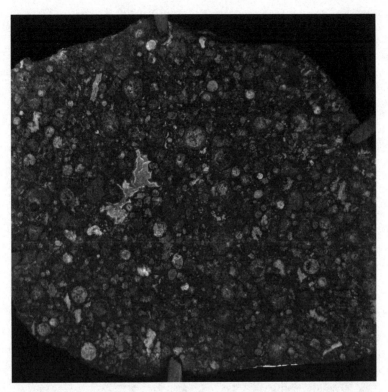

图 9.1 阿连德陨石切面，展示了被称为"球粒"的早期太阳系物质（图源：维基百科）

挖掘潜在信息。对陨石球粒周围基质成分的研究，有助于了解太阳系原始尘埃环的组成。有些科学家专注于球粒的化学成分。其中，最有趣的是被称为"CAIs"（calcium-aluminum-rich inclusions）的物质，即富钙铝包体，其成分极不寻常，不仅富含钙和铝，还富含硅、氧、铁等元素，与早期太阳系其他部分完全不同。所以科学家认为它们可能源自太阳系早期温度极高（大于 1 300 K）的原行星盘，即大部分物质尚未凝结之前。

　　除了可让我们了解太阳系的早期历史外，碳质球粒还为我们提供了太阳系形成时间的信息。阿连德陨石中的球粒（包括 CAIs）的铀-铅年龄为 45.67 亿年，比地球形成要早 3 000 万年，比地球上最古老的岩石和矿物要老 2 亿年。另一来自非洲西北部的碳质球粒陨石的 CAI，其年龄为 45.682 2（±0.001 7）亿年，是目前最古老的物质，可用来估计太阳系形成的大致年代。

　　科学家不断挖掘新的物质进行分析，且 1969 年后，更新、更好的技术不断涌现，因此关于阿连德陨石等碳质球粒陨石的论文发表不断。1971 年，科学家在碳质球粒陨石中发现了微小的黑色标记（每平方厘米高达 10 万亿个），这是辐射损伤的证据。它证明，陨石不是从地球附近出发的（因为地球有地磁场，可屏蔽辐射），而是来自远离地球的地方，并且它形成于地磁场出现之前，当时的天体（包括最古老的月球岩石）均受到辐射的猛烈轰击。1977 年，加州理工学院（被戏称为"疯人院"）的科学家在实验室（该实验室曾分析过月岩样品）对阿连德陨石进行了研究，结果发现，阿连德陨石含有新形式的钙、钡、钕、氖、氙、氮元素，以及其他显然源自超新星冲击波的稀有元素，这次超新星爆发可能引发了太阳系的形成。

　　更重要的是，阿连德陨石中富含稀有的镁-26 同位素，它是由放射性的铝-26 衰变形成的。这种衰变发生得非常迅速，而且一定是在太阳系形成后不久发生的。但是，这块陨石中镁-26 正异常，表明镁-26 在太阳系岩石中相当普遍，包括那些形成早期地球的岩石。同时它回答了一个长期存在的问题：是什么因素使早期地球升温熔融，导致地幔与地核分离？事实上，早期地球上的大量铝-26 衰变所产生的热量足以使地球熔融数次。

陨石中的生命

　　事实上，1969年是陨石研究史上意义非凡的一年。1969年9月28日，另一块碳质球粒陨石（图9.2）坠落在澳大利亚维多利亚州的默奇森（Murchison）附近。当地居民在上午10点58分左右先是看到一个火球，接着听到它在大气层中降落时伴随的巨大声响，最后感觉到它撞击地球后产生的震动（发现火球后约30秒）。

图9.2　较大的默奇森陨石碎片，现陈列于史密森学会国家自然历史博物馆中（图源：维基百科）

陨石坠落时碎成了 3 大块，撞击地面后又碎裂，碎片散布面积广达 13 平方千米。已发现碎片数百个，总重量超过 1 000 千克。许多碎片的重量超过 7 千克，其中最大的一块重达 680 千克，砸破了谷仓顶，落在干草堆中。

事实证明，与大多数碳质球粒陨石相比，默奇森陨石更为重要，因它含有以前的陨石中从未发现的有机化合物。早期研究发现了 15 种氨基酸，而最近利用灵敏度更高的技术进行的研究发现了多达 70 种的氨基酸和许多更复杂的化合物。氨基酸的发现令人震惊，因为氨基酸是生命的组成部分，以往人们认为它们只能生成于地球上温暖的小池塘里。其实早在 1953 年，著名的米勒-尤里实验（Miller-Urey experiment）就在实验室中模拟了早期地球的大气和海洋。斯坦利·米勒（Stanley Miller）和诺贝尔奖获得者、化学家哈罗德·尤里（Harold Urey）指出，通过简单地加热氨、甲烷、氮和水（但没有游离的氧气）的混合物，早期的地球就可能形成生命所需的大部分氨基酸。现在，默奇森陨石表明，该过程一定广泛存在且确实发生过，早在地球形成之前，早期太阳系就遍布氨基酸。事实上，许多科学家甚至认为，地球上的生命是由从太空中坠落的氨基酸组成的。所以从某种意义上说，所有生命都是天外来客。

更重要的是，默奇森陨石中发现了左旋和右旋两种氨基酸。左旋和右旋是化合物的一种性质，指分子非对称且互为镜像。这表明，即使地球上的生命源自陨石带来的氨基酸（或形成于地球上温暖的小池塘），它们也只有一个共同祖先，因为所有重要的生物分子（除了某些糖类）都是左旋的，这一性质必然继承自只使用左旋分子的单一祖先。

所以，当你下次参观博物馆，看到碳质球粒陨石（特别是阿连德或默奇森陨石碎片）时，请向它们致意。它们可能是你所见过的最古老的物质，也是行星形成之前太阳系早期的残留物。更重要的是，它们可能携带了当初使生命在地球上萌芽的种子。

延伸阅读

Bevan, Alex, and John De Laeter. *Meteorites: A Journey Through Space and Time*. Washington, D.C.: Smithsonian Books, 2002.

Chambers, John, and Jacqueline Mitton. *From Dust to Life: The Origin and Evolution of Our Solar System*. Princeton, N.J.: Princeton University Press, 2013.

Dalrymple, G. Brent. *The Age of the Earth*. Stanford, Calif.: Stanford University Press, 1994.

Dalrymple, G. Brent. *Ancient Earth, Ancient Skies: The Age of Earth and Its Cosmic Surroundings*. Stanford, Calif.: Stanford University Press, 2004.

Gargaud, Muriel, Herve Martin, Purificacion Lopez-Garcia, Thierry Montmerle, and Robert Pascal. *Young Sun, Early Earth, and the Origins of Life: Lessons for Astrobiology*. Berlin: Springer, 2013.

Hedman, Matthew. *The Age of Everything: How Science Explores the Past*. Chicago: University of Chicago Press, 2007.

Macdougall, Doug. *Nature's Clocks: How Scientists Measure the Age of Almost Everything*. Berkeley: University of California Press, 2008.

Nield, Ted. *The Falling Sky: The Science and History of Meteorites and Why We Should Learn to Love Them*. New York: Lyons, 2011.

Norton, O. Richard. *Rocks from Space: Meteorites and Meteorite Hunters*. Missoula, Mont.: Mountain Press, 1998.

Smith, Caroline, Sara Russell, and Gretchen Benedix. *Meteorites*. London: Firefly, 2010.

Zanda, Brigitte, and Monica Rotaru, eds. *Meteorites: Their Impact on Science and History*. Cambridge: Cambridge University Press, 2001.

10 其他行星的核部

铁镍陨石

> 小时候，爸爸带我去看流星雨，我有点害怕，因为他是在半夜把我叫醒的。我的心怦怦直跳，不知道他想做什么。他什么也没说，把我放进车里，我们就出发了，我看到所有人都躺在毯子上，望着天空。
>
> ——史蒂文·斯皮尔伯格（Steven Spielberg）

备受争议的陨击坑

在美国亚利桑那州温斯洛（Winslow）的佩恩蒂德沙漠（Painted Desert）中部，沿 40 号州际公路向西行驶 29 千米，或自弗拉格斯塔夫（Flagstaff）沿 40 号州际公路向东行驶 60 千米，你就可以看到驶向巴林杰陨击坑（图 10.1）的岔道。路标上写着这只是个旅游陷阱，但事实并非如此。它其实是美国最令人惊叹的自然景观之一，不受美国国家公园管理局、国家森林局、土地管理局等政府机构的保护，属于私人所有。它最初被称为代阿布洛峡谷陨击坑（Canyon Diablo crater），名称源自位于其西北约 19 千米的废弃城镇。它的另一个旧称是库恩山陨击坑（Coon Mountain Crater）。

格罗夫·卡尔·吉尔伯特（Grove Karl Gilbert，美国地质调查局的传奇人物，曾于 1892 年发表了一篇关于该陨击坑的论文）

图 10.1 巴林杰陨击坑：(A) 鸟瞰图；(B) 边视图（图源：维基百科）

等早期地质学家坚持认为，该坑是一个火山口。这种观点并非不合理，因为火山口在该地区很常见，特别是在弗拉格斯塔夫以北地区，如旧金山峰（San Francisco Peaks）和落日火山口（Sunset Crater）都是近代火山活动的证据。吉尔伯特在地质学界有着极高的声誉：他绘制并描述了科罗拉多高原的许多重要地形，证明了盐湖城和邦纳维尔盐碱滩曾被巨大湖泊淹没，还曾到 1906 年旧金山大地震现场记录地质变化。

吉尔伯特对该陨击坑进行了详细研究，尽管他曾认真考虑该坑为陨石撞击的可能性，但得出的初步结论是，该坑是火山口或蒸气爆炸的遗迹。根据吉尔伯特的说法，附近散落的陨石只是巧合。他反对撞击说的主要证据是坑内未发现陨石物质。坑周围破碎岩石的体积只够填满坑本身，中央没有额外的铁镍团块，也未检测到陨石被埋在深处的磁异常特征。因此，大多数地质学家认同吉尔伯特的观点，认为这个坑是一个火山口。

然而，有些人不同意地质学家的主流观点，其中有一位名叫艾伯特·E. 富特（Albert E. Foote）的矿物学家。在此前几年，当地铁路公司在建造一条与现 40 号州际公路平行的铁路时，负责修路的公司高管给了富特一些样品。富特立刻意识到这些样品是陨石。富特带领一支探险队到达坑边，发现了数百个碎片，其中一个重 300 千克左右。这些陨石（图 10.2）十分独特，因为它们主要由铁和镍组成，是一种具有重要意义的陨石。其中一些的内部甚至含

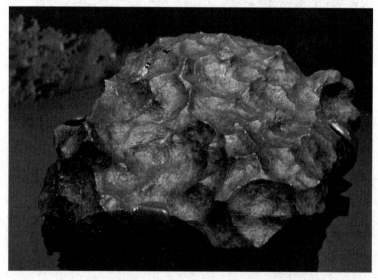

图 10.2 代阿布洛峡谷铁镍陨石碎片（图源：维基百科）

有小钻石，证明它们曾经历过极高的压力和温度。富特仔细描述了这个陨击坑，并在美国科学促进会（American Association for the Advancement of Science）的期刊上发表了他的研究成果。该期刊至今仍是世界上最著名的科学期刊之一。

另一个对火山成因解释持反对意见的人是采矿工程师兼商人丹尼尔·M. 巴林杰（Daniel M. Barringer）。早在 1894 年，巴林杰就在亚利桑那州科奇斯县（Cochise County）的联邦银矿上赚了 1 500 多万美元，所以他在采矿方面拥有丰富的经验，并且有资本进行投资。他非常肯定这是一个陨击坑，并把自己的钱押在了上面。1903 年，他的标准钢铁公司（Standard Iron Company）买下了陨击坑及周围的土地，并发布采矿声明。他的土地证由西奥多·罗斯福总统（President Theodore Roosevel）亲自签署，总统甚至授权在陨击坑边缘建立一个邮局（命名为亚利桑那州陨击坑邮局）来为这个场址服务。1903 年至 1905 年间，巴林杰和他的公司对该坑进行了研究，找到了令人信服的证据，证明它确实是一个陨石撞击坑。从早年开始，人们已在陨击坑周围发现大约 30 吨的大型陨石碎片，所以巴林杰认为，陨石主体一定是在陨击坑之下。根据采矿经验，他估计这里陨石的质量可达 1 亿吨，按 1903 年的市值，价值超过 10 亿美元。

巴林杰和他的公司在此后的 27 年里坚持不懈地在陨击坑底部向下钻井，达到了 419 米的深度，但并未发现明显的含铁物质。巴林杰的公司在勘探上花费了 60 多万美元，最终在 1929 年巴林杰去世后宣告放弃。尽管痛苦和失望，巴林杰一直坚信他是对的。但是他的失败进一步证实了大多数地质学家的观点，即该坑确实是个火山口。讽刺的是，天文学家福雷斯特·雷·莫尔顿（Forest Ray Moulton）在 1929 年进行了计算，结果显示陨石应该已经气化了，而巴林杰的探索从一开始就注定失败。巴林杰去世之前，显然读过莫尔顿的论文。

直到 20 世纪 50 年代，行星物理学才开始成为一个成熟的研究领域，科学家们意识到，大多数陨石会在大气中燃烧殆尽，或者在撞击时气化，只留下少量原始物质散布在周围。该观点由赫尔曼·勒罗伊·费尔柴尔德（Herman Leroy Fairchild）于 1930 年首次提出，他很早就宣称，撞击成坑是一个重要过程。

20 世纪 60 年代和 70 年代，陨击坑（也被称为巴林杰陨击坑）的撞击起源终于得到加州理工学院和美国地质调查局行星地质学先驱吉恩·休梅克（Gene Shoemaker）的证实（我在加州理工学院时认识吉恩，在他的实验室里做了很多磁性分析实验）。1960 年，休梅克从陨击坑中采集了一些样品，发现其中含柯石英和超石英等矿物，这类石英只能在冲击作用下形成（或在核爆炸中产生，这些矿物最初就是发现于核爆炸中）。证据确凿，该坑并不是由火山爆发形成的。后来，休梅克仔细重绘了陨击坑。他发现，陨击坑边缘的撞击碎片的层序是上下颠倒的，来自坑底的科科尼诺砂岩（Coconino sandstone）堆积在边缘沉积物最上部，而年轻的莫恩科皮页岩（Moenkopi shale）和凯巴布灰岩（Kaibab limestone）位于边缘沉积物的底部。这种层序颠倒现象只有一种解释，撞击冲力使得整个岩层向上喷起，在空中发生翻转，接着以上下颠倒的方式落地，最后岩层解体。

现在，据行星科学家估计，该天体为铁镍陨石，撞击事件大约发生在 5 万年前。当时正值冰河时代晚期，该地生活着地懒和猛犸象等冰河时代哺乳动物，气候潮湿、树木茂密。当时古印第安人还没到达北美，所以没有人类目击此次事件。这颗陨石最初的直径约为 50 米，重约 30 万吨，尺寸是巴林杰估计的 3 倍。它以每秒 20 千米的速度向下坠落、撞击地面，其威力相当于千万吨级核弹。事实上，核爆弹坑差不多也这么大，而且看起来与巴林杰陨击坑非常相似。这块陨石的原始物质大约有一半在撞击时化为蒸气，剩下的部分散落在四周，这就是为什么在陨击坑中留下的东西如此之少，以至于巴林杰毫无发现。

幸运的是，巴林杰的财产所有权由他的后代继承，所以他的家人现在拥有并经营着游客中心和博物馆。其中，博物馆坐落于陨击坑北缘，景象十分壮观。巴林杰的继承人从游客那里赚的钱远比巴林杰通过采矿挣来的钱多得多。该陨击坑曾用于美国国家航天局（NASA）宇航员的训练，为月球漫步、气象实验做准备，也是许多电影拍摄特殊镜头的取景地。1982 年，陨石学会将该会的最高奖项命名为"巴林杰奖"，以纪念这位饱受同时代地质学家嘲笑、为寻找陨石梦想损失数百万美元的"撞击论先知"——巴林杰。

空中来客

对任何文明来说，巨大铁块从天而降都令人触目惊心。有些甚至被当作神明送往人间的圣物，受到人们的敬拜。例如，俄勒冈州的克拉克默斯（Clackamas）部落崇拜威拉米特陨石（Willamette meteorite）。许多科学家认为，每年被数百万穆斯林朝圣者膜拜的位于麦加圣地天房克尔白东南角的黑色石头，可能就是一块铁镍陨石。此外，铁镍陨石也可作为史前工具中铁原料的重要来源。但到了铁器时代，冶炼技术使得人们开始利用更容易获得、含铁量更高的矿石来制造工具，陨石的重要性随之降低。

有些陨石的尺寸相当惊人。最大的是纳米比亚的霍巴陨石

（Hoba meteorite，图 10.3），其重量至少有 60 吨，所以从未被移动过。霍巴陨石发现于 1920 年，当时这块地的所有者犁地时碰到了它；这颗陨石完全埋在地下，而它所形成的陨击坑可能早已被侵蚀殆尽。科学家认为，这块陨石接近地球大气层时，显然已经减速到最终速度，所以才会如此之大。由于它形状扁平且表面光滑，甚至可能弹跳了几次，所以没有像其他陨石那样猛烈地撞击地面，形成一个大坑或气化掉。如今，霍巴陨石已成为国家历史文物，禁止随意破坏，每年都有成千上万的游客前来参观。

另一个巨型陨石是约于 1 万年前坠落在格陵兰约克角附近的约克角陨石（Cape York meteorite）。这块陨石碎裂成许多块，几个世

图 10.3 纳米比亚的霍巴陨石是迄今为止发现的最大陨石。它太大了，不能移动，所以人们在其周围建造了一座纪念馆（图源：维基百科）

纪以来，北格陵兰的因纽特人都在用它们制造铁制工具，如刀和鱼叉。其中最大的一块（图 10.4 A）被因纽特人称为"*Ahnighito*"（因纽特语意为"帐篷"），重达 31 吨，尺寸为 3.4 米 × 2.1 米 × 1.7 米，比一辆小卡车还大；另一块"女人"（the Woman）重达 3 吨；第三块"狗"（the Dog）重达 400 千克。这些陨石的故事早在 1818 年就流传到科学家的耳中。1818 年至 1883 年间，科学家们组织了 5 次科考活动，以确定这颗陨石所有碎片的位置。最终，著名探险家罗伯特·皮里（Robert Peary）在 1894 年发现了它。据说皮里于 1910 年第一个到达北极。[皮里是不是到达北极第一人，这一点仍存争议。探险家弗雷德里克·库克（Frederick Cook）也宣称自己首先到达北极]。皮里等人花了 3 年时间才将"*Ahnighito*"等陨石碎片移到海岸，为此皮里的船员们还建造了一条小铁路（这是格陵兰唯一一条铁路）。皮里在 1897 年以 4 万美元的价格将其卖给了纽约美国自然历史博物馆，至今仍在展出。约克角陨石是被移动过的最重的陨石，展示架下面的支柱建立在博物馆下方的基岩上，以免建筑物的地板直接受压而被压坏。

这座博物馆（纽约美国自然历史博物馆）还有史上最著名的铁镍陨石：威拉米特陨石（图 10.5）。它是迄今为止在北美发现的最大陨石，也是世界第六大陨石。这颗陨石是在俄勒冈州的威拉米特山谷附近发现的，被称为"*Tomonowos*"（"空中来客"）。威拉米特陨石周围没有陨击坑，因为它是在大约 13 000 年前随冰川运动自蒙大拿或加拿大搬运而来。该陨石重 15 吨，长约 3 米，宽 2 米，高 1.3 米。俄勒冈州的殖民者埃利斯·休斯（Ellis Hughes）于 1902 年"发现"了它（忽略之前克拉克默斯部落的发现），并意识到它位于俄勒冈钢铁公司的土地上。因此，他将这块陨石秘密转移

图 10.4 巨大的约克角陨石碎片：（A）*Ahnighito*，"帐篷"，是其中最大的一块，现陈列于纽约美国自然历史博物馆；（B）*Agpalilik*，"男人"，陈列于哥本哈根大学博物馆（图源：维基百科）

图 10.5 威拉米特陨石，现陈列于纽约美国自然历史博物馆（图源：作者拍摄）

到自己的土地上（在 3 天内移动了 1 200 米），然后对其发表采矿声明。但被俄勒冈钢铁公司发现了，他们起诉了埃利斯，并于 1905 年在法庭上取得了所有权。然后，他们把这块陨石卖给了百万富翁威廉·E. 道奇（William E. Dodge）的遗孀，售价 26 000 美元（相当于今天的 70 万美元），后者又把它捐赠给了纽约美国自然历史博物馆，现在仍陈列在博物馆里。它是一个庞然大物，让每一个看到它的人都印象深刻。在过去的一百多年里，已有 4 000 多万人前来参观，人数比其他任何已知陨石的都要多。1999 年，格兰德龙德（Grand Ronde）部落要求将陨石归还给他们，经法庭判决，博物馆保留了这块陨石，但克拉克默斯人有权每年在其周围举行秘密仪式。若博物馆把它移出展览架，那么必须将它归还给俄勒冈州。与此同时，在尤金的俄勒冈大学自然与文化历史博物馆外还陈列着一个它的复制品。

星核碎片

铁镍陨石十分稀少且相当特殊。已知陨石中只有 6% 属于这种陨石，石陨石和球粒陨石则多得多。当你拿起一块铁镍陨石，就会发现它重得惊人，因为它的密度比石陨石或球粒陨石的大得多，其总重占已知陨石总质量的 90%。作为收藏品它们也十分突出，因为外观独特（即便对门外汉来说也是如此），抗风化能力更强，进入大气层时也更能抵抗摩擦导致的烧蚀。

顾名思义，铁镍陨石主要由铁组成，还含有大约 5%～25% 的镍、少量的钴和其他稀有元素。因此，它们的化学组成比石陨石和球粒陨石要简单得多，后两者含有许多不同的化学物质和矿物。

铁镍陨石最有趣之处在于，它们提供了构成许多行星（包括地球）核心的样品。科学家对某些小行星（M 型小行星）的光谱进行分析时发现，它们的成分与铁镍陨石的相同。根据铁镍陨石的地球化学特征可知，它们最初形成了大型原行星的核部，后来又分裂开来。铁镍陨石中还含有镁-26。如第9章所述,镁-26是一种放射性热源,可导致原行星熔融,使其中的铁和镍等密度较大的物质下沉到核部,在行星分化过程中与幔部分开。

这些信息与通过地球物理证据测得的地核性质是一致的。根据地震学,我们可了解地核的大小(位于地下2 900千米处,地幔的下方)。地震学和重力测量表明,地核密度约是水的10~12倍,只有处于巨大压力下且密度很高的金属才能如此。最后,地球拥有磁场这一事实表明,地核必须是一种良好的电导体,这意味着其中含铁和镍等金属。多亏了这些陨石,我们知道,在原太阳系,唯一符合这些特性(密度、导电性)的常见物质只有铁和镍,所以唯一合理的解释是地球也有一个铁镍核。

随处可见的铅

那这些陨石的年龄是多少呢,比如来自巴林杰陨击坑的代阿布洛峡谷陨石?由于铁镍陨石组分简单,除铁、镍,以及少量钴和铅等重金属外,基本不含其他物质(与石陨石和球粒陨石中的硅酸盐矿物相比),这使得许多传统的定年方法不能使用,比如钾-氩法或铷-锶法。常规的铀-铅定年法也无法使用,因为这些岩石的年龄达40亿年,甚至更久,所以几乎检测不到铀的母原子残留。那么,用什么方法可以测得这些古老天体的年龄呢?

1948年,这个问题被一位年轻的化学系学生——克莱尔·帕特森(Clair Patterson,图10.6)解决了。帕特森于1922年出生在艾奥瓦州的米切尔维尔(Mitchellville)。后来他进入艾奥瓦州的格林内尔学院学习,又在艾奥瓦大学获得了硕士学位,专业为质谱学。战争期间,他与妻子(也是一位化学家,两人在大学相识)应

图 10.6 加州理工学院时期的克莱尔·帕特森（图源：加州理工学院档案馆）

招参与了研发原子弹的曼哈顿计划。战争一结束，帕特森就去芝加哥大学攻读博士学位。他的导师哈里森·布朗（Harrison Brown）研究了一种新的定年方法，即通过测量铀-235 和铀-238 这两种不同铀同位素衰变所产生的子代铅（铅-206 和铅-207）来测定年龄。由于不同系统中铀的衰变速率不同，所以将两者比值投在一幅图上，可得出关于样品年龄的斜率。另一名芝加哥大学的学生乔治·蒂尔顿（George Tilton）也在研究类似问题，其结果可相互验证。

　　理论上看，该方法很简单，于是帕特森开始尝试进行测量。令他沮丧的是，数据结果相当分散，显然是受到其他因素的干扰。结果显示，有系统外的铅混入，导致他测量的背景铅含量比样品中的铅含量还要高。帕特森试图清除实验室污染。在"超净实验室"中，研究人员必须先沐浴，穿上特制的防护服，以免衣服上的污染物扩散开来，然后穿鞋套、戴头套，最后还要戴上外科口罩。房间和仪器的表面从上到下都须擦洗干净。他们一遍又一遍地试图清除所有来自外界的可能会污染他们实验室的因素。房间收拾得超级干净之后，他开始得到较为理想的结果。1953年，他公布了代阿布洛峡谷陨石的年龄为45.4（±0.5）亿年，这是迄今为止最古老的物体，所以地核（或许太阳系）的年龄也是45亿年。

与此同时，帕特森被委任在加州理工学院设立地球化学项目。他在那里建立了一个更好的洁净实验室（他在加州理工学院一直干到退休，我在那里读书时曾去过他那间旧的超净实验室）。实验室建成后，帕特森想知道是否所有物质都含铅，甚至是实验室外的空气中。他使用的仪器非常灵敏，可检测到空气、水和许多物质中的微量铅。令他吃惊和恐惧的是，几乎所有的东西都含铅，特别是人体内部。人体内部铅的来源是水和食物。通过分析来自格陵兰冰芯的水样，他可以确定，这种铅污染的年代相当近。事实上，自石油公司为减少发动机的爆震开始在汽油中加入铅，铅污染的情况才开始出现。铅还被用于油漆、釉料、食品容器，甚至是供水系统中。早在一个多世纪之前，人们就已经知道铅是有毒的。许多学者认为，罗马帝国灭亡的元凶之一就是他们的饮用水中含有大量的铅。然而，不知何故，竟然没人考虑到在这么多产品中加入铅可能会污染环境。

帕特森最终在1965年公布了他的研究结果，但他立即遭到各大产业的强烈反对，包括石油公司、铅矿业公司、含铅添加剂行业，尤其是他们的游说团体。乙基公司（Ethyl Corporation，一个提倡在汽油中使用四乙基铅的游说团体）动用各种资源打击他。该公司的化学专家罗伯特·基欧（Robert Kehoe）充当枪手，一再作证不会造成铅污染。

从对抗烟害、破坏臭氧层的氯氟烃、酸雨，到如今产生温室气体的化石燃料，强大的实业公司都尽其所能地败坏甚至摧毁那些揭露真相、威胁其商业利益的科学家。正如烟草公关公司曾说过的那句著名的备忘录："我们的产品就是怀疑。"他们雇用说客和所谓"专家"散布对问题的怀疑和不确定，并设法用他们的证词（以及丰厚的竞选款）使政客动摇。

帕特森忍受着来自石油和铅行业的科学家的攻击和诽谤，他的研究工作受到了威胁。幸运的是，他在加州理工学院获得了终身职位，在未被收买的专业科学家中享有很高的声誉，所以他并未失去实验室和工作。然而，许多研究机构拒绝资助他，包括美国公共卫生署。1971 年之前，美国国家研究委员会（National Research Council）一直将帕特森排除在大气铅污染小组之外，尽管他是世界上铅污染方面的权威专家。

20 世纪 70 年代初，人们对环境问题有了新的认识，形势开始好转。美国环境保护署于 1972 年成立，在接下来的几年里（特别是民主党于 1974 年接管国会之后），几乎所有环境法案都在国会获得通过，并且几乎是两党一致通过。当时，环保主义获得两党的一致支持，共和党还没有被势力强大的排污者掌控。1975 年，美国规定所有的汽车都要使用无铅汽油，并安装催化转化器。到 1986 年，帕特森的研究工作已使美国汽油全部无铅化。与此同时，帕特森还证实了食物中的铅污染问题，他比较了鱼罐头中的铅含量和 1 600 年前的秘鲁人骨骼中的铅含量。这些人经常食用鱼，但当时鱼的生活环境中并不含铅。

1978 年，帕特森参加了美国国家研究委员会的一个专家小组，主张进一步减少环境中的铅含量，但大多数人不同意他的观点，所以他写了一份措辞强硬、长达 78 页的报告。不过帕特森为了科学与污染者的英勇斗争已经收获成效。到 20 世纪 90 年代末，美国公民血液中的铅含量下降了 80%。我们都要感谢这位勇敢的科学家，他从测定太阳系中最古老陨石的年代这一简单的问题开始，最终拯救了地球。帕特森是科学诚信的典范，无论财大气粗的利益集团和充当打手的科学家如何反对，他只在乎事实，用数据说话，捍卫人类和地球的整体利益。

延伸阅读

Bevan, Alex, and John De Laeter. *Meteorites: A Journey Through Space and Time*. Washington, D.C.: Smithsonian Books, 2002.

Chambers, John, and Jacqueline Mitton. *From Dust to Life: The Origin and Evolution of Our Solar System*. Princeton, N.J.: Princeton University Press, 2013.

Dalrymple, G. Brent. *Ancient Earth, Ancient Skies: The Age of Earth and Its Cosmic Surroundings*. Stanford, Calif.: Stanford University Press, 2004.

Gargaud, Muriel, Herve Martin, Purificacion Lopez-Garcia, Thierry Montmerle, and Robert Pascal. *Young Sun, Early Earth, and the Origins of Life: Lessons for Astrobiology*. Berlin: Springer, 2013.

Nield, Ted. *The Falling Sky: The Science and History of Meteorites and Why We Should Learn to Love Them*. New York: Lyons, 2011.

Norton, O. Richard. *Rocks from Space: Meteorites and Meteorite Hunters*. Missoula, Mont.: Mountain Press, 1998.

Smith, Caroline, Sara Russell, and Gretchen Benedix. *Meteorites*. London: Firefly, 2010.

Zanda, Brigitte, and Monica Rotaru, eds. *Meteorites: Their Impact on Science and History*. Cambridge: Cambridge University Press, 2001.

11 绿奶酪还是斜长岩？月球的起源

月 岩

这是一个人的一小步，却是人类的一大步。

——尼尔·阿姆斯特朗

一大步

1969 年 7 月 20 日这天，和许多现已年过 55 岁的美国人一样，我也目不转睛地盯着电视看。当时，我正在南达科他州温泉市外表兄弟们的农场里，体验为期一个月的农场生活：捡鸡蛋、骑马、开拖拉机，处理农场日常杂务，认识远房亲戚。整整一个星期，我们都在密切关注"阿波罗 11 号"任务的最新进展，而现在我们将要见证一个非同寻常的时刻：人类首次在月球上行走。更令人兴奋的是，全世界都能在电视上观看现场直播！那天下午，当电视台开始播放人类第一次太空行走的准备工作时，我们都围在小客厅的电视旁。最后，神奇的时刻到来了，全世界数百万人同时见证了人类历史上最激动人心的成就。

1961 年，约翰·F.肯尼迪（John F. Kennedy）总统启动了阿波罗登月计划，提出在 1970 年前将第一个人类送上月球，这对美国，尤其是太空计划来说是一个巨大挑战。1957 年，苏联发射了人类第一颗人造卫星"斯普特尼克号"（Sputnik）。这远早于美国，之后美国就一直处于劣势。后来苏联又将第一只动物送入太空，还于1961年把第一个地球人——尤里·加加林［Yuri Gagarin，比美国宇航员艾伦·谢泼德（Alan Shepard）早1个月］送入太空。1959年至1963年间，水星计划将第一个美国人送入太空；1962年，约翰·格伦（John Glenn）成为第一个绕地球飞行的美国人。这些我们都时时关注着。1965年至1966年间，美国启动了双子座计划（Gemini program），两名宇航员执行了太空漫步和飞船对接等更大胆的太空任务。1968年至1972年间，阿波罗计划和它的三名宇航员成功登陆月球并安全返航，任务飞行时间越来越长，绕月飞行距离也越来越远。

最终，在1969年7月20日，"阿波罗11号"到达了月球。第三位宇航员迈克尔·柯林斯（Michael Collins）留在月球轨道上，尼尔·阿姆斯特朗和巴兹·奥尔德林乘月球着陆器到达月球表面，然后进行了一次短暂的月球漫步（图11.1），再回到母舱，返回地球。其后的阿波罗任务（"阿波罗12号"到"阿波罗17号"；"阿波罗13号"除外，它在太空中发生了爆炸，宇航员险中生还）在月球上漫步的距离越来越远，带回的样品也越来越多。1973年，美国国会终止阿波罗计划之时，6次登月任务中共有12人登上月球，收集了大量月球资料，并带回了381.7千克的月球样品。唯一一名在月球上行走过的科学家是地质学家哈里森·施密特（Harrison Schmitt），他参与了最后一次任务——"阿波罗17号"，于1972年12月在月球上停留了几天。

太空计划衍生出了庞大的研究项目，不只是航天领域，其他领域也取得了巨大技术突破。该计划引发了更小、更快的计算机的研发竞赛，并大大改进了电话通信，特别是促进了用于通信和GPS

图 11.1 1969 年 7 月 20 日，尼尔·阿姆斯特朗拍摄的站在月球上的阿波罗号宇航员埃德温·尤金·"巴兹"·奥尔德林的照片（图源：NASA）

导航的卫星研究。为建造宇宙飞船而组装的机器人最终使汽车等产品的组装效率大大提高。基于 NASA 的研究，各种各样的产品被研发出来，包括人造心脏、电热毯、强度更高但质量更轻的合金和轻质复合材料、零重力条件下合成的药物、烟雾探测器、空气净化系统、小型实用激光、高容量电池、防紫外线的太阳镜、聚四氟乙烯纤维玻璃、性能更好的消防装置、太阳能发电系统、假肢、磁共振成像（MRI）和计算机轴向断层成像（CAT）、发光二极管（LED）技术、电子视频游戏操纵杆、更好的高尔夫球，以及避免飞机碰撞的全接入通信系统（TACS）、虚拟现实模拟器、水培法、卫星电视、心脏起搏器，甚至一次性尿布。

从另一种角度来看，太空计划也非常重要，它不仅拍摄了地球卫星图像供人类研究这个星球上正在发生的各种各样的过程，还让人们得以从太空视角俯瞰地球，彻底改变了我们对这个"暗淡蓝点"的认知。而这些项目所花的经费还不到联邦预算的1%，与美国在其他效益低下的事情上的花费相比，简直微不足道。

姐妹、女儿还是捕获物

对科学而言，最大的效益或许就是长期存在的科学问题有了明确答案：月球是如何形成的？它是由什么物质组成的？一个多世纪以来，除了"绿奶酪"假说，行星地质学界和天文学界流传着各种貌似合理的科学观点。这些想法大致可分为三大类，且名称均比较女性化（可能因为天文学界由男性主导），当然这些名字如今已被废弃：

1."拾取"或"捕获"假说：数十年来，有些科学家提出，月球原是一个远离地球轨道的外来天体，它在地球引力的作用下被捕获并拉入轨道。但是，这个模型从一开始就存在很多问题。首先，月球轨道与地球绕太阳轨道在同一平面，如果某外来天体以某一角度被捕获，情况不可能如此，该天体轨道会在地球-太阳系所在平面之外的任意平面上绕地球旋转。其次，某一大天体引力捕获的结果，通常要么是碰撞，要么是天体改变轨道飞回太空。如果月球是被地球引力缓慢捕获的，没有发生碰撞或逃逸，而是停留在轨道上，那么地球必须有非常厚的大气层，其延伸范围要比现在远得多，但并没有证据支持这一点。最后，如果月球是被地球引力俘获的外来天体，它的构成将与地球的完全不同。我们可以通过研究月岩来验证这个想法是否正确。

2. "女儿"或"分裂"假说：该设想最初由天文学家乔治·达尔文（George Darwin，查尔斯·达尔文的儿子）于 19 世纪末提出。他认为，月球由最初快速旋转的地球物质形成，快速旋转的熔融物质从地球被甩到太空中，从而形成了月球。有些天文学家甚至提出，太平洋盆地就是那次事件残留的痕迹。1925 年，奥地利地质学家奥托·阿莫勒（Otto Ampherer）提出，月球的分离导致了大陆漂移。该假说在许多年里都被认为是合理的，尽管在 20 世纪 60 年代，板块构造学说已经表明太平洋盆地并不是一个古老的伤疤，而是由非常年轻的熔岩形成，它的年龄还不到 1.6 亿年。该模型也未考虑地月系统的角动量问题。同样，关键的验证方式还是月岩。如果月岩与原始地球（地核、地幔和地壳未分异之前）的成分相同，那么该假说才说得通。

3. "姐妹"假说：与"女儿"假说相似，该模型认为，最初的地月系统由两大团物质组成，两者在万有引力的作用下相互吸引。同样，在这个模型中，地月系统也存在角动量问题。和"女儿"假说一样，它预测月岩的成分与原始地球的非常相似。

"阿波罗 11 号"及后来的月球任务将月岩样品带回实验室进行研究后，这些假说都将面临严峻考验。出人意料的是，月岩成分不支持以上任何假说，反而萌生出了一个前所未有的新假说。

撞 击

阿波罗任务带回的月岩样品（图 11.2）与早期地球的构成并不相似，与被地球引力俘获的外来天体的组成也完全不同，而是由斜长岩和常见的黑色玄武岩组成。换句话说，其组成与上地幔部分极为相似（海底熔岩或夏威夷基拉韦厄等火山喷出的熔岩都来源于上地幔）。

该结果令人震惊。如果月球几乎完全由地幔物质构成，那么月球一定是原始地球的铁镍金属地核（参见第 10 章）与硅酸盐地幔分异之后形成的。换言之，月球的形成时间晚得多，是在地球冷却聚合及地球各圈层已发生分异后很久才形成的。

更令人吃惊的是，将大量地幔物质送入太空的唯一方法是另一个天体撞击早期地球（图 11.3）。行星地质学家现在称这个天体为

图 11.2　典型的月岩样品（图源：维基百科）

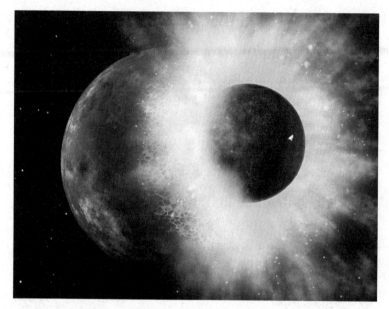

图 11.3　冲击地幔并形成月球的大碰撞艺术概念图（图源：维基百科）

忒伊亚［Theia，月亮女神塞勒涅（Selene）母亲的希腊名］，并假定它是一个火星大小的原行星，它撞击地球产生的冲击力使地球部分物质分离出去，并进入轨道。一旦这些碎片开始绕地球运行（离地球的距离是现在的 1/10），就会逐渐聚合。这次碰撞的能量一定十分惊人！数万亿吨的物质化为蒸气，地球的温度将上升到 10 000 ℃。

　　月球内部放射性物质释放的热量可能会导致月球熔融，月球大部分区域应该会保持和地球地幔相同的成分，但熔融会造成玄武质熔岩剧烈喷发，形成岩浆海，即如今月球表面暗色的"月海"（图 11.4）。此外，月球还有一个小小的铁核，直径仅有 330 ~ 350 千米，被认为是碰撞后遗留的忒伊亚核部；忒伊亚其余大部分铁

镍核融入到了地核中。相比之下，如果"姐妹"或"女儿"假说
（"阿波罗 11 号"任务之前相当盛行）成立，那么月球将会有一个
很大的核部，跟地核与地幔的比例相仿。

　　那这次事件发生在何时？同样地，月岩给出了答案。许多实验
室根据在第 8 章讨论过的与测定地球岩石年龄相同的铀 - 铅和铅 - 铅
定年法，对月岩进行了年代测定。大多数月岩至少有 40 亿年的历

图 11.4　月球近地侧，它总是面对地球。图中显示了月面上的陨击坑和暗
色月海（图源：NASA）

史，这表明月球表面形成时间相当早，而且自那之后就没有发生大的改变。毕竟，月球上不存在改变地球表面的外力作用——它没有大气层和水，因此不会发生风化，且重力极小，也没有板块运动。其表面的唯一重大改变是受到巨大撞击而留下的陨击坑（图11.4）。大部分陨击坑碎片的年龄超过 39 亿年，所以大部分撞击事件主要发生在月球形成早期，自那之后很少发生。

目前已知的月球上最古老的撞击前岩石的年龄为 45.27（±0.010）亿年，比太阳系形成之初的陨石的年龄年轻了约 3 000 万年，所以月球形成时间一定晚于太阳系和地球的形成，也晚于使地球核幔分离的熔融事件和分异事件。

"大碰撞假说"提出后，越来越多月岩分析证据支持月球起源于地幔。人类获得月球岩石样品之后的近 48 年时间里，几乎所有同位素（氧、钛、锌等元素）的地球化学特征都表明，月球和地球地幔有着相同的化学组成。撞击学说也经过了多次修正，有些版本认为不止一个撞击天体，或撞击天体大小不同，或撞击机制不同。但是，无论目前科学家青睐哪一种版本，阿波罗号带回的样品明确指出月球是地球地幔的一部分。

月色撩人

这很有趣。我们活着的时候，花费了大把时间眺望宇宙，想知道那里到底发生了什么。我们对月亮着迷，想着是否有一天能飞上去。终于到了人类登上月球的那一天，全世界都欢呼庆贺，将之视为人类取得的最大成就。但是，当我们登上月球，在荒凉的月球表面采集岩石时，抬头看自己的星球，才发现它是多么不可思议，唯美绝伦。我们称之为大地之母，因为她孕育了我们，而我们却吸干了她的乳汁。

——乔恩·斯图尔特（Jon Stewart）《地球：人类访客指南》
（*Earth: A Visitor's Guide to the Human Race*）

　　几个世纪以来，人们一直凝望月亮，并赋予它神秘的力量。在热门电影《月色撩人》（*Moonstruck*）中，角色们每到月圆之夜都会做出一些莫名其妙的举动。据说，满月会使狼人从人类形态变身成狼，变得疯狂。在占星术中，我们出生时月亮的位置会左右我们的个性和未来，虽然这纯粹是胡说八道。许多文化将奇异事件归咎于月亮，或者把它奉为神明崇拜。早期科幻小说想象月球人或者来自月球的外星人入侵地球。许多文化将明暗相间的月面想象成一张"人脸"或者看成"月中人"。在最早（1902 年）的无声电影《月球旅行记》（*A Trip to the Moon*）中，主角被装进一门大炮中，射向月球，炮弹恰好插在"月中人"的"眼睛"里。这部电影深受儒勒·凡尔纳（Jules Verne）的科幻小说《从地球到月球》（*From the Earth to the Moon*，1865 年）的影响，小说中也是用大炮把探险者发射到月球上。以我们目前对月球的认识，这些想法显然不再有意义。

　　不过，月球确实会以令人惊讶的方式影响我们。天文学家和物理学家指出一种有趣的现象：月球相对较大（与其他行星的卫星相比），可充当稳定器，使地球的自转保持相对稳定，这样地球就不会像海王星那样偏向一侧。许多人还认为，地球的自转轴之所以与绕太阳运行的平面成 23.5°夹角，也是由撞击造成的。撞击使地球的自转轴偏离垂直方向 23.5°，所以现在地球会像旋转的陀螺一样摆动（参见第 25 章）。

和那次大撞击一样，地月系统如何变成现在的样子，同样令人惊奇。今天，地球的潮汐力使得月球完全锁定，所以它总是同一面朝向地球，人类也只能看到月球的这一面，直到"阿波罗 8 号"任务第一次飞到月球的另一侧，并拍下照片（图 11.5）。[不同于平克·弗洛伊德乐队（Pink Floyd）的《月之暗面》（*Dark Side of the Moon*），那是张有神秘色彩的专辑；月球并没有永久的"暗面"，它两面都会经历黑暗和光明，这取决于太阳的位置。]与此同时，

图 11.5 月球的另一面，只有绕月飞船可以看到，这是 1968 年"阿波罗 8 号"任务期间拍摄的（图源：NASA）

月球对地球的潮汐引力逐渐减缓了地球的自转速度，使地球的自转周期每一百年减慢 1.5 毫秒；数百万年内会减慢 1 分钟多。因此，新年伊始（特别是 2000 年即千禧年之后），世界上最精确的时钟都需要调整，否则将与原子钟不同步。

每年几微秒听起来似乎并不多，但在数百万年甚至数十亿年的时间里会不断累加。物理学家经计算发现，地球的自转速度已变慢很多。在地质历史时期，地球的自转（地球日）比现在要快得多。

这个惊人的观点得到古生物学中不起眼的珊瑚研究的验证。20 世纪 60 年代早期，康奈尔大学的古生物学家约翰·W. 韦尔斯（John W. Wells）通过研究珊瑚化石，发现了珊瑚化石的生长线和携带季节交替信息的显著标志。他将珊瑚切成薄片，打磨抛光，然后在显微镜下数它的生长线。果然，在泥盆纪（大约 4 亿年前），地球自转速率要快得多，它公转一周（1 年）的同时自转了 400 圈（400 天）。大约 6 亿年前，一天只有 21 小时，而不是 24 小时，一年有 430 天。而仅仅在 1.5 亿年前，一年还有 380 天。

这意味着什么？虽然以人类的标准来看这个变化极其缓慢，但是地球自转确实在变慢，所以在大约 200 亿年之后的某一天，它也会被潮汐力锁定，只有一侧会面对月球，而另一侧将永远看不到月球。整个地月系统的能量也在减少，所以两个系统会慢慢分开。月球碎片刚从地球撞入太空时，地月距离只有现在的 1/10，而且从那时起月球就一直在缓慢地退行。三叶虫在地球上漫游时（6 亿年前），地月距离很近，月亮在天空中看起来也大得多。在这么近的距离内，月球的潮汐引力非常强，导致巨大的潮汐波（而非由地震引起的海啸，那与潮汐无关）曾随着潮水的涨落而席卷地球。

最终，地球和月球不仅会被潮汐力锁定，地月距离也会越来远，它们之间的相互运动可能会停止。不过，这可能发生在未来数十亿年之后，在此之前太阳很可能已经爆炸，所有带内行星也将随之摧毁，所以上述情况永远不会发生。

想到这些，人类不禁感觉到自己的渺小。阿波罗飞船带回的几千克重的岩石彻底改变了我们对月球、地球和太阳系的认识。下次当你读到关于月亮的诗，或者听到关于"六月的月亮"的浪漫歌词时，你肯定不会再用以前的方式来看待我们唯一的天然卫星了。

延伸阅读

Chaikin, Andrew. *A Man on the Moon: The Voyages of the Apollo Astronauts*. New York: Penguin, 2007.

Chambers, John, and Jacqueline Mitton. *From Dust to Life: The Origin and Evolution of Our Solar System*. Princeton, N.J.: Princeton University Press, 2013.

Dalrymple, G. Brent. *Ancient Earth, Ancient Skies: The Age of Earth and Its Cosmic Surroundings*. Stanford, Calif.: Stanford University Press, 2004.

French, B. M. *Origin of the Moon: NASA's New Data from Old Rocks*. Greenbelt, Md.: NASA Goddard Space Flight Center, 1972.

Gargaud, Muriel, Herve Martin, Purificacion Lopez-Garcia, Thierry Montmerle, and Robert Pascal. *Young Sun, Early Earth, and the Origins of Life: Lessons for Astrobiology*. Berlin: Springer, 2013.

Harland, David M. *Moon Manual*. London: Haynes, 2016.

Hartmann, William K. *Origin of the Moon*. Houston: Lunar & Planetary Institute, 1986.

Mutch, Thomas A. *Geology of the Moon: A Stratigraphic View*. Princeton, N.J.: Princeton University Press, 1973.

Reynolds, David West. *Apollo: The Epic Journey to the Moon, 1963–1972*. New York: Zenith, 2013.

锆 石

一沙一世界，
一花一天堂，
无限掌中置，
刹那成永恒。

—— 节选自威廉·布莱克（William Blake）的名作
《天真的预言》（*Auguries of Innocence*），选自徐志摩译本

我不知道世人如何看待我，但对我个人而言，我不过就像一个
在海边玩耍的小孩儿，为不时捡到的一颗光滑的卵石或一枚好看的
贝壳而沾沾自喜，而对面前浩瀚的真理海洋一无所知。

—— 艾萨克·牛顿

比钻石还珍贵

如果你打开电视，观看购物频道或广告节目，不久就会看到厂
家在推销"立方氧化锆晶体"制成的华而不实的珠宝。他们惊叹于
锆石晶体如钻石般璀璨，售价却只要真正钻石价格的几分之一。同
样地，你会发现网上许多卖家兜售立方氧化锆（亦称方晶锆石）首
饰的宣传广告上面写着如下说明文字：

锆钻（ziamond）绝对是为有眼光的顾客提供的质量最好的方晶锆石珠宝，专门镶嵌在 14 K 金、18 K 金和铂金等贵重金属上。我们的方晶锆石珠宝首饰使用的是世界上最好的人工钻，可提供终身质保。锆钻上的仿钻和原石均依据高档钻石标准精确切割，确保客户得到外观及品质与钻石相媲美的产品。您可放心佩戴镶着锆钻的方晶锆石珠宝首饰，其保养方法与高档钻石一样。我们拥有百年精湛的珠宝制作工艺，员工技艺高超、审美在线，可设计制作各种方晶锆石首饰，满足您对设计品质和工艺的期待。无论是仿钻的方晶锆石戒指、结婚戒指、订婚戒指，还是方晶锆石手镯或耳环，我们期待为您提供完美的锆钻体验，并让您亲自验证为何我们能成为方晶锆石饰品界的领头羊。

如果你想戴个便宜的假钻石在朋友面前显摆，选择方晶锆石没有任何问题。但它并不是真正的钻石，而且在自然界也并不稀有。方晶锆石是人工合成的宝石，成分为氧化锆（ZrO_2）。[在自然界中，氧化锆主要以斜锆石（baddeleyite）的形式存在，斜锆石的名称源自首次发现这种矿物的斯里兰卡铁路工程监工约瑟夫·巴德利（Joseph Baddeley）。当然，电视广告推销珠宝时用的并不是这个名称。]锆元素的另一种矿物是硅酸锆（$ZrSiO_4$），也就是矿物锆石（zircon，图 12.1）。大的锆石晶体可形成八面体，看起来就像两个粘在一起的金字塔结构。锆石颜色多样，有紫色、黄色、粉红色、红色和无色等，取决于其中的杂质及晶体结构的变化。

虽然钻石的商业价值巨大，但锆石所蕴含的科学信息更多，这使得它们在科学上比钻石还珍贵。对地质学家来说，锆石是非常有

图 12.1 锆石晶体（图源：维基百科）

用的矿物。锆石可形成非常坚硬、稳定的晶体，尤其在冷却过程晚期的花岗岩浆中。由于锆石晶体拥有可容纳像锆这样的大原子的空间，它们也会捕获其他矿物无法容纳的大型原子及结晶晚期富集的原子，如稀土元素铀（U）和钍（Th）。因此，我们可以利用锆石晶体分析其中的铀含量。锆石被广泛应用于铀 - 铅或铅 - 铅测年，以及另一种被称为"裂变径迹测年"（fission-track dating）的方法中。

　　锆石非常稳定，并且对几乎任何物质都有抵抗能力，所以要用蛮力才能将其从花岗岩中分离出来。通常情况下，可以先用粉碎机将原岩磨成细粉，然后将粉末浸泡在世界上最强的酸——氢氟酸（HF）中。氢氟酸具有强腐蚀性，所以该步骤必须在通风良好的通风橱中操作，并穿戴好防护装置以保护好皮肤、眼睛和肺。氢氟酸甚至还能溶解容器，所以必须把它保存在特殊的瓶子里。氢氟酸可溶解岩石中除锆石外的几乎所有矿物，所以酸洗完后，用清水冲洗残留物，就可以得到锆石，准备进行分析。

　　锆石不仅在实验室环境下相当稳定，在自然界中亦如此。岩石风化形成的砂粒在水底相互碰撞摩擦，锆石就是其中最稳定、保存最完好的矿物之一。即使砂粒风化非常严重，约99%成分都是石英（地球表面最常见和最稳定的矿物）时，也会有一小部分的锆石残留。事实上，锆石（加上砂粒中其他两种较稳定、抗分化能力强的矿物，电气石和金红石）已经被用作"ZTR 指数"（即重矿物稳定系数，指金红石、锆石、电气石 3 种矿物占透明重矿物的比率），用来测定砂或砂岩的风化和分选程度。有许多地质学家专门研究锆石，因为它们是解决各种地质问题的有力工具。

最古老的岩石

　　锆石用处极广。地质年代学家发现，它是最适合用来测定古老岩石年龄的矿物。一些陨石（参见第10章）和月岩（参见第11章）的年龄就是使用锆石测定的，且锆石同样可用于研究远古地球岩石的年龄。利用锆石测定地球上许多最古老的岩石的年代时，我们不仅可以使用铀-铅（U-Pb）法，还可使用铅-铅（Pb-Pb）法和铷-锶（Rb-Sr）法。

多年来，地球上已知最古老的岩石是来自格陵兰西南海岸的伊苏阿表壳岩带（Isua Supracrustal Belt）的 Amitsôq 片麻岩（Amitsôq Gneiss，图 12.2），测定年龄为 38 亿年。它是最古老的地壳岩石之一，包括原始陆壳的小地块（现在变质为片麻岩）和部分古老的原始洋壳残片（被称为绿岩带），甚至部分最早期的地幔碎块（橄榄岩）。然而，该年龄并非代表地球岩石的最大年龄，因为这些岩石变质程度较高，已发生严重蚀变，它们原岩的真实年龄可能更老。由此可知，地球上最早的地壳由非常小的大陆地块（原始大陆）组成，它们漂浮在薄而炽热的古洋壳之上。后者由直接从地幔中喷发而出的熔岩构成。这种奇特的熔岩被称为"科马提岩"（komatiite），它完全由地幔矿物构成，比如被称为橄榄石的绿色硅

图 12.2 格陵兰南部的伊苏阿表壳岩带，年龄为 38 亿年（图源：维基百科）

酸盐。科马提岩比今天构成洋壳的玄武质熔岩更富含镁和铁元素。这表明，早期的地球仍然很炽热，地壳很薄，且流动性很强，很容易重熔，尚未分化成如今成熟形态的洋壳和陆壳。事实上，当时的地壳板块又小又薄，因此可能尚不存在真正的板块运动。科马提岩熔岩只能在这种条件下形成，而现今，因为洋壳已成熟，上地幔的温度和化学成分都发生了变化，不再有任何地方出现科马提岩熔岩喷发了。如今，上地幔喷发的都是玄武质熔岩，并形成海床。

到 1999 年，被称为阿卡斯塔片麻岩（Acasta gneiss，图 12.3）的古老岩石将地球上最古老岩石的年龄纪录从 38 亿年向前推至 40.31（±0.03）亿年。阿卡斯塔片麻岩也是古陆壳碎片，它来源于名为斯拉维地体 [Slave Terrane，得名于加拿大西北地区的大奴湖（Great Slave Lake）] 的板块。几乎所有教科书都会提到这块岩石，

图 12.3　加拿大大奴湖附近的阿卡斯塔片麻岩，年龄是 40.1 亿年（图源：维基百科）

它的年龄纪录保持了好几年。

然而，就像在体育运动中一样，纪录注定是要被打破的。2008年，地质学家测得加拿大哈得孙湾（Hudson Bay）东岸魁北克西北部的努夫亚吉图克绿岩带（Nuvvuagittuq Greenstone Belt）的年龄是 42.8 亿年或 43.21 亿年。该值并非直接用铀-铅定年法测定，而是用钐-钕（Sm-Nd）测年法测定绿岩带中的熔岩而获得的。但是，这个年龄仍存争议。许多科学家认为，42.8 亿年并不是岩石的年龄，而是重新熔融形成这些岩石的母质的年龄。来自岩石自身锆石的铀-铅年龄中的最大值表明，它们实际上只有大约 37.8 亿年的历史。即便如此，它也可证明，最古老的地壳大约形成于 42.8 亿年前到 43.2 亿年前。考虑到科学的道路总是曲折的，可以预见，在不久的将来，地质学家或许会找到更古老的岩石。

我们会发现，地球上最古老岩石的年龄均未超过 43.2 亿年，但太阳系中最古老的物质（陨石和月岩）至少有 45.5 亿年的历史。两者为什么会存在差异？答案是板块构造运动，以及由水和风引起的地球表面的风化作用。地表在板块运动的驱动下不断循环改造，俯冲至地幔，然后再次重生。相比之下，月球表面没有板块运动，所以它的某些岩石可以追溯到 45 亿年前刚形成的时候。与早期太阳系一起形成的陨石，如第 9 章所讨论的碳质球粒陨石，自冷却后就没有改变过，所以它们的年代最为古老。

地球冷却

这些年龄值都是地球上最古老岩石的年龄，但它们并不是已知最古老的地球物质的年龄。区分它们的关键在西澳大利亚杰克山（Jack Hills）年代较晚的砂岩中的一些锆石颗粒上（图 12.4）。每一颗锆石都可以利用铀 - 铅法测定年龄，所以会得到一些分散的年龄值。其中，最古老的锆石颗粒的年龄是 44.04 亿年，比魁北克古老岩石的 43 亿年要老至少 1 亿年。因此，目前世界上最古老的物质（既不是陨石也不是月岩）的纪录保持者是 44 亿年的锆石。这些砂粒的年龄使地球的年龄越来越接近月岩和陨石的年龄，但仍然有大约 2 亿年的差距，大约相当于恐龙时代开始（晚三叠世）到今天的时间，并不算短。

　　小小的锆石颗粒给我们带来了更多惊喜。它们不仅给出了已知最古老的年龄，而且科学家分析包裹在其中的微小气泡时，发现了

图 12.4　澳大利亚杰克山锆石颗粒阴极发光图像，年龄为 44 亿年，它证明地球早期曾被液态水覆盖（图源：J. Valley，Univ. Wisconsin）

40多亿年前早期大气存在的证据。这些气泡中含有氧同位素，表明44亿年前地表就有液态水存在！

在这一发现之前，地质学家一直认为，地球需要很长时间才能从45.5亿年前的熔融状态冷却下来。大多数人认为，地球花了大约7亿年才冷却到水的沸点（100℃）以下，依据是最古老沉积岩（其形成与流水作用有关）的年龄（上文提到的来自格陵兰伊苏阿表壳岩带的岩石，年龄为38亿岁）。但是杰克山锆石彻底推翻了这个假设。如果它们确实证明44亿年前地球上就存在液态水，那么就意味着地球只用了2亿年的时间就从熔融状态冷却到水沸点以下。这也表明，在这期间也没发生太多陨石撞击事件，不然海洋会一次又一次地被蒸干。综上所述，这些数据启发了现在所谓的"冷早期地球假说"（cool early Earth hypothesis）。

那么，早期地球上的水是从哪里来的呢？地质学家一般认为，地球冷却时，原先被困在地幔内部的水通过火山喷发逐渐逸出（即脱气作用）。但最近，地外天体的化学分析研究表明，它们的化学成分（尤其是碳质球粒陨石，参见第9章）与地球上海洋的化学组成相吻合。这表明，早期太阳系的碎片（球粒陨石其实是早期太阳系的残骸）中含有大量水。月岩亦如此，现今它们含水量较少，但显然太阳系形成之初，它们含水率相当高。如果是这样的话，地球诞生之初，随着地球冷却，地球上的水发生冷却、凝结。只要地球表面温度降到100℃以下，就能形成第一个海洋。

我们可以排除的一个来源是彗星。虽然彗星通常被称为"脏雪球"（因为它们主要由尘埃和水冰构成），但对4颗彗星的化学分析表明，它们的化学成分与地球水的大不相同。此前流行的观点认为是彗星撞击早期地球，并融化形成了海洋，现在这一观点可以被摒弃了。

来自杰克山的小锆石颗粒还带来了一个惊喜。发表于 2015 年的一篇论文指出，科学家在锆石中发现了微小的石墨包裹体。相比锆石，大多数人更熟悉石墨，它是碳元素的一种存在形式，跟铅笔中的"铅"是一样的物质。令人惊讶的是，锆石石墨包裹体的地球化学数据显示，其碳同位素比值与生命中的碳一致！这些特殊锆石颗粒的年龄是 41 亿年，所以它们没有最古老的含水锆石所测得的 44 亿年那样古老。尽管如此，这仍是一个惊人的发现。在此之前，与生命活动产生的碳成分相同的最古老岩石（也可能是最古老的化石）是来自格陵兰的伊苏阿岩石，其年龄为 38 亿年。杰克山锆石比之前的纪录老 3 亿年。已确认的最古老化石证据来自西澳大利亚瓦拉伍纳群（Warrawoona Group，年龄为 35 亿年）和南非的无花果树群（Fig Tree Group，年龄为 34 亿年）的顶燧石（Apex chert）。所以，生命起源的时间比之前想象的要早得多，而且没比冷早期地球上海洋的出现晚太多。

和锆石中早期海洋存在的证据一样，这一更古老的生命证据使得我们不得不再次修正对早期地球的看法。根据月球环形山的年龄（这些环形山的年龄在 39 亿年至 44 亿年之间）可推测出，早期地球在 39 亿年前之前也必定经历了早期太阳系中残余碎片的猛烈轰炸。但是，44 亿年前液态水存在的证据，甚至 41 亿年前生命可能存在的证据表明，这些碎片对地球的撞击比之前人们想象的少得多。

本书出版之时，可能又有更多惊人的发现已发表，地质学家可能发现了年代更早的古老岩石。这是好事，表明早期地球地质学是一个活跃而充满生机的领域，总有突破性的发现。对某些人来说，一本书尚未出版，书中的观点却已经过时，可能令人沮丧。但是科学在进步，每次有批判性分析结果发表时，我们都会对地球有全新的认识。

延伸阅读

Chambers, John, and Jacqueline Mitton. *From Dust to Life: The Origin and Evolution of Our Solar System*. Princeton, N.J.: Princeton University Press, 2013.

Gargaud, Muriel, Herve Martin, Purificacion Lopez-Garcia, Thierry Montmerle, and Robert Pascal. *Young Sun, Early Earth, and the Origins of Life: Lessons for Astrobiology*. Berlin: Springer, 2013.

Hazen, Robert M. *The Story of Earth: The First 4.5 Billion Years from Stardust to Living Planet*. New York: Penguin, 2013.

Shaw, George H. *Earth's Early Atmosphere and Oceans, and the Origin of Life*. Berlin: Springer, 2015.

Ward, Peter, and Joe Kirschvink. *A New History of Life: The Radical New Discoveries About the Origins and Evolution of Life on Earth*. New York: Bloomsbury, 2015.

13 微生物席：蓝细菌和最古老的生命

叠层石

如果演化论正确的话，那么有一件事情无可争辩，即在寒武系最下层地层沉积之前，已过了很长时间……生物已经遍布各地。至于为什么至今我们尚未发现寒武纪以前的化石……我也没有令人满意的答案。

——查尔斯·达尔文，

《物种起源》（*On the Origin of Species*）

达尔文的困境

1859 年，达尔文出版《物种起源》时，最薄弱的证据就是缺乏早于寒武纪（当时三叶虫等复杂多细胞动物刚出现）的确切化石。达尔文对寒武纪的岩石和化石非常熟悉。1831 年，他的剑桥导师、地质学家亚当·塞奇威克（Adam Sedgwick，第一位拥有"地质学教授"头衔的人）去西威尔士考察寒武纪岩石时，达尔文曾担任其助理。但是，即使到达尔文在 1859 年写这本著作时（时隔近 30 年后），化石为何缺失仍然是个谜。

和大多数地质学家一样，达尔文知道，首先，问题在于寒武纪之前的古老岩石通常已在巨大的热量和压力下转化成变质岩，所以其中的所有化石均已遭破坏。其次，岩石越老，它们越可能发生变质作用，甚至还遭受侵蚀。最后，真正古老的岩石通常堆积于最底部，被较年轻的寒武纪之后的沉积物覆盖。因此，只有在古老的岩石"基底"被抬升、上层覆盖物被剥蚀的地方，才会有这种岩石出露。

尽管如此，科学家还是接下了达尔文的挑战，继续寻找古老的基底岩石。他们尝试了很多方法都行不通，错误的线索比比皆是。其中有一个看起来像原始植物的奇怪分支结构（被命名为"扇叶迹"），后来被证实只是蠕虫挖掘的洞穴，而非实体化石。被称为"达尔文的斗牛犬"的托马斯·亨利·赫胥黎（Thomas Henry Huxley）在深海泥中发现了一种黏糊糊的"有机体"，宣称这是一种新生物"深水虫"（*Bathybius*），后来也被证实它只是硫酸钙和用来保存样品的乙醇发生化学反应的产物。1858 年，达尔文的书出版的前一年，加拿大地质学先驱威廉·E. 洛根爵士（Sir William E. Logan）在蒙特利尔郊外的渥太华河岸边发现了一种层状结构（图 13.1）。当时大多数科学家都不相信这是生物成因的，因为许多

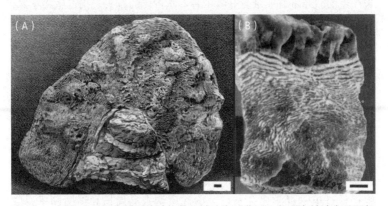

图 13.1 被称为始生虫的层状结构曾经被认为是化石，但现在被认为是无机成因的假化石。（A）J. W. 道森的《生命的诞生》（*Dawn of Life*）一书中的插图。（B）保存在史密森学会的正模标本，比例尺=1 cm（图源：J. W. Schopf）

非生物方式也可以在岩石中形成层状结构。洛根的追随者，加拿大古生物学家 J. W. 道森（J. W. Dawson）确信该层状结构的形成与生命活动有关，并将其命名为"加拿大始生虫"（意为"加拿大最早的动物"）。他称其为"加拿大地质调查史上最重大的发现之一"。但很快，其他地质学家仔细观察了这种"化石"，并得出结论，它是由层状方解石和蛇纹石形成的带状变质结构。

真假化石

假化石一再出现，地质学家自然对其他宣称是前寒武纪生命迹象的标本持怀疑态度。这是一个很容易犯的错误。天然岩石和矿物在许多情况下可以形成假化石结构，（对没有经验的收藏家来说）它们看起来就像真正的化石一样。许多奇石爱好者将页岩劈开，在层面上发现了精致的带花边的黑色结构，并认为其中有植物化石。但这其实是一种著名的假化石，被称为软锰矿树突，是由氧化锰晶体的分支生长产生的。经常有业余爱好者带着形状古怪的石头去找古生物学家，并告诉他这是一个"蛋化石""大脑化石"或"心脏化石"，甚至是"阴茎化石"。大多数情况下，这些石头只是成岩过程中被简单胶结在一起的具有特殊形状的沉积物团块，也就是所谓的结核。

但在 1878 年，一种有趣的结构被认为是前寒武纪生命存在的证据。年轻的查尔斯·杜利特尔·沃尔科特（Charles Doolittle Walcott）是詹姆斯·霍尔（纽约第一位官方地质学家和古生物学家）的助手（沃尔科特后来成为美国最著名的古生物学家，他还曾担任过史密森学会会长、美国地质调查局局长和美国国家科学院院长）。沃尔科特参观位于哈得孙河谷上游的度假胜地和赛马圣地——萨拉托加（Saratoga）时，在萨拉托加矿泉城以西大约 5 千米处一个叫莱斯特公园的地方停了下来。在那里，他发现了一大片层状结构，它们看起来就像卷心菜的横切面（图13.2）。其实之前就有地质学家发现了这种构造，并将其命名为"叠层石"（stromatolite，希腊语意为"层状岩石"）。不过，莱斯特公园的样品非常特别。28岁的沃尔科特坐下来，写下他第一篇关于叠层石的科学论文，并将其命名为"隐生藻"（*Cryptozoon*，希腊语意为"隐藏的生命"），宣称它们是生物成因的。

自然，沃尔科特受到了科学界的冷遇。科学家之前已被道森称为"始生虫"的层状结构欺骗过一次。世界上最著名的古植物学家艾伯特·查尔斯·苏厄德爵士（Sir Albert Charles Seward），多年来一直对沃尔科特的隐生藻不屑一顾。他在古生物学界有很大影响力。他指出，这些隐生藻没有有机结构或精细的植物组织，也没有任何证据可以排除这是由矿物生长形成的简单层状结构。

尽管如此，还是有越来越多不同类型的叠层石被发现并描述。有些形状不是简单的卷心菜切面，而是高大的穹顶状。还有一些形状像高锥（锥状叠层石，*Conophyton*）或中心被压平的凸面（聚环藻，*Collenia*）。在西伯利亚的晚期寒武纪岩石中，保存完好、形状各异的叠层石随处可见，所以苏联地质学家着手对这些结构进行了命名和描述。不过，仍没有证据证明它们确实是生物成因的，而不是某种地质结构。

鲨鱼湾

唯一能够证明叠层石是真正化石的令人信服的方法是，找到它们如今仍活着的证据。然而，几乎所有已知叠层石都来自5.5亿年前之前的前寒武纪（除了少数例外）。它们曾经是地球上最常见的

图 13.2 纽约莱斯特公园中被称作"隐生藻"的成层的卷心菜状叠层石,其顶部被冰川削平(图源:作者拍摄)

化石，却在寒武纪时期神秘地消失了，与此同时，多细胞动物开始演化。

地质学家在未知地区进行常规地质勘探时，有了突破性进展。1956 年，西澳大利亚大学的布赖恩·洛根（Brian Logan）等地质学家为了绘制西澳大利亚北海岸的地图，沿着海岸前进，到达了一个叫鲨鱼湾的咸礁湖（位于珀斯以北约 800 千米处）。他们在退潮期间探索海湾时，发现了一个叫哈梅林浦（Hamelin Pool）的浅水区，这里分布着许多将近 1 米甚至更高的圆顶柱（图 13.3），形状酷似被称作叠层石的隐生藻等结构。

他们仔细观察并采集了样品，发现和叠层石中看到的一样，鲨鱼湾的这种结构确实也是由毫米级的细微沉淀物构成。现在他们可以弄清是什么造就了这些神秘的层状结构。每根柱顶的表面都覆盖着一层在阳光下生长的、黏黏的蓝绿细菌（又称为蓝细菌或蓝藻）。较老的书中称它们为"蓝绿藻"，但它们其实不是藻类，藻类是真正的植物，为真核细胞，有细胞核和细胞器；而蓝细菌是原核生物，没有分离的细胞核，但内部有光合作用所需的化学物质。

科学家进一步分析了这些结构，明白了这些蓝细菌是如何形成这种层状结构的。蓝细菌的丝状体黏性较大，所以细砂被冲刷到其周围并沉淀时，就被束缚在丝状体中。接着，这些丝状体为了接触阳光，穿过沉积层向上继续生长，又在顶部形成一层黏黏的以蓝细菌丝状体为主的微生物席，黏住更多沉积物。这一过程每天都在发生，若条件适宜，可累积数百层。蓝细菌死亡后，留下这种层状沉积结构，而没有古植物学家长期以来一直在寻找的有机物质或类似植物的结构。

图 13.3 澳大利亚鲨鱼湾的穹状现代叠层石（图源：维基百科）

泡沫星球

那么，统治了地球长达 30 亿年的叠层石，为什么会在大约 5 亿年前突然消失无踪？事实证明，鲨鱼湾不仅有大片活的叠层石，这里在很多方面都与众不同。它的入海口很窄，又有沙洲阻挡，限制了涨退潮时海水的进出。此外，它位于热带地区，蒸发率非常高，这意味着海湾里的水非常咸（盐度为 7%，是海洋盐度的两倍）。对于大多数腹足类等生物来说，这里太咸了，根本无法生存，否则它们会吃掉潮间带岩石上生长的藻类和蓝细菌。

鲨鱼湾的新发现在 1961 年一发表，科学界的观点立刻转变。不久后，大多数古生物学家和地质学家都认同，叠层石确实是真正的化石结构。其后数年来，人们又在其他许多地方发现了叠层石。这些地方都有一个共同点：水体不适合其他生物生存，特别是腹足类等可能食用微生物席的生物。我曾经在加利福尼亚半岛太平洋海岸的咸水潟湖中踩过叠层石。波斯湾西海岸的咸水水域也有叠层石。巴西拉戈阿萨尔加达（Lagoa Salgada，葡萄牙语意为"咸水湖"）的咸水潟湖里也发育着像鲨鱼湾那样有巨大圆顶的柱状叠层石。有些叠层石也可在正常盐度的海水中生存，如巴哈马群岛的埃克苏马群岛（Exuma Cays），因为那里的水流太强，甚至连腹足类都无法生活。

为什么叠层石是前寒武纪岩石中最常见的化石呢？别忘了，35亿年前蓝细菌刚刚出现时，它们是地球上唯一的生命形式。我们在西澳大利亚瓦拉伍纳群一个35亿年的露头中发现了这种化石，而南非无花果树群中也含有35亿年前的其他种类的细菌化石，所以它们在地球上出现得非常早。就在本书完成之时，有报道说，格陵兰伊苏阿表壳岩中可能发育叠层石，这些表壳岩可追溯至38亿年前（参见第12章）。但化石记录表明，有30多亿年的时间里，单细胞微生物一直是世界上最大的生物，所以在生命演化历程80%的时间里，这些以蓝细菌为主的微生物席并未被食草动物吃掉。叠层石统治着这个星球，正如我的朋友——加州大学洛杉矶分校教授 J. W. 舍普夫（J. W. Schopf）所说，地球当时是一个"泡沫星球"（图13.4）。

直到早寒武世，腹足类等食用蓝细菌和藻类的生物才演化出来，开始吃掉这些已在浅海海底生存了30亿年的微生物席。自此，叠层石便几乎消失了。与此同时，海底不再遍布黏黏的藻类和蓝细菌的微生物席，其他动物第一次可以钻入沉积物中，为生命开辟了一个全新的生态位。

图 13.4 在地质历史的大部分时间里，世界都被简单的叠层石统治（图源：由 Carl Buell 绘制）

这种"缺乏捕食者"的解释，不仅得到叠层石现今生存环境（没有腹足类或其他捕食者）的印证，也得到地质历史时期中偶尔出现叠层石这一现象的支持。当它们的捕食者受到抑制时，微生物席随时准备再次恢复并快速繁殖。地球上的三次大灭绝（奥陶纪末期、晚泥盆世，以及规模最大的二叠纪末期大灭绝）之后，在仅有的少数幸存者中，叠层石在大灭绝"余波"仍在的时期恢复生机。每次叠层石都像野草一样生长，充分利用几乎没什么幸存者的开阔空间，只要其捕食者被消灭了，它们就能蓬勃生长。

地球在其生命演化史 80% 的时间里都是个"泡沫星球"。没有其他可留下化石的可见生命形式，只有建造石头公寓（叠层石）的微生物席。只有微生物在不断演化，并在最适宜的环境下留下化石。是什么阻碍了多细胞生物的发展？事实上，海底被微生物席覆盖也可能是多细胞生物发展的一个障碍，但是一旦以微生物席为食的腹足类演化出来，许多其他动物也可以找到相应的生态位。海底没有黏滑的微生物席后，三叶虫等海底生物才能在此生存。我们在早寒武世的海底洞穴中就可以发现这个证据。

也存在很多其他的观点，但是大多数地质学家认为，当时大气中氧含量较低，多细胞生物的体形难以长得过大。具有讽刺意味的是，那些建造叠层石的蓝细菌的光合作用使氧含量有所提升（参见第 14 章）。它们花了近 30 亿年的时间造氧，渐渐地，地壳岩石的氧含量达到饱和，海洋和大气中的氧含量也大幅增加。一旦如此，大多数只能生活在低氧环境下的厌氧细菌便灭绝，从而引发了"氧气大屠杀"（oxygen holocaust）。最终，氧含量高到一定程度后，蠕虫和三叶虫等需氧多细胞动物开始出现。事实上，我们现在呼吸的大部分氧气并非来自森林里的树木，而是来自海洋中进行光合作用的大量藻类和细菌。所以下次当你看到沙滩上的海藻浮沫时，请对它们说一声感谢。如果没有它们，你不会站在这里，也不能自由呼吸。

延伸阅读

Chambers, John, and Jacqueline Mitton. *From Dust to Life: The Origin and Evolution of Our Solar System*. Princeton, N.J.: Princeton University Press, 2013.

Gargaud, Muriel, Herve Martin, Purificacion Lopez-Garcia, Thierry Montmerle, and Robert Pascal. *Young Sun, Early Earth, and the Origins of Life: Lessons for Astrobiology*. Berlin: Springer, 2013.

Hazen, Robert M. *The Story of Earth: The First 4.5 Billion Years from Stardust to Living Planet*. New York: Penguin, 2013.

Knoll, Andrew H. *Life on a Young Planet: The First Three Billion Years of Evolution on Earth*. Princeton, N.J.: Princeton University Press, 2003.

Schopf, J. William. *Cradle of Life: The Discovery of Earth's Earliest Fossils*. Princeton, N.J.: Princeton University Press, 1999.

Shaw, George H. *Earth's Early Atmosphere and Oceans, and the Origin of Life*. Berlin: Springer, 2015.

Ward, Peter, and Joe Kirschvink. *A New History of Life: The Radical New Discoveries About the Origins and Evolution of Life on Earth*. New York: Bloomsbury, 2015.

14 铁山：地球早期大气

条带状铁建造

> 这些矿井遗址的存在，使我找到了破坏性地景的素材，无论是它的外观美，还是它的环境政治，我都十分感兴趣。
>
> ——戴维·梅塞尔（David Maisel）

铁 山

去明尼苏达州北部、密歇根州或安大略南部的铁矿区（图 14.1）旅行，一定会让你大开眼界。不管是游览明尼苏达州的梅萨比岭（Mesabi Range）、朱砂岭（Vermilion Range）或库尤纳岭（Cuyuna Range）等大山脉，还是一路延伸到加拿大的火石岭（Gunflint Range），抑或是密歇根上半岛的马凯特岭（Marquette Range）和戈吉比克岭（Gogebic Range）等山脉，我们都会看到令人惊叹的景象。主要由铁组成的整座山脉已被铲平，只留下如今被水淹没的巨大露天矿场。位于明尼苏达州希宾（Hibbing）附近的赫尔-拉斯特-马霍宁铁矿（Hull-Rust-Mahoning Iron Mine）是世界上最大的铁矿之一（图 14.2）。它的矿坑宽 2.4 千米，长达 5.6 千米，深达 180 米。当你站在它的边缘向下看时，下面的矿坑看起来就像一个小型洋盆；眺望这片水的另一边时，可能还会看到仍在运作的现代化设备。用来移除表层土的挖掘机的铲斗比房子还大，采矿设备的尺寸也大得惊

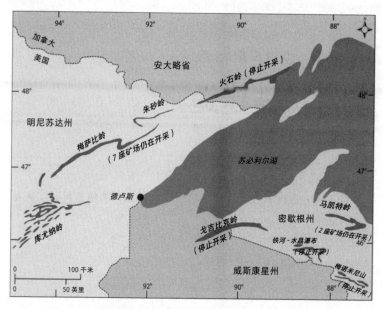

图 14.1　苏必利尔湖附近铁矿区位置图（图源：维基百科）

图 14.2　明尼苏达州赫尔-拉斯特-马霍宁铁矿的巨大露天矿坑全貌（图源：维基百科）

人。巨型挖掘机和自卸卡车（图 14.3）的轮胎直径超过 3.5 米。

赫尔-拉斯特-马霍宁铁矿于 1895 年开始开采，迄今已经产出 6.35 亿多吨的矿石，450 余吨的废石堆积在贫瘠荒芜的土地上。矿山因扩张吞噬了原来希宾镇的位置，导致小镇不得不从原址迁移。美国有近 25% 的铁矿来自这个曾经是铁山的大矿洞。19 世纪末和 20 世纪初，工业革命中建筑和机器所使用的大部分钢铁都来自这个矿山，特别是两次世界大战期间，它满足了制造船舶、坦克和飞机对钢铁的巨大需求。

赫尔-拉斯特-马霍宁铁矿并不是唯一的大型铁矿山。位于明尼苏达州和弗吉尼亚州附近的罗奇洛（Rochleau）铁矿，长 4.8 千米，宽 0.8 千米，深达 137 米。该矿山于 1893 年开始开采，产出

图 14.3 在这些巨大的矿山里，机器尺寸惊人。这是一辆陈列在明尼苏达矿业博物馆中的报废的自卸卡车，该博物馆位于明尼苏达州奇瑟姆（Chisholm）（图源：维基百科）

了超过 2.7 亿吨的铁矿石。目前它仍在扩张，使得天空矿景矿业博物馆（Mineview in the Sky Mining Museum）不得不迁址。美国的 53 号公路也因不断扩大的矿坑调整规划，建造了一座横跨深坑的桥。明尼苏达州的苏丹附近也发现了大型矿山。这个小镇的名字源自矿工们的戏谑之词。当他们忍受着明尼苏达漫长、痛苦、寒冷的冬天时，幻想着非洲苏丹炎热的气候。

这些矿山和它们带来的财富对美国的历史影响巨大。苏必利尔湖地区铁矿的存在，意味着美国的钢铁可以用来建造庞大的建筑和船只，以及数以百万计的汽车和各种机器。铁山开采出的铁矿石会被碾碎成小块的氧化铁矿石（称为铁燧岩），然后装上火车运到苏必利尔湖的港口，特别是明尼苏达州的德卢斯（Duluth）。这些铁矿船将穿越苏必利尔湖，经过休伦湖，进入伊利湖，最后到达克利夫兰港，在那里铁矿石将被运送到位于俄亥俄州东部和宾夕法尼亚州西部的钢铁厂。同时，附近的阿巴拉契亚矿山的煤也被驳船沿河流（如匹兹堡周围的阿勒格尼河、莫农格希拉河和俄亥俄河）运送至此地，为炼铁炉提供动力，这些冶炼厂将铁矿石原石变成优质的钢材。

铁山的铁甚至对文化也产生了影响。在 1976 年，加拿大民谣歌手戈登·莱特富特（Gordon Lightfoot）有一首热门歌曲，歌词描述的是铁矿船"埃德蒙·菲茨杰拉德号"（*Edmund Fitzgerald*）在 1975 年的一场风暴中不幸遇难的故事。明尼苏达州的希宾，因是许多名人，如棒球巨星罗杰·马里斯［Roger Maris，他打破了贝比·鲁斯（Babe Ruth）的全垒打纪录］和 20 世纪 80 年代 NBA 冠军凯尔特人队的篮球巨星凯文·麦克黑尔（Kevin McHale）的故乡而闻名。民谣歌手鲍勃·迪伦（Bob Dylan）出生于德卢斯，但在希宾长大，他在歌曲《北方蓝调》（*North Country Blues*，1963 年）中描述了自己所认识的铁矿工人的艰苦生活。

铁矿资源和铁矿文化给美国留下了深刻印记，但到 20 世纪 70 年代和 80 年代，这里的大部分铁矿都关闭了，因为世界上其他地方发现了更便宜的铁矿石，尤其是在西澳大利亚皮尔巴拉（Pilbara）地区哈默斯利岭（Hamersley Range）发现了巨型铁矿床。哈默斯利露天矿场非常大，甚至在太空中也可看到，现在它仍是世界上最大的铁矿场。2014 年，澳大利亚共产出 4.3 亿吨铁矿石，其中大部分来自哈默斯利地区的矿山。一些地质学家估计，澳大利亚的铁矿区内仍储有 240 亿吨的铁矿石。相比之下，美国在 2014 年仅生产了 5 800 万吨矿石。不过，近年来中国对钢铁的巨大需求已经超过了澳大利亚矿山的产出量，美国的一些铁矿也恢复开采了。

BIFs、GIFs 和 LIPs

如此多的铁是如何聚集在明尼苏达州的铁山或澳大利亚的哈默斯利岭等地的？这些铁矿床主要产自条带状铁建造（banded iron formations，地质学家称之为 BIFs）中。顾名思义，这种岩石含有红色的富铁条带（图 14.4），富铁条带厚约几毫米到几厘米不等，与硅质条带（以燧石或碧玉的形式存在）呈互层。有时这种互层有成千上万条，露头延伸很广。19 世纪中期人们发现这种条带状建造时，它们还是一个谜。更令人惊讶的是，这种岩石由纯铁和燧石组成，几乎不含泥质或砂质成分。一般而言，铁沉积时，泥、砂也会被冲进古海洋中。

那么，由溶解铁和溶解硅组成的沉积物是如何在没有泥砂胶结的情况下在海底沉淀的呢？首先，现在的铁不溶于海水是因为它会

图 14.4　条带状铁建造露头（图源：维基百科）

被迅速氧化成各种形式的氧化铁（"铁锈"），与其他矿物结合或沉淀析出。只有氧含量足够低的情况下，铁无法形成铁锈，这样才能解释为什么海水中可输送并聚集大量的铁。这证明，铁建造形成时，古海洋一定是完全缺氧的状态，而且大多数地质学家认为当时大气中的氧含量也很低。

其次，发生铁和硅化学沉积过程的深海盆地需要处在距离陆地足够远的洋底，这样才能保证没有陆源泥、砂的混入。还有一种可能，铁沉积的盆地位于古海洋的中心，砂和泥则被困在远古大陆边缘的盆地中。不过，哈默斯利矿床似乎形成于浅海大陆架上，所以该理论并不适用于所有条带状铁建造。

最后，如果有丰富的溶解铁进入海洋，那么沉积大量的铁会容易得多。大多数地质学家认为，铁元素的主要来源是古代大洋中脊的玄武岩（富铁）的风化作用，少部分可能是陆地岩石风化而产生的溶解铁（河流完全处于缺氧状态才可能发生）。最近，研究 BIFs 的地质学家发现，许多大型铁矿床都形成于地球经历巨大的玄武岩喷发之时。这被称为"大火成岩省"（large igneous provinces，LIPs）。这种大规模喷发的熔岩风化时会产生大量铁，只要大气和海洋的氧含量足够低，铁就能保持溶解状态而不被氧化。

地球上一些最古老的岩石中也发育着条带状铁建造，如格陵兰伊苏阿表壳岩（年龄为 37 亿年，参见第 12 章和第 13 章）。世界上大部分的 BIFs（图 14.5）都是在太古宙（40 亿年前至约 25 亿年前）形成的，当时地球大气层处于缺氧状态，地表也只分布着小小的原始大陆，后者漂浮在被称作科马提岩的奇怪熔岩所组成的原始洋壳之上（参见第 12 章）。其中最大的 BIFs 形成于 26 亿年前至 24 亿年前，例如澳大利亚哈默斯利岭的巨大铁山、苏必利尔湖周围的铁山，以及巴西、俄罗斯、乌克兰和南非的类似矿床。这段时间也是玄武岩喷发形成"大火成岩省"的鼎盛时期。之后，

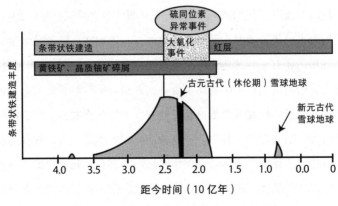

图 14.5 BIFs、叠层石及前寒武纪大氧化事件出现年代表

BIFs 开始消失。尽管如此，仍发育有大型粒状铁建造（granular iron formations，GIFs）。

氧气大屠杀

大约 23 亿年前，发生了一个大事件。到 19 亿年前，除了 7.5 亿年前至 5.8 亿年前的"雪球地球"事件（参见第 16 章）等反常时期（图 14.5），条带状铁建造和粒状铁建造完全消失。大多数地质学家认为，此时大气中的氧含量最终激增到了一定程度，海水中的氧含量可能亦如此。该事件被称为"大氧化事件"（Great Oxidation Event，GOE）。虽然当时的氧气含量远不及现在地球大气层中的 21%，但海水的氧含量已从 24 亿年前之前几乎不含氧的状态增长为目前海水氧含量的 1%，这足以让海水中的溶解铁开始氧化。地质学家认为，约 19 亿年前，海水的氧含量已足够高，氧开始从海水中逸出。尽管当时大气中的氧含量仍不算高，但可能使陆地上的岩石发生风化。科学家认为，在过去的 5 亿年中，氧气才达到现在的水平，海水和大气中的氧达到饱和，所以它们现在完全处于氧化状态。

我们是如何知道当时氧含量如此低的呢？最好的证据来自 BIFs，只有当海水的氧含量非常低时，铁才能保持溶解态，而不是发生氧化并沉积。还有一些其他地球化学指标。我们在 19 亿年前至 18 亿年前之前的河流沉积物中发现了由黄铁矿组成的砂粒和鹅卵石。现今，黄铁矿只出现在氧含量很低的地方，比如死水底部、热泉深处或远离大气层的地壳岩石中。一旦黄铁矿颗粒出露地表，就会迅速分解氧化成氧化铁，而不是以硫化铁的形式存在。我曾收集了一些氧化铁标本，虽然其矿物组成已发生变化，但它内部仍然含有黄铁矿晶体。黄铁矿分解时，铁被释放出来，硫被氧化成硫酸盐，形成石膏（硫酸钙，分子式为 $CaSO_4$）等矿物。不出所料，我们发现很少有早于 18 亿年前的大型石膏矿床，而且在那之后也不再出现含黄铁矿的鹅卵石或砂粒。氧化铀（晶质铀矿，UO_2）砂粒在 17 亿年前之前很常见，那之后却从未发现。和黄铁矿砂粒、溶解铁一样，氧化铀在富氧环境中也不稳定。

此外，还有其他指标。如果我们看一下地史时期的碳同位素记录，会发现 22 亿年前之后不再出现与低氧相对应的低值。太古宙岩石的硫同位素值变化明显，波动很大。但 24 亿年前之后，硫同位素非常稳定，因为它们不再游离于黄铁矿等矿物中，而是稳定存在于石膏等在富氧环境下常见的矿物中。

因此，氧气的出现使全球经历了一场戏剧性转变。GOE 也被戏称为"氧气大屠杀"，因为对习惯了缺氧环境的生物们来说，氧这种活性分子的出现意味着死亡（参见第 13 章）。如今，适应低氧环境的细菌等微生物只能生活在死水底部或海盆底部（如黑海）等缺氧的环境中。然而，在 23 亿年前之前，它们曾统治着这个星球。对它们来说，一旦大气中氧含量过高，无异于一场大屠杀，它们只得将世界让位于那些可以在富氧环境中生存下来的微生物。

接下来的问题是：地球大气层中的自由氧从何而来？答案显而易见：光合作用。最早是蓝绿细菌或蓝藻（参见第 13 章），后来是从"真正的"真核细胞藻类演化而来的植物。最大的谜题是，已知蓝藻化石最早出现的时间为 35 亿年前，甚至 38 亿年前，但是 GOE 直到大约 23 亿年前至 19 亿年前才开始发生。是因为蓝藻的产氧量太少，没有对地球造成影响；还是蓝藻产生了大量氧气，但这些氧气主要被封存在地壳岩石（比如 BIFs 中，直到地壳储层氧已饱和，过量的氧气才被释放到大气层中；抑或是由于真正的真核藻类直到 23 亿年前才出现，它们的细胞较大，产氧量也更多；或许只有真正的藻类才能产生足够的氧气使地球的氧储库饱和，而较小的蓝藻细菌无法做到。不管是什么原因，这个问题仍然具有争议性和推测性，科学家们并没有取得共识。但有一点可以确定，17 亿年前之后，到处都是真核藻类，当时大气中的氧含量达 1%，甚至更高，彻底改变了地球的氧平衡。

还有一个问题需要考虑：如果没有自由氧，就不可能演化出多细胞生物，当然我们也不会讨论这个问题，因为人类也不可能出现。事实上，所有生命的演化（除了厌氧微生物）都依赖一个富含氧气的星球，如果进行光合作用的微生物和植物没有出现，演化不可能发生。这也严格限制了我们对地外生命的推测。的确，天文学家已经发现了许多其他具类地性质的行星，包括合适的大小、合适的温度，甚至表面可能存在液态水。但到目前为止，还没有人能证明其大气中有游离氧。没有游离氧，就没有多细胞生物，也没有你在许多科幻电影（以及那些相信外星人和 UFOs 存在的文化）中看到的外星人。虽然其他行星的深层地壳岩石中有可能存在厌氧微生物，但没有充足的自由氧，我们想象中的外星人就不可能存在。

延伸阅读

Canfield, Donald E. *Oxygen: A Four Billion Year History*. Princeton, N.J.: Princeton University Press, 2014.

Hazen, Robert M. *The Story of Earth: The First 4.5 Billion Years from Stardust to Living Planet*. New York: Penguin, 2013.

Knoll, Andrew H. *Life on a Young Planet: The First Three Billion Years of Evolution on Earth*. Princeton, N.J.: Princeton University Press, 2003.

Lane, Nick. *Oxygen: The Molecule That Made the World*. Oxford: Oxford

University Press, 2003.

Schopf, J. William. *Cradle of Life: The Discovery of Earth's Earliest Fossils.* Princeton, N.J.: Princeton University Press, 1999.

Shaw, George H. *Earth's Early Atmosphere and Oceans, and the Origin of Life.* Berlin: Springer, 2015.

Ward, Peter, and Joe Kirschvink. *A New History of Life: The Radical New Discoveries About the Origins and Evolution of Life on Earth.* New York: Bloomsbury, 2015.

15 太古宙沉积物和海底滑坡

浊积岩

> 沉积物的厚度十分可观，达数千米，从上到下却全由松软的河流淤积建造而成。
>
> ——约翰·乔利

谜题碎片 1：电缆毁坏之谜

1929年11月18日，当地时间下午5点02分，纽芬兰、新斯科舍和加拿大其他沿海地区感受到强烈地震，甚至远至纽约和蒙特利尔都有震感。该地震造成的破坏巨大，波及整个地区，经济损失超40万美元。更糟糕的是，一连串海啸（地震波）冲向海岸，摧毁了沿海大部分居住区。地震发生仅两小时后，6米高的海啸袭击了纽芬兰海岸，甚至抵达距震中1 445千米的百慕大。稍小的海浪甚至波及南卡罗来纳州，越过大西洋到达葡萄牙。纽芬兰比林半岛沿岸的城镇几乎全遭摧毁。据一份原始资料报道：

> 海浪的力量使房屋脱离了地基，将大帆船和其他船只冲到海里，晾晒鱼干的木板和小木屋均被毁坏，码头、鱼店等半岛广阔海岸线沿岸的建筑被彻底冲毁。海啸还冲走了约127 000千克的腌鳕鱼，比林半岛上40多个社区受到影响。在高卢角

（Point au Gaul），巨浪摧毁了近100座建筑物，以及社区的大部分渔具和食物供应点；圣劳伦斯损失了所有的晾鱼板、小木屋及摩托艇。事后，政府评估，比林半岛的财产损失约为100万美元。

然而，比财产损失更可怕的是人员伤亡。海啸造成纽芬兰南部28人死亡。这是加拿大史上有记载以来死亡人数最高的地震。其中，有25名受害者因溺水身亡（6具尸体被冲到海里，再未被发现），剩余3人死于休克等海啸引发的其他状况。死者主要限于6个地区：阿伦岛、凯利湾（Kelly's Cove）、高卢角、罗德湾（Lord's Cove）、泰勒湾（Taylor's Bay）和黄铜港（Port au Bras）。幸运的是，海啸发生在傍晚，当时大多数人还醒着，可以迅速应对逐渐上升的水位；许多人想方设法撤离家园，逃到了地势较高的地方。

三天后，紧急救援船［包括第一批到达的"米格尔号"轮船（SS *Meigle*）］带来了药品、食物、医生和护士，帮助照顾伤患，开始重建受灾地区。来自美国、加拿大和英国的捐款总额达25万美元。另一份记录描述了救援船所做的努力：

11月21日清晨，"波西亚号"轮船（SS *Portia*）按预定行程停靠在比林港。幸运的是，"波西亚"上有一部无线电台装置，还有一个接线员，他立即给圣约翰斯发送电报汇报了这里的情况。"波西亚号"船长韦斯特伯里·基恩（Westbury Kean）后来在《晚间电报》（*Evening Telegram*）中提到了他看到的这里的损毁情况："想象一下，当我们驶向海峡的一角，看到一个大型商店正沿着海岸缓慢漂向大海时有多震惊；接着，没多远又看到一间商店或住宅。进港之前，一路上我们共遇到 9 座建筑物。到达港口后，景象更令人触目惊心。"

当时人们还不清楚，这是一场异常强烈的地震，震级达 7.2 级。这种规模的地震通常会造成更大破坏，但这次地震并非处于城镇下方，而是在纽芬兰以南 400 千米的地方。它的震中位于纽芬兰大浅滩的深水区，这里是著名的捕鱼区，有世界上最大的鳕鱼渔场。因此，它远离海岸，地震波传播了很长一段距离才到达城镇，其能量已大大减弱。

另一件奇怪的事情是，几乎所有北美和欧洲的电报和电话服务都断了。当时还不存在广播、卫星、微波或其他无线通信形式。那时横跨大西洋的所有电话和电报通信都是通过从 1858 年开始铺设的跨大西洋电缆传输的（图 15.1）。部分电缆系统由著名物理学家开尔文勋爵（参见第 8 章）设计。这项工程完成后，电缆在大西洋洋底跨越 4 300 千米，从英格兰到纽芬兰，再通过陆地电缆在北美

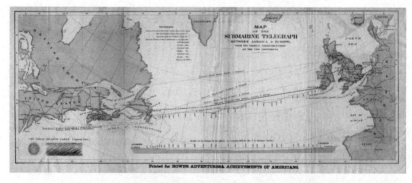

图 15.1 跨大西洋电缆系统路线图（图源：维基百科）

地区传送信息。到 1929 年，大西洋大陆架上有 12 条这样的电缆穿过大浅滩。

最终，相关人员派船只取回电缆并修补，大西洋两岸的通信才恢复正常。人们显然意识到是地震导致这些电缆毁坏，但没人知道它是如何毁坏的。电缆毁坏之谜被存入档案，渐渐被人遗忘。

谜题碎片 2：粒序层理之谜

长期以来，地质学家一直在努力研究地球最早期的岩石，尤其是在"太古宙"（40 亿年前至 25 亿年前）形成的岩石。正如我们在其他章节中所述，它们似乎展现了一个与我们今天所知的世界完全不同的世界。例如，大陆地壳又薄又炽热，由小小的微大陆或原始大陆组成，而不是我们今天看到的面积广、厚度大、温度低的陆壳。太古宙的洋底由地壳最下面部分及地幔深处喷发出的一种特殊的橄榄质熔岩构成。这种熔岩被称为"科马提岩"。这种熔岩自前寒武纪之后就再也没有喷发过——所有现代海底熔岩都是玄武岩。条带状铁建造（参见第 14 章）在世界上许多海洋盆地中都有发现，表明太古宙结束之前，大气中几乎没有自由氧。正如我们在第 11 章中曾提到的，当时的月球离地球更近，所以它看起来更大，潮汐引力也更强，月球产生的巨大"潮汐波"每隔几个小时就会席卷全球的浅海。

更奇特的是沉积岩，如砂岩。太古宙之后形成的几乎所有岩石中，最常见的砂岩主要由稳定的石英构成。一方面，这是因为大多数矿物（例如长石，大部分火成岩的主要成分之一）很快就会因化学风化而分解破坏。另一方面，石英的化学性质不活泼（它的主要成分是二氧化硅，分子式为 SiO_2），而且它不像长石一样发育解理

（石英解理不发育），不易分裂。因此，当石英颗粒从基岩剥落并在河流和小溪中被冲刷时，它们在一路上和其他坚硬的矿物颗粒的撞击中幸存下来；同时它们也不溶于水。最终，当河流将其中的砂粒运送到下游的冲积平原，甚至海滩和海洋时，大部分砂粒都富含石英。大多数海滩砂和河砂中只有少量其他矿物成分。

接着，这些砂粒进入循环：它们先被埋藏在沉积盆地中，胶结成砂岩，之后抬升成山，山脉遭侵蚀，再次形成沉积物。每经一次循环，砂粒中的石英含量都变得更高，几乎所有不稳定成分（如长石或岩屑）都被完全分解。石英等稳定矿物（如锆石、电气石、金红石，或 ZTR 指数，参见第 12 章）含量越高，砂岩就越"成熟"。有些砂岩被认为是"超成熟的"，因为它们含 99.99% 的纯石英，颗粒磨圆度极高、分选性极好、大小完全一致。沉积地质学家一直困惑，究竟什么样的条件才会让石英砂变成这样。如今大多数地质学家认为，如果砂粒想变得富含石英且成熟度高，它们必须至少先形成风成沙丘，然后再被冲向大海，最后重新胶结成砂岩。

沉积地质学家认为，年龄小于 20 亿年的砂岩就是通过这种过程形成的，这也是我们今天所看到的砂岩的形成方式。但是，地质学家去那些人迹罕至的太古宙沉积岩出露地区（比如加拿大中部、南非或巴西）考察时，观察到令人惊讶的现象。那里根本没有普通砂岩，几乎所有沉积岩（除了条带状铁建造）都是厚且平行的砂岩与页岩互层，互层交替数十到数百次，延伸很广，且厚度基本不变（图 15.2）。

另一个特点是这些砂岩的性质。它们不像后来形成的典型砂岩，由干净的纯石英构成，而是一种被德国地质学家称为"杂砂

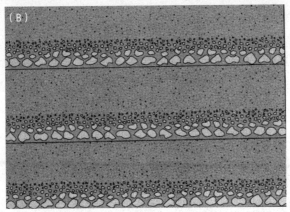

图 15.2 （A）重复的粒序层，典型的太古宙沉积；（B）粒序层理示意图，可看出，每层底部颗粒较粗，顶部颗粒较细［图源:（A）Karl Wirth;（B）维基百科］

岩"（grauwacke）的不成熟砂岩，颗粒之间夹着大量的泥，而不是在正常砂岩中可观察到的孔隙。更令人吃惊的是，每层杂砂岩都具有粒序层（graded bed），层理底部的粒度较粗（砾石和粗砂），越向上砂粒越来越细，一直到顶部极细的页岩（图 15.3）。

所有这些特征都十分罕见。虽然世界上有些地方（比如德国正在抬升的阿尔卑斯山前盆地、南加州的深海盆地）也发育非常年轻的杂砂岩，它们的粒序层和页岩层也交替出现，但它们的形成过程仍是一个谜。粒序层理可能形成于富含砂泥且呈悬浮状态的物质流中，其中较大的颗粒沉淀得最快，细小的颗粒（如淤泥）下沉得非常缓慢，因此颗粒的大小是从粗到细。一切似乎很清楚了，但为什么它连续发生了数百次呢？地质学家猜测，每一层可能代表一次从浅水砂岩到深水页岩的过渡，但是为了使它连续发生数百次，海平面必须像悠悠球一样快速升降，这在地质学上是不可能存在的。

地质学家越深入研究这些奇特岩石的形成机制，越感到困惑。著名沉积地质学家弗朗西斯·J. 佩蒂约翰（Francis J. Pettijohn）在

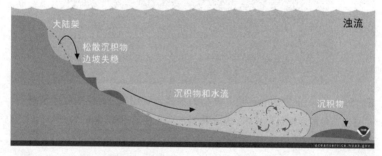

图 15.3 巨大的重力流被称为浊流，可以形成粒序层理（图源：美国国家海洋和大气局，NOAA）

1984 年出版的著名传记《一位冥顽不化的地质学家的回忆录》（*Memoirs of an Unrepentant Field Geologist*）中，回忆了他于 20 世纪 20 年代末和 30 年代初在加拿大北部考察太古宙岩石并绘制地质图时的情景。他写道：

> 我对杂砂岩如此普遍存在感到震惊。所有的太古宙砂岩都是杂砂岩——由棱角分明的石英、长石和岩屑颗粒组成的深色岩石。为什么太古宙砂岩看起来与休伦湖北岸的休伦阶（古元古界）前寒武纪白色石英岩或密歇根铁山的石英岩如此不同？此外，太古宙岩石组合也十分独特——只有绿岩和杂砂岩，没有灰岩或石英砂岩（砂岩）。

尽管感到困惑，地质学家仍尽力解释这些奇特的沉积物。1930 年，E. B. 贝利（E. B. Bailey）提出，这种结构可能由周期性的地震引起，地震扰乱了沉积物，之后沉积物慢慢沉淀下来。有人甚至提出更富有想象力的机制，但大多只是详细描述其形成过程，没有深究其形成原因。太古宙砂岩的特点是它们都是不成熟的杂砂岩，显然刚从陆地上剥蚀下来，没有经过任何分选、选积或循环，这就解释了为什么没有纯净的石英砂岩。这些沉积物显然是由重力驱动下沉淀出的先粗后细的颗粒形成，但这个过程如何发生，以及为什么会如此重复且富有韵律，仍然是一个谜。

谜题碎片 3：浊流

在另一个完全不同的科学领域，科学家取得了一些重要发现。1936 年，胡佛大坝（Hoover Dam）建成。20 世纪 30 年代末，米德湖（Lake Mead）开始蓄水，工程师惊奇地发现，在科罗拉多河中沉淀并冲进水库的泥、砂，并非所有都留在了水库入口处。工程师在更下游的地方采集样品时发现，在无水流带动的情况下，厚厚的砂层在水库平静的水底流动，流动距离有时长达数百千米。实际上，工程师测得，沉积流沿着水库底部以每秒 30 厘米的速度滑动。这些流沙的密度大于水（1.05 克/立方厘米，而纯水的密度为 1.0 克/立方厘米），厚度可达 2 米。1936 年，一位名叫戴利（Daly）的地质学家提出，米德湖底部的这些砂质重力流〔现在称为浊流（turbidity current）〕或许也可以解释在其他地方发现的粒序层理，但没有实验数据可证实这一观点。

地质学家需要进行模拟和实验，准确演示出这些海底滑坡或浊流的形成过程。荷兰格罗宁根大学（Groningen University）的一位富有创新精神的地质学家菲利普·屈嫩（Philip Kuenen）填补了这一空白。第二次世界大战之前，他曾于 1929 年至 1930 年在前往荷兰东印度群岛的"斯涅利乌斯号"（*Snellius*）科考船上进行海洋学调查。在那次航行中，科考船发现了巨大海底峡谷侵蚀大陆架的证据，屈嫩于 1937 年发表了该成果。考察队从深海中挖起泥砂，并取了底部的岩芯，后者似乎发育深水中形成的粒序层理。基于这些数据，屈嫩在 1938 年发表了一篇论文，推断是重力驱动流（即海底滑坡）的侵蚀作用形成了这些海底峡谷，并沉积形成具有粒序层理的砂岩。

第二次世界大战结束后，屈嫩决定验证他的观点。他在实验室里建造了约 30 厘米宽、数米长的狭长水槽，水槽里面装满了水。水槽的侧边是透明玻璃，以便观察槽内的水及经过水槽各处的水流。水槽的一端略微倾斜，但是没有水流流过。从本质上说，它们就像一个非常长但又浅又窄的鱼缸。然后，他把一堆泥砂混合物倒入其中，观察泥砂仅在重力作用下在水槽中的流动情况。起初，它是一大团浑浊又湍急的含泥、砂的悬浮物，刚倒入水中时，不断翻滚、旋转；但很快泥、砂就变成了一股湍流，作为独立水体在水槽底部迅速流动，由于密度较大且位于清水之下，它并没有与清水混合（图15.4）。1950年，屈嫩与意大利地质学家C. I. 米廖里尼（C. I. Migliorini）合作发表了他的实验成果，并于1951年又独自发表了另一篇文章。很快，地质学家开始关注世界各地的浊积岩，太古宙粒序层理之谜逐渐被解开。

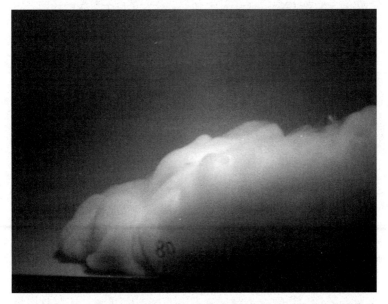

图 15.4　自然水下浊流的照片，显示出含大量泥、砂悬浮物的密度流在清水下方流动。浊流不会与清水混合，而是保持独立水体，与清水明显分离开来（图源：维基百科）

解 谜

根据从深层水取芯和古粒序层露头挖掘的样品，以及屈嫩的实验，科学家提出了浊流模型。但是，由于此现象发生在非常深的水中（1.6 千米以下），没有人能看到它们实时发生。

随后，哥伦比亚大学拉蒙特-多尔蒂地质观测站［Lamont-Doherty Geological Observatory，现拉蒙特-多尔蒂地球观测站（Lamont-Doherty Earth Observatory）］的海洋学先驱布鲁斯·希曾（Bruce Heezen，发音为"HAY-zen"）突然有了灵感。［20 世纪 70 年代末，我在拉蒙特和哥伦比亚做研究时，认识了布鲁斯和他的搭档玛丽·撒普（Marie Tharp），他们曾绘制了整个海底的地图。布鲁斯于 1977 年在潜艇上进行研究时因突发心脏病去世。］当时，布鲁斯正在分析来自大浅滩的数据，他偶然发现 1929 年大浅滩地震的记录，12 条跨大西洋电缆突然断裂，导致整个跨大洋的电报和电话服务中断。只要仔细观察，就有可能确定每根电缆断裂的精确时间，因为电报服务中断的确切时间是已知的。然后，他绘出了每条电缆断裂的位置，以及它们在大浅滩表面或者大陆隆斜坡（大陆坡底部的缓坡区域）向下延伸到深海的位置。果然，这些数据形成了一个序列，第一批电缆断裂处位于大陆架顶部附近，随后的断裂都发生在沿斜坡向下延伸至深海的电缆中。这些电缆是否像误碰跳闸系统一样，被地震引发的从浅层大陆架上呼啸而过的强劲砂质浊流损毁？下一步是，计算出电缆损坏与地震的时间差，以及损坏处与震中的位置，再绘制成表（图 15.5）。果然，这些数据投点形成了一条平滑的曲线，整体沿着浅大陆架向下延伸 600 千米到达深海海沟，曲线的斜率就是海底滑坡在不同位置的速度。在

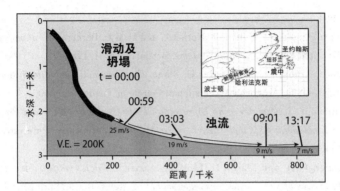

图 15.5　1929 年大浅滩地震，以及地震引发的浊流破坏 12 条跨大西洋电缆时的速度（图源：据资料重绘）

斜率最大的顶部，海底滑坡的滑动速度是 25 米 / 秒；进入深水后，斜坡逐渐变缓，速度下降到 9 米 / 秒；接着是 7 米 / 秒。因为重力滑坡发生后仍有巨大的动量，即使在海底没有坡度的地方，浊流仍然以持平的速度移动好几个小时，所以它可以沿着平坦的海底流动很长距离。

　　1952 年，希曾与他的老板——拉蒙特研究所的创始人莫里斯·尤因"博士"（Maurice "Doc" Ewing）——共同发表了地质学上这个惊人的自然实验结果。最后，这个年龄超过 25 亿年的太古宙岩石中的神秘粒序层理之谜由这位坚定的荷兰实验主义者破解了，破解的契机竟是大自然在一场致命地震中提供的意外实验。科学有时总是以非凡而神秘的方式运作。

延伸阅读

Bouma, Arnold. *Turbidites*. Springer, Berlin, 1964.

Bouma, Arnold H., and Aart Brouwer, eds. *Turbidites*. Amsterdam: Elsevier,

1964.

Bouma, Arnold H., William R. Normark, and Neal E. Barnes, eds. *Submarine Fans and Related Turbidite Systems*. Berlin: Springer, 1985.

Bouma, Arnold H., and Charles G. Stone. *Fine-Grained Turbidite Systems*. Tulsa, Okla.: American Association of Petroleum Geologists, 2000.

Pettijohn, F. J. *Memoirs of an Unrepentant Field Geologist: A Candid Profile of Some Geologists and Their Science*, 1921–1981. Chicago: University of Chicago Press, 1984.

Weimer, Paul, and Martin H. Link, eds. *Seismic Facies and Sedimentary Processes of Submarine Fans and Turbidite Systems*. Berlin: Springer, 1991.

16 热带冰川和雪球地球

混杂陆源沉积岩

我想到天文学中的雪球理论。数百万年之后，太阳将会燃烧殆尽，失去它的引力。地球将变成一个巨大的雪球，被抛射到太空中。到那时，我是否让这个家伙出局，都无关紧要了。

——棒球投手比尔·李（Bill Lee）

谜题之下

在澳大利亚研究地质学是一件幸事，也是一种挑战。从好的方面来说，澳大利亚大陆的大部分地区都是干燥的沙漠，一般只有灌木丛，所以有很多无遮挡、暴露在外的岩石露头。这里的植被很少，不像世界上其他湿润地区，植物过度生长，大大阻碍了早期英国地质学家（参见第 4 ~ 7 章）和后来许多地质学家对当地的探寻。我的大部分地质研究都是在沙漠和荒地上进行的，因为只有这些地区有大片岩层露头，能找得到化石。而不利的方面在于，澳大利亚是一个比较稳定的巨型大陆板块，它所经历的可导致沉积盆地下沉、岩石遭侵蚀的大碰撞或造山事件相对较少，且自 2.5 亿年前以来就没有发生过大的构造运动。与世界上其他地方不同，澳大利亚的大多数沉积岩层都很薄，而且不连续，所以不利于地质学家研究大时间尺度的岩石序列和化石序列。

某些地层在澳大利亚的地质记录中有所缺失，或者几乎没有。澳大利亚大部分前寒武系沉积都较厚（例如第 13 章的叠层石、第 14 章的条带状铁建造），尤其是本章将讨论的晚前寒武纪的岩石。与其他许多大陆相比，澳大利亚大部分古生界单元相对较薄且不含化石。澳大利亚中生界记录中有一些亮点，但不像南北美、欧亚大陆和非洲大陆等地发育丰富的含恐龙化石层。到新生代，构造活动几乎停止，所以这里几乎没有含哺乳动物化石的岩层，新生代化石记录也相当稀少。有少数例外，如里弗斯利（Riversleigh）化石带，产自昆士兰中新统，主要包含掉进石灰岩天坑中的哺乳动物等陆生动物的化石。

然而，澳大利亚地质学家仍充分利用了他们所拥有的一切资源。许多科学家对前寒武系的条带状铁建造进行了深入研究，其中包括弗林德斯岭（Flinders Range）的新元古代软体动物化石，以及保存完好的戈戈组（Gogo Formation）泥盆纪鱼类化石。

著名地质学家道格拉斯·莫森爵士（Sir Douglas Mawson，1882—1958）就是其中之一，他也是一位著名的探险家（图 16.1）。莫森的职业生涯始于绘制美拉尼西亚群岛（Melanesia）和新南威尔士州的岩性图。在 1907 年，他加入欧内斯特·沙克尔顿爵士（Sir Ernest Shackleton）的南极探险队。大部分探险者返程后，他又在南极待了两年多。莫森是第一个登上南极洲第二高火山——埃里伯斯火山（Mount Erebus，海拔 3 794 米）山顶的人，也是最早到达南极点的人之一。幸运的是，他没有加入罗伯特·福尔肯·斯科特（Robert Falcon Scott）命运多舛的 1910 年南极探险队。斯科特的探险队是继挪威探险家罗阿尔·阿蒙森（Roald Amundsen，第一个到达南极点的人）后第二个到达南极的探险队，不幸的是，所有船

图 16.1 道格拉斯·莫森的照片:(A)摄于 1912 年,澳大利亚南极考察队南极之旅开始时,莫森靠在雪橇上休息;(B)摄于 1913 年,照片中留着胡子的莫森作为探险队唯一的幸存者回来后,仍然饱受冻伤和营养不良的折磨(图源:维基百科)

员都在返回途中遇难。

1911 年，莫森带领自己的大洋洲南极考察队绘制并研究了南极洲东部的大部分地区。虽然有不少重大发现，但环境变得越来越恶劣，大多数探险者在返回基地的途中不幸遇难。其他队员都死了之后，莫森和他最后一名队员泽维尔·默茨（Xavier Mertz）不得不杀死他们的雪橇狗充饥。他们两人都因食用太多狗肝，导致维生素 A 过量而中毒，默茨还因此失去了生命。莫森独自一人在冰天雪地里跋涉了数百千米，其间甚至掉进过一个裂缝里，他用雪橇索具将自己悬在深渊壁上才侥幸逃生。受一句诗的激励，他最终设法振作起来。情况越来越恶化，他的脚底严重冻伤，完全失去知觉。就在他到达营地的几个小时之前，救援船刚驶离。尽管他用无线电将他们唤回，但恶劣的天气使得船只延误了好几天。莫森最终获救时，已经在南极洲受困近 3 年。大卫·罗伯茨（David Roberts）的《孤身冰原：探索史上最伟大的生存故事》（*Alone on the Ice: The Greatest Survival Story in the History of Exploration*）一书中讲述了这个故事。莫森在自己的书《暴风雪之家》（*Home of the Blizzard*）中也讲述了整个艰难的经历，包括他如何在丹尼森角（Cape Denison）零下低温和平均时速 100 千米、最大时速可达 300 千米的狂风中幸存下来。

从这段痛苦的经历中恢复过来后，莫森协助搜寻不幸的斯科特探险队的尸体和探险日记。第一次世界大战期间，他在英国军队服役，后于 1919 年回到澳大利亚，在阿德莱德大学（University of Adelaide）担任地质学教授，直到 1952 年退休。他职业生涯的大部分时间都在澳大利亚测绘地质图、研究地质学，尤其是南澳大利亚的弗林德斯岭。弗林德斯岭现在以其新元古代岩石和最早的埃迪卡拉动物群（Ediacara fauna）奇特生物的宏体化石而闻名。尽

管如此，他仍向往南极探险。1929 年至 1931 年，他领导了英 - 澳 -
新西兰联合南极探险，并确立了澳大利亚南极领地。1958 年，莫
森去世，享年 76 岁。他不是死在冰冻荒原上，而是安详地老死在
自己的床上。他是澳大利亚最伟大的探险家和科学家，非常著名，
备受尊敬，因而被印在澳大利亚 100 澳元纸币上，澳大利亚和南极
洲的许多地标也以他命名。

　　幸运的是，通过多年在南极大陆探险积累的经验，莫森对冰原
和冰川沉积物十分熟悉。在弗林德斯岭和南澳大利亚其他地区的
晚前寒武纪岩石中，他发现了厚厚的冰碛物（图 16.2）。冰碛物是
一堆由巨砾、砾石、砂和泥组成的块状沉积物，无分选性，无层
理，是冰川鼻融化后堆积下来的碎屑物。这些沉积物非常独特，几
乎不可能因其他地质作用形成，所以这种岩石记录可作为识别古冰

图 16.2　澳大利亚晚前寒武系冰碛物 Elatina 组混杂陆源沉积岩照片（图源：
Paul Hoffma）

川存在的标记。不过，许多地质学家更喜欢用"混杂陆源沉积岩"（diamictite，希腊语意为"完全混合"）或"似冰碛岩"（tilloid）一词来模糊指代具有这种结构的岩石，而不是直接暗示它是冰川作用形成的。莫森比对了奥斯卡·库林（Oskar Kulling）在 1934 年的研究和沃尔特·豪钦（Walter Howchin）的研究，最终确信，这是新元古代全球冰川事件的证据，因为澳大利亚的古冰川沉积物离现代赤道不远。但到 20 世纪 50 年代末和 60 年代初，地质学家开始驳斥他的论点，因为板块构造学说已经表明，澳大利亚等大陆板块在地质历史时期已经漂移了很长距离。可以想象，澳大利亚前寒武纪冰川形成时，大陆距离南极点更近。具有讽刺意味的是，我们现在知道澳大利亚当时正好处于赤道上，比莫森想象的更接近热带，所以莫森的证据比其他理论更有力。

冰碛层 - 灰岩夹层

不过，全球晚前寒武纪冰川期的观点并没有消失。1964 年，剑桥大学地质学家 W. 布赖恩·哈兰（W. Brian Harland，1917—2003）发表了一篇著名的论文，指出晚前寒武系热带冰川沉积物并不局限于澳大利亚。和莫森一样，哈兰也有冰川和冰盖的第一手资料，因为他一生的大部分时间都在北极度过。他曾建立剑桥大学北极大陆架计划（Cambridge Arctic Shelf Program）。1938 年至 20 世纪 60 年代，他参加了 43 次极地野外考察（其中 29 次由他带领），并绘制了挪威和格陵兰之间的斯瓦尔巴群岛（Svalbard，即斯匹兹卑尔根群岛）的地质图。在那里，他不仅看到了新近融化的冰川沉积物，还看到了大量前寒武系冰川沉积物。此外，格陵兰和挪威也有发现。

哈兰提供的不仅仅是冰川存在的证据。他还指出，许多前寒武系上层的冰川沉积物夹在灰岩层之间。这点更令人惊讶，因为现代灰岩只出现在温暖的热带或亚热带浅海环境中，如巴哈马、佛罗里达、尤卡坦、波斯湾和南太平洋等地。如果这种冰碛层-灰岩夹层是由现代地质过程形成的，那么被灰岩包围的冰川沉积物必然是在热带地区的海平面上形成。现在，我们知道有几个地方存在热带冰川，如肯尼亚乞力马扎罗山的顶部和秘鲁安第斯山脉，不过这些冰川位于高山顶上；似乎无法想象海平面上存在热带冰川，但哈兰的证据又无法质疑。如果热带地区曾被冰川覆盖，那么两极肯定也被冰封，所以整个地球在晚前寒武纪都被冰封了。

此外，哈兰还提出新的证据来支持他的结论：古地磁。他是最早研究岩石形成时的古磁极方向的地质学家之一。古磁极方向可以指示岩石形成时期所处的纬度。来自斯瓦尔巴群岛、格陵兰和挪威的岩石样品的古地磁方向都显示，它们形成于前寒武纪的热带或亚热带地区，所以出现灰岩-冰碛物-灰岩夹层绝非偶然。当时澳大利亚的古地磁数据不是很好，但后来的分析表明，莫森的前寒武系冰碛层-灰岩夹层就位于赤道上。显然，如果有无可争辩的证据表明热带海平面上有冰，当时一定有什么奇怪的事情发生。

雪球地球假说的提出

20世纪60年代和70年代，许多地质学家仍然不确定莫森和哈兰的数据和观点是如何得出的，他们难以想象包括赤道在内的整个地球被完全冰封。尽管有证据，他们仍倾向于否定这一结论，因为许多人怀疑古地磁数据的可靠性。此外，他们还设想出不那么极端的情况，即局部地区可能因环境突变导致灰岩变成冰川沉积物，而不是整个地球被冻结。然而，最大的困难是想象地球如何被完全冰封，又如何如此迅速地从温暖的热带灰岩世界转换到热带冰川世界，接着又从冰川沉积物转换回热带灰岩。

这个问题的答案来自一个意想不到的方向：气候建模。1969 年，列宁格勒地球物理观测站（Leningrad Geophysical Observatory）的俄罗斯地球物理学家米哈伊尔·布德科（Mikhail Budyko）发表了一篇论文，提出一旦行星的冰盖开始扩张，整个行星就很容易被冰封。他指出了一个众所周知的气候效应，即冰反照率反馈回路（albedo feedback loop）。"反照率"（albedo）只是描述表面反射率的一个花哨的词。如果你曾经玩过滑雪，就知道雪盖或者冰盖有较高的反照率，因为它会把大部分照射其上的阳光反射回去。这就是为什么在冰上活动时需要戴深色护目镜，后者可以通过有色镜片减少强光。相反，森林或开阔的海洋等暗色表面可以吸收更多的阳光，反射很少。

反照率反馈系统对微小的变化非常敏感，细微的变化就可以将系统从冻结状态迅速转换为无冰状态，再迅速转换回冻结状态。假设地球表面被冰覆盖，那么它的反照率很高，大部分太阳能量将反射回去。但是当地球开始逐渐变暖，冰盖开始融化，露出深色的陆地和海洋，就会吸收更多的阳光并产热，从而加速冰的融化。这两个过程形成反馈循环，不断往复，最终使得冰在很短的时间内快速融化。现在让我们想象一下，这片深色的陆地和海洋表面经历了几个非常寒冷的冬天，反照率高的冰雪层存在的时间较长，越来越多的冰层将更多的能量反射回太空，使陆地变得更冷，所以在接下来的几个冬天，会有更多的冰附着，冰盖逐渐扩张。很快，整个系统将又回到冰期。

虽然科学家已知道反照率是极地地区的一个重要参数，并解释了为什么它对全球温度的微小变化如此敏感，但布德科进行了更深一步的探讨。在他所称的"冰灾"模型中，他指出，如果一开始亚热带或热带地区就有一小块冰原，那么冰反照率反馈回路会高速运转，整个星球会迅速被冰封。该模型唯一不能解释的是，一旦地球完全冻结，反照率会很高，大部分能量都被反射回太空，那么地球又是如何解冻的。一个完全冻结的反光冰球很难改变，反馈回路中的变暖部分根本无法使它解冻。

1981 年，詹姆斯·沃克（James Walker）、保罗·海斯（Paul Hays）和詹姆斯·卡斯汀（James Kasting）在一篇论文中首次提出这个问题的答案。论文的主体是，地面土壤中硅酸盐矿物的风化过程可以吸收二氧化碳。不过，在论文的最后，他们讨论了布德科的模型，以及冰帽将终止风化机制并导致布德科所说的"冰灾"。他们在最后部分用简短的一句话提出了另一种潜在机制：火山。地球不同于太空中其他冰冻行星（如火星和其他许多已发现的行星），因为地球的地壳比较活跃，板块运动剧烈，可为火山活动提供动力。火山爆发会释放大量气体，特别是二氧化碳、水汽、甲烷和二氧化硫等温室气体。如果地球真的完全冻结，火山喷出的气体会累积起来，通过温室效应使地球变暖，所以冰最终会开始融化。一旦深色表面的出露面积足够大，冰反照率反馈回路就会高速运转，地球将迅速从一颗冰封行星融化为一颗可形成热带灰岩的无冰亚热带行星。

这一观点发表之后，只引起了少数几个研究晚前寒武系冰碛层的科学家的注意，大多数人仍不知道。现任加州理工学院"Nico and Marilyn Van Wingen"地球生物学教授的乔·克什维克（Joe

Kirschvink）的一篇著名论文使情况有所改变。乔是我所见过的最聪明的人之一，他在一周内提出的伟大想法可能比大多数人一生提的都多。他是世界上最著名的古地磁学家之一，且研究领域广泛，包括地质学和生物学之间的交叉学科中的各种问题，从磁细菌、蝴蝶、人类生物磁学、化石磁小体、生物矿化，到关于寒武纪大爆发的新奇想法、气候变化和地球化学建模，再到极移和古大陆位置的重建等，均有涉猎。此外，乔还亲自设计、制造并维护自己的实验室设备，甚至编写计算机程序。他还是一位勇于挑战、善于思考的杰出教师，他向加州理工学院的优秀学生提出挑战，激发他们的潜能。他曾荣获加州理工学院的教学奖——费曼奖，还获得了美国地球物理联合会颁发的古地磁学界的威廉·吉尔伯特奖（William Gilbert Award），甚至有一颗小行星就以他的名字命名。

1989 年，乔开始研究雪球地球如何脱离完全冻结状态这一问题，并重新提出沃克和卡斯汀的方案。他们都是前寒武纪古生物学研究小组（Precambrian Paleobiology Research Group，PPRG）的成员。该组织是由我的好友，加州大学洛杉矶分校的舍普夫组织的。1989 年，他们召开了大型的 PPRG 会议，乔不仅再次提出火山爆发可以解除全球冰封的状态，还指出澳大利亚莫森所说的 Elatina 组地层中有证据可以证明这种情况确实发生过（图 16.2）。最重要的是，他创造了"雪球地球"一词，这个词琅琅上口，易于记忆，并将人们的注意力从土壤风化转移到火山和冰冻地球上。

乔拥有当时世界上最好的古地磁实验室，因此他重新分析了这些元古宙冰碛层-灰岩夹层的古纬度，发现其中许多夹层（尤其是澳大利亚 Elatina 组冰碛岩）形成于热带或亚热带。然后，他将这些想法写成一篇小论文，收录到厚重又昂贵的 1989 年 PPRG 前寒武纪生命会议论文集中。历经多次拖延,这本书终于于1992年出版（由于价格昂贵,几乎没有人买得起,更别说读到这篇）,当时乔已转而研究其他问题。大多数人都会以在《自然》或《科学》杂志上发表这样一篇开创性论文为荣,但乔不需要这种光环。他每时每刻都有很多很棒的想法,所以无须在一个想法上花费太多时间。雪球地球的理论被正式命名并提出,并且关于它如何运行也有了明确的机制,其他地质学家很快就接受了这一理论。

雪球地球假说的发展

哈佛大学地质学家保罗·霍夫曼于1989年在华盛顿召开的国际地质大会（International Geological Congress,IGC）上偶然遇到克什维克,并了解了他的雪球地球假说（我也参加了那次会议,不过我当时的研究方向是其他领域）。1993年,霍夫曼研究纳米比亚的晚前寒武纪冰川沉积时,意识到了雪球地球假说的重要性,并以纳米比亚冰川沉积作为他的主要研究方向,于1997年开始宣传这种假说。

霍夫曼是一个高挑、瘦削、胡子拉碴、运动型的野外地质学家,他喜欢把大部分时间花在徒步穿越加拿大北极地区、纳米比亚或澳大利亚沙漠上,到处寻找露头。他热爱越野赛跑,非常喜欢徒步旅行。他熟悉加拿大许多元古宙冰碛层-灰岩夹层露头。在他的职业生涯中,他花了很多时间来绘制加拿大地区的太古宙原大陆图。这些原大陆后来拼合成元古宙的陆核,再由此发展成北美大陆。霍夫曼招募了一批在地球化学方面很有天分的优秀同事［如丹·施拉格（Dan Schrag）］,很快他们就在地质学界掀起了雪球地球假说的讨论热潮。

霍夫曼和施拉格等地质学家分析了一些出露完整的冰碛层 - 灰岩夹层，例如位于非洲西南部纳米比亚沙漠中的夹层（图 16.3）。在那里，冰碛物顶部的灰岩层特别厚，发育良好，具有独特的地球化学和矿物学特征。霍夫曼和施拉格认为，海水溶解了从冰中释放的碳酸盐；一旦这些碳酸盐在海水中达到饱和，便会发生无机沉淀，在冰碛层顶部形成"盖帽碳酸盐岩"。显然，它们不同于今天由有机活动沉淀形成的普通灰岩。现代灰岩主要由珊瑚、软体动物等海洋生物的介壳，以及钙质藻类构成。

另一个具有启发性的证据是，条带状铁建造在新元古代雪球地球事件高峰期的短暂回归。克什维克指出，如果当时整个地球完全冰封，这种情况有可能发生，因为彼时海洋会停止活动，处于缺氧

图 16.3 地质学家丹·施拉格（左）和保罗·霍夫曼（右）站在纳米比亚 Ghaub 组布满冰川巨砾的厚层冰碛岩上。他们手指的位置就是冰碛层和上覆"盖帽碳酸盐岩"的分界线（图源：Paul Hoffman）

状态，溶解的碳酸盐达到饱和，海洋高度酸化（由于温室气体的排放，现在的海洋也存在酸化现象）。由于没有随河流径流而下的沉积物（当时河流已完全冻结），流入海洋的硫酸盐中断，这将导致酸性、低氧、低硫的海洋中出现大量溶解铁。正如37亿年前到17亿年前期间发生过的那样，在这种情况下，铁会在海洋底部大量堆积（图14.5）。

所以，雪球地球模型的运行机制大致是这样的：某种因素导致地球急剧降温，直到大冰原开始形成。那时，由于没有现在这样丰富而复杂的生命来调节碳循环并持续向大气中排放二氧化碳（参见第6章），地球的反照率反馈回路将失控，最终从两极到赤道全部冰冻。一旦地球成为冰冻雪球，将会维持这种状态数百万年之久，就像过去火星上也曾拥有充满液态水的海洋和河流，而现在完全冻结了。海洋环流停止，条带状铁建造在缺氧的海底堆积，大量碳被封存在海底沉积物中被称为甲烷水合物的"小笼子"里。如果没有特殊情况打破这种状态，地球会一直处于冰冻状态，人类也不会存在。

然而，与火星或其他任何行星不同的是，地球有板块运动和火山活动，火山长时间喷发出的温室气体足以使地球开始变暖。一旦发生这种情况，另一个失控的冰反照率反馈回路就会启动，冰层迅速融化，直到几乎完全消失。被封存在海底甲烷水合物中的碳释放出大量的甲烷，进一步加速了全球变暖。海水中溶解的碳酸盐非常丰富，大量方解石直接从海水中析出，形成盖帽碳酸盐岩。最终，地球再次稳定下来，有温暖的热带和较冷的两极。

进一步研究表明，新元古代至少有两到三次这类事件，古元古代（约20亿年前）休伦期（Huronian）就发生过一次（图16.4），

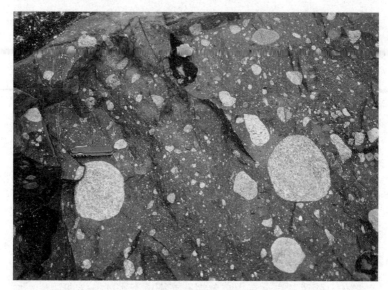

图 16.4 加拿大休伦湖附近戈甘达组古元古代（休伦期）冰碛岩，表明大约 21 亿年前发生过一次早期雪球地球事件（图源：维基百科）

证据是休伦湖岸边著名的戈甘达冰碛岩（Gowganda tillite）。冰碛岩的存在表明，形成雪球地球的条件并非独一无二，如果条件合适，雪球地球可以发生多次。

雪球还是半融雪球

和其他科学家一样，地质学家也会对新观点持怀疑态度，尤其是那些看起来非常反传统的观点。在过去的二十多年里，雪球地球模型积累了越来越多的数据，因此大多数地学团体别无选择，只能接受这样一个结论：类似雪球地球的现象至少发生过三四次。

不过这个观点仍然有反对者。许多地质学家承认，新元古代赤道海平面曾出现冰川，但并不是整个热带地区都被冰封，使地球成为一个冰冻雪球。他们更偏向另一种不那么极端的"半融雪球"假说。"半融雪球"假说认为，赤道上确实有一些冰川（数据显示），但是大部分热带地区很冷但没有冰。他们指出，沉积物只能形成于水中，不可能形成于冰中。其实克什维克最初的模型也考虑到有些热带地区可能未被冰川覆盖这种情况，所以这个想法并不新鲜。此外，许多地质学家也发现有证据证明，雪球地球期间存在冰期-间冰期旋回的快速波动（如最近一次冰期，参见第 25 章），因此冰川沉积物和在径流或未结冰海洋中形成的沉积物可能同时存在。最重要的是，新元古代雪球事件的年代测定结果表明，该事件是全球同步的，从极点到赤道同时发生。该结果更倾向于更极端的雪球地球，而不是"半融雪球"。因为在半融雪球模型中，二氧化碳浓度上升时，冰线应该后退——但我们在新元古代雪球模型中并没有看到这种情况。

雪球地球模型的意义之一是，新元古代的强烈冰冻显然对早期的生命影响巨大。雪球出现之前，我们在海洋沉积记录中发现了丰富的真核藻类孢子化石（被称为疑源类化石）。接着，它们显然经历了一场大灭绝，因为雪球地球结束后，大部分疑源类物种都消失了。我们反而在元古宙末期发现了生命以更复杂的形式回归地球的证据，其中包括许多多细胞生物。元古宙末期，地球上出现了第一批大型多细胞动物，被称为埃迪卡拉动物群，它们最初由雷吉·斯普里格（Reg Sprigg）在莫森测绘的澳大利亚弗林德斯岭发现，之后由古生物学家马丁·格莱斯纳（Martin Glaessner）进行描述。这些生物繁盛起来时，多细胞动物（如三叶虫）的多样化进入了高潮。这一现象有一个具有误导性的名字——"寒武纪大爆发"（Cambrian explosion），但它更类似于"寒武纪长导火索"

（Cambrian long fuse），因为从最早的埃迪卡拉动物群到最早的三叶虫用了长达 7 000 万年的时间。

埃迪卡拉动物群中有一种奇怪的水母形状的生物，被命名为斯普里格莫森水母（*Mawsonites spriggi*），得名于绘制弗林德斯岭地图时发现埃迪卡拉动物群的莫森和斯普里格。

延伸阅读

Hazen, Robert M. *The Story of Earth: The First 4.5 Billion Years from Stardust to Living Planet*. New York: Penguin, 2013.

Macdougall, Doug. *Frozen Earth: The Once and Future Story of Ice Ages*. Berkeley: University of California Press, 2013.

Mawson, Douglas. *The Home of the Blizzard: A Heroic Tale of Antarctic Exploration and Survival*. New York: Skyhorse, 2013.

Roberts, David. *Alone on the Ice: The Greatest Survival Story in the History of Exploration*. New York: Norton, 2014.

Schopf, J. William. *Cradle of Life: The Discovery of Earth's Earliest Fossils*. Princeton, N.J.: Princeton University Press, 1999.

Schopf, J. W., and Cornelis Klein, eds. *The Proterozoic Biosphere: A Multidisciplinary Study*. Cambridge: Cambridge University Press, 1992.

Shaw, George H. *Earth's Early Atmosphere and Oceans, and the Origin of Life*. Berlin: Springer, 2015.

Walker, Gabrielle. *Snowball Earth: The Story of a Maverick Scientist and His Theory of the Global Catastrophe That Spawned Life as We Know It*. New York: Broadway, 2004.

Ward, Peter, and Joe Kirschvink. *A New History of Life: The Radical New Discoveries About the Origins and Evolution of Life on Earth*. New York: Bloomsbury, 2015.

外来地体

谬论啊！谬论啊！

世界上最巧妙的谬论！

我们一大群人试图解释，

但没人能打破它！

谬论啊！谬论啊！

世界上最巧妙的谬论！

哈哈哈哈哈哈哈哈

这个谬论！

——W. S. 吉尔伯特《彭赞斯的海盗》

自相矛盾的三叶虫

查尔斯·杜利特尔·沃尔科特感到十分困惑。19 世纪 80 和 90 年代，他在美国的加利福尼亚、内华达、纽约北部和新英格兰，以及加拿大落基山脉等地收集了数千块寒武纪化石（主要是三叶虫）。其中，北美大部分地区的早寒武世三叶虫非常相似。从莫哈韦沙漠到纽芬兰西部，均可发现被称为小油栉虫（olenellid，图 17.1）的早期三叶虫。但是在纽芬兰东部发现的三叶虫完全不同。更奇怪的是，苏格兰的早寒武世三叶虫看起来更像北美的三叶虫，而与

图 17.1　三叶虫：（A）典型的"太平洋动物区系"早寒武世三叶虫——小油栉虫，是现今已知最早的三叶虫之一。（B）典型的"大西洋动物区系"中寒武世三叶虫，发现于犹他州豪斯岭。较大的三叶虫为 *Elrathia kingii*；较小的三叶虫为 *Peronopsis interstricta*，这种三叶虫无眼，漂浮在浮游生物中间 [图源：（A）维基百科；（B）由作者拍摄]

英国其他地区或欧洲的三叶虫并不相似。沃尔科特把从太平洋海岸到纽芬兰西部的三叶虫称为"太平洋动物区系"（Pacific fauna），把那些来自纽芬兰东部及苏格兰的类群称为"大西洋动物区系"（Atlantic fauna）（图 17.2）。不过，这些动物区系与现代海洋的分布并不完全匹配，因为有人曾在与现代大西洋接壤的纽芬兰西部也发现了一些"太平洋动物区系"的三叶虫。

到中寒武世，情况变得更令人费解。在犹他州的大盆地中，有一些常见的三叶虫如 *Elrathia kingii*，与其外观相似的 *Modocia*、

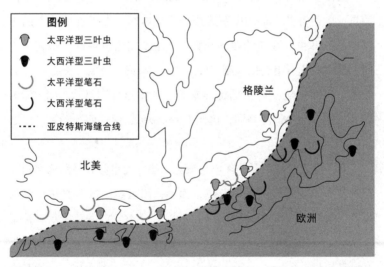

图 17.2 "太平洋动物区系"和"大西洋动物区系"化石（现代大西洋两岸的三叶虫和笔石）分布图。苏格兰和北爱尔兰的化石更接近北美类群，与英国其他地区的并不相似；而纽芬兰、新不伦瑞克、新斯科舍和马萨诸塞州东部的化石与欧洲的类群更接近，与美国其他地区的类群（"大西洋动物区系"的化石）差别很大。两区系的分界线是两大陆间的缝合线，即早古生代的大西洋，也被称为"亚皮特斯海"（Iapetus）或者"古大西洋"（proto-Atlantic）（图源：据资料重绘）

Asaphiscus，以及微小的盲三叶虫 *Peronopsis*（图 17.1B）。*Elrathia kingii* 是最常见的三叶虫，在世界各地的奇石店和商贩那里都能买到，因为它在犹他州豪斯岭的惠勒页岩（Wheeler Shale）中储量非常丰富。过去，大型商业公司甚至常常用挖掘机采集化石。从犹他州到加拿大落基山脉，再到纽芬兰西部的部分地区，都能发现这种中寒武世三叶虫。

然而，沃尔科特等古生物学家在美国马萨诸塞州东部 [布伦特里附近，这里是美国前总统约翰·亚当斯（John Adams）和约翰·昆西·亚当斯（John Quincy Adams）的家乡]、加拿大新不伦瑞克或者纽芬兰东部的中寒武统采集标本时，发现这些地方的岩层中的三叶虫与在纽约西部和宾夕法尼亚附近发现的类型完全不同。其中的化石组合以大型三叶虫 *Paradoxides* 为主，长度可达 37 厘米，以寒武纪三叶虫的标准来看，其体形可谓巨大（图 17.3）。还有一些三叶虫情况相同，比如 *Peronopsis*，但这两个动物区系之间的差异确实惊人。

真正令人费解的是，新不伦瑞克、纽芬兰东部和马萨诸塞州东部的三叶虫更像欧洲的三叶虫，而不像附近纽约或宾夕法尼亚的类群。事实上，早在 18 世纪 60 年代，"分类学之父"卡尔·林奈（Carl Linnaeus，1707—1778）就曾描述过一块来自瑞典的现名为奇异奇异虫（*Paradoxides paradoxissimus*）的化石。林奈可能并不是因为这种自相矛盾的生物地理学现象（直到很久以后才发现）才这样命名，而是出于其他原因。18 世纪 60 年代，人们认为三叶虫是一种奇怪的化石，不能归属于当时已知的任何一种动物类群（另一种三叶虫被命名为 *Agnostus*，因为描述者并不知道它是什么动物）。纽芬兰阿瓦隆半岛曼努埃尔斯峡谷（Manuels River Gorge）

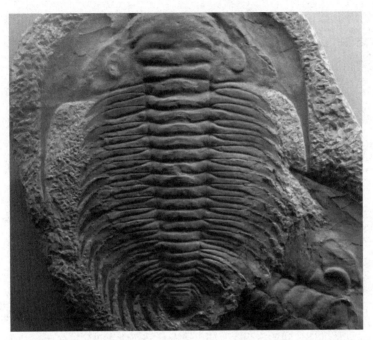

图 17.3　体形巨大的中寒武统 "大西洋型" 三叶虫 *Paradoxides davidis*（图源：维基百科）

体形巨大的巨型三叶虫 *Paradoxides davidis* 与威尔士彭布罗克郡圣戴维斯波斯考（Porth y Rhaw）海岸发现的三叶虫是同一物种（因此得名 *davidis*）。19 世纪初，有人曾在法国、德国、捷克和波兰等地区发现并描述了该属的其他物种。*Paradoxides* 这个名字很可能源自欧洲，由法国古生物学家亚历山大·布龙尼亚在 1822 年创造（他的另一项著名成就是曾与乔治·居维叶男爵共同发现了法国的化石层序律，参见第 7 章）。

随着时间的推移，收集到的化石越来越多。其他古生物学家进一步证明，奥陶纪时期，"大西洋" 和 "太平洋" 两大动物区系的差异仍然很明显；直到志留纪，这两个海洋动物区系才有一些相似之处；到了泥盆纪，差异已完全消失，欧洲和北美的海洋动物已非常相似。

造成这种矛盾的原因是什么？地质学家和古生物学家设想了很多种可能，但大多数人认为，当时可能存在某种深而窄的海洋和相应的沉积盆地，使得来自纽约的浅海三叶虫无法到达马萨诸塞州，或者来自纽芬兰西部的三叶虫无法到达纽芬兰东部。有人认为，这个深海槽形成于寒武纪，一段时间后，它变得越来越窄，最终崩塌；到泥盆纪时，它已完全消失，周围只剩下浅海。但是这种观点不太合理，因为三叶虫的幼虫很可能是营浮游生活，它们可以漂游很远的距离，或者随海流漂流。既然它们可以在浅海中漂流，从犹他州到达魁北克，或者从马萨诸塞州到达苏格兰，为什么没有穿过这个狭窄的深水槽呢？更重要的是，为什么它们能够跨越整个大西洋，从苏格兰到达纽芬兰西部，或者从马萨诸塞州到威尔士，却无法跨越纽芬兰东西部或纽约和马萨诸塞州之间所谓的深水屏障呢？

其后近 1 个世纪，这个问题一直是个谜。到 20 世纪 50 年代，板块构造学说先驱找到了另一种可能。阿瑟·霍姆斯（参见第 8 章）等富有远见的地质学家首次提出，其原因可能是板块运动，而不是某种特殊的海洋屏障。这个想法被加拿大地质学家 J. 图佐·威尔逊（J. Tuzo Wilson）接纳。当时，他已首次提出了转换断层的概念，例如圣安德烈斯断层（San Andreas fault，参见第 23 章）；他还最早提出，夏威夷群岛的形成原因是太平洋板块的滑动，当板块移动至热点之上时，会引发一系列火山喷发，形成岛屿。

1966 年，威尔逊在《自然》杂志上发表了一篇具有里程碑意义的论文：《大西洋是否曾闭合后又重新张开？》（*Did the Atlantic*

Close and Then Reopen?）。他从当时最新公布的海底扩张数据中得知，现代大西洋其实是一个年轻的海洋，直到恐龙时代早期，即晚三叠世（2.2亿年前）才开始分裂。在此之前的二叠纪和早三叠世，所有大陆仍聚集在一起，形成盘古大陆，大西洋并不存在。但不同三叶虫动物群的存在表明，现代大西洋在寒武纪到泥盆纪时期曾有一个前身，当所有泛大陆板块碰撞在一起时前身就消失了。威尔逊认为，将沃尔科特的大西洋动物区系和太平洋动物区系分开的那条分界线，实际上是两个大陆的缝合线，而这两个大陆曾经被已消失的大西洋前身分隔开。这片消失已久的海洋曾被称为"古大西洋"，现在被称为亚皮特斯海。它在泥盆纪到二叠纪时期闭合，随后再次张开，曾属于亚皮特斯海欧洲一侧的部分（纽芬兰东部、新英格兰东部等地）被遗留在新形成的大西洋西侧，曾属于亚皮特斯海北美一侧的地区（苏格兰、北爱尔兰）则与欧洲拼合（图17.4）。扩张的大西洋大致沿古老的亚皮特斯缝合线将地壳分开，但又没完全沿同一条线，这就使得苏格兰留在板块边界的一侧，马萨诸塞州留在板块边界的另一侧，曾经属于欧洲的纽芬兰东部就与曾属于北美的纽芬兰西部相接。这种说法完美解释了沃尔科特的疑问。

为了纪念威尔逊，海洋在大致相同的地方闭合然后重新张开的过程现在被称为威尔逊旋回。大西洋的前身可能多达5个，所以在这个区域至少发生过5次威尔逊旋回。

消失的阿瓦隆尼亚大陆

在亚瑟王的传说中，有个神秘的岛屿叫阿瓦隆岛，它在故事中至关重要。亚瑟王从石头上拔出的神剑就是在那里锻造的。据说，

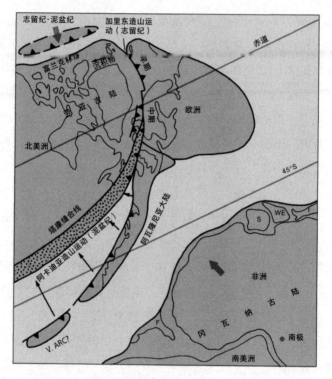

图 17.4　志留纪-泥盆纪时期的古地理图，展示了志留纪加里东造山运动中欧洲（波罗的古陆）陆块与北美陆块的碰撞以及泥盆纪阿瓦隆地体（Avalon Terrane，即图中的阿瓦隆尼亚大陆）与阿巴拉契亚山脉的碰撞，后者引发阿卡迪亚造山运动［改自唐纳德·R.普罗瑟罗和罗伯特·H.多特所著的《地球的演化》(*Evolution of the Earth*)，第 8 版，纽约：麦格劳希尔集团，2010］

　　亚瑟王在卡姆兰战役（Battle of Camlann）中与莫德雷德（Mordred）交战后负伤，然后被带到这里疗伤。在某些版本中，亚瑟王交战后死亡，被埋葬在阿瓦隆。传说女巫摩根娜［Morgana，也叫摩根勒菲（Morgan le Fey）］也住在那里。

　　"阿瓦隆"一词源自威尔士语"*Ynys Afallon*"，意为"苹果岛"（island of the apple）。许多人认为这个神秘之地可能位于威尔士，但在亚瑟王传说中，威尔士离英格兰很远。蒙茅斯的杰弗里（Geoffrey of Monmouth）于 1136 年撰写的一本野史《不列颠诸王史》（*History of the Kings of England*）中，这样描述神秘的阿瓦隆岛：

> 人们之所以称苹果岛为"幸运岛"（*Insula Pomorum quae Fortunata uocatur*），是因为在这里一切都能自给自足。在这里，农民不需要犁地，也不需要耕作，一切都由大自然提供。这里盛产谷物和葡萄，在这儿的树林里，苹果树生长在修剪整齐的草地上。土地不只长草，它能自产一切东西，人们在那里已经生活了一百余年。那里的九姐妹遵循从我们这里传过去的律法生活。

1190 年左右，随着威尔士的杰拉尔德（Gerald of Wales）的著作问世，另一种解释流行起来。杰拉尔德认为，亚瑟王传说中的阿瓦隆位于英格兰西部萨默塞特郡格拉斯顿伯里（Glastonbury）附近。格拉斯顿伯里修道院的僧侣声称，他们发现了亚瑟王和王后的遗体。杰拉尔德写道：

> 现在的格拉斯顿伯里在古代被称为阿瓦隆岛。它实际上是一个岛屿，因为它完全被沼泽包围。在威尔士，它被称为 *Ynys Afallach*，意思是苹果岛，因为这里曾经盛产苹果。卡姆兰战役之后，一位名叫摩根的贵妇人把亚瑟王带到了现在被称为格拉斯顿伯里的岛上，以便为他疗伤。后来摩根成为这一带的统

治者和守护神，她也是亚瑟王的近亲。多年前，这个地区在威尔士语里也被称为 *Ynys Gutrin*，意为格拉斯岛，因此后来入侵的撒克逊人将该地命名为"格拉斯廷伯里"（Glastingebury）。

一代代英国人都很重视这些故事。1278 年，英格兰国王爱德华一世（人称"长腿王"，曾征服威尔士和苏格兰，也是电影《勇敢的心》中的大反派）的遗体被重新厚葬在格拉斯顿伯里大修道院。虽然这个版本的亚瑟王传说在中世纪很令人信服，但现在也被认为是伪考古学。大多数现代历史学家认为，这是格拉斯顿伯里修道院的修道士为修复修道院而臆造的噱头。然而，这个传说仍激励着一代代朝圣者前往格拉斯顿伯里修道院，直到宗教改革运动爆发，亨利八世脱离了天主教会。后世许多作家把亚瑟王在格拉斯顿伯里的故事与传说中亚利马太的约瑟把圣杯带到英国的故事联系起来。也有人把阿瓦隆和格拉斯顿伯里与地球之谜、令人费解的"地脉"（ley lines），甚至亚特兰蒂斯之谜联系在一起。今天仍有很多关于阿瓦隆的神话故事，甚至是现代爱情故事，比如《阿瓦隆的迷雾》（*The Mists of Avalon*）、《格拉斯顿伯里传奇》（*A Glastonbury Romance*）和《阿瓦隆的遗骨》（*The Bones of Avalon*）等。

亚瑟王故事中的"阿瓦隆岛"也许只是一个传说，但消失的古阿瓦隆大陆不是。近年来，描述现代大西洋两岸地块运动的板块构造模型变得更加精确。对不同化石动物区系及详细构造图的进一步研究显示，产出奇异虫动物群的地块从阿巴拉契亚山脉南部到马萨诸塞州东部，再到新不伦瑞克、新斯科舍省、纽芬兰东部，以及英格兰南部和威尔士、法国、德国、波兰、捷克等地区，它们都是现被称为阿瓦隆尼亚大陆（图 17.2、图 17.4 和图 17.5）的古生代微大陆的一部分。阿瓦隆尼亚大陆并不是直接以神话中的阿瓦隆岛命名，而是得名于纽芬兰的阿瓦隆半岛。阿瓦隆半岛是乔治·卡尔弗特爵士（Sir George Calvert）于 1623 年被皇家授予管理阿瓦隆省时，"效仿格拉森堡（Glassenbury）所在的萨默塞特郡的老阿瓦隆而命名的。老阿瓦隆是基督教在英国的第一个成果，阿瓦隆则是英国在美洲的第一块殖民地。"显然，卡尔弗特相信亚瑟王葬于格拉斯顿伯里的说法，这种传说在 1623 年依然广为流传。虽然曼努埃尔斯河谷的三叶虫在阿瓦隆半岛命名时尚不为人知，但它们确实与威尔士、英格兰其他地区（古老传说中的阿瓦隆）及现在分散在东欧、加拿大、佐治亚州等地的阿瓦隆尼亚大陆其他部分的三叶虫有关。有一种来自威尔士和英格兰西部的三叶虫被命名为梅林虫（*Merlinia*），该名称便源自亚瑟王传说中的伟大魔法师梅林。

所以，阿瓦隆尼亚大陆上发生了什么？寒武纪和早奥陶世，阿瓦隆尼亚大陆自冈瓦纳古陆分离，其地层中的三叶虫与南部冈瓦纳古陆的类群有很多共同之处。但是它从冈瓦纳古陆分离后，迅速与劳伦古陆（北美大陆的前身）拼合。到晚志留世，波罗的古陆（欧洲大陆的核部，主要包括斯堪的纳维亚和俄罗斯）与劳伦古陆碰撞，形成与现代喜马拉雅山脉一样的雄伟造山带，被称为加里东造山运动（Caledonian Orogeny，以苏格兰的罗马名称 *Caledonia* 命名），苏格兰、格陵兰北海岸和挪威海岸等地的褶皱和变质岩就是这次造山运动的产物（图 17.5）。志留系岩石受碰撞影响发生变形倾斜，上覆泥盆系老红砂岩（由加里东山脉受侵蚀后经河流搬运而来的砂粒形成），两者在西卡角和杰德堡呈著名的角度不整合（参见第 4 章）。

图 17.5 加里东造山运动和阿卡迪亚造山运动后，阿瓦隆地体与北美（劳伦古陆）和波罗的古陆拼合。后来在石炭纪，阿瓦隆地体又与阿莫利卡地块（现位于北欧下方）发生碰撞，形成了德文和康沃尔的蛇绿岩，以及这些地区的石炭纪花岗岩（图源：据资料重绘）

加里东造山运动后不久，在泥盆纪，阿瓦隆尼亚大陆与劳伦古陆东海岸碰撞，使亚皮特斯海从北到南紧紧闭合（图 17.5），形成了另一个喜马拉雅山脉规模的山脉，这次事件被称为阿卡迪亚造山运动。这个巨大的山脉向西穿过纽约北部和宾夕法尼亚中西部，形成了著名的卡茨基尔沉积序列（Catskill sedimentary sequence）。

阿卡迪亚造山运动与传说的最后联系是，它得名于曾隶属法国的阿卡迪亚。阿卡迪亚的范围曾包括几乎整个加拿大沿海地区、魁北克和缅因州的部分地区，以及阿瓦隆半岛。读过美国文学的人可能知道，"阿卡迪亚"这个名字出自亨利·沃兹沃思·朗费罗（Henry Wadsworth Longfellow）的诗歌《伊万杰琳》（*Evangeline*）中的传说。在这个故事中，英国人将殖民地大部分地区的加拿大-法裔阿卡迪亚人驱逐出境。他们中的一些人最终定居在路易斯安那州南部。在那里，这些法裔"加拿大人"变成了"卡津人"（Cajun）——至今仍能感受到他们带来的文化影响。

外来地体

阿瓦隆地体与劳伦古陆的碰撞有据可查，是说明外来地体（exotic terrane）的很好例证，即来自其他地方的地壳块体。整个阿巴拉契亚地区都是由不同时期与劳伦古陆碰撞的其他大陆板块构成的。第一次大碰撞是一块被称为皮埃蒙特地体（Piedmont Terrane）的地壳碎块，加拿大东部部分地区、纽约哈得孙谷，以及弗吉尼亚州、佐治亚州和卡罗来纳州的阿巴拉契亚山麓都可发现这次碰撞的踪迹（图 17.2）。它在晚奥陶世的塔康造山运动（Taconic Orogeny）中拼合到劳伦古陆，这次事件造成现今纽约州塔康山脉的岩石发生抬升和变形。

随后，晚志留世，波罗的大陆与劳伦古陆碰撞，引发加里东造山运动（影响劳伦古陆北岸）。接着是泥盆纪的阿卡迪亚造山运动，它使得阿瓦隆地体拼合到劳伦古陆，范围从加拿大沿海到马萨诸塞州东部，一直延伸到南部的卡罗来纳板岩带（Carolina Slate Belt）。最后一次事件是晚石炭世（宾夕法尼亚纪）冈瓦纳古陆的非洲部分与劳伦古陆东岸碰撞，导致阿巴拉契亚山脉发生褶皱。这次事件的结果是大西洋的前身完全闭合，劳伦古陆（或者说北美大陆）与冈瓦纳古陆拼合，形成盘古超大陆。阿巴拉契亚山脉在 3 亿多年前的这次喜马拉雅式的大碰撞中形成，自那以后开始缓慢侵蚀。

如果说马萨诸塞州东部或卡罗来纳州东部其实是其他大陆的碎

片这点还不足为奇，那么构成北美太平洋沿岸的外来地体组合更令人惊叹。整个阿拉斯加州和大部分不列颠哥伦比亚省、华盛顿州、俄勒冈州、爱达荷州、内华达州和加利福尼亚州等都是外来地体（图 17.6）。同样地，最早的证据仍来源于化石。数十年来，地质学家和古生物学家对从太平洋沿岸收集到的一些化石一直感到困惑。这些化石既有在加利福尼亚州北部和加拿大不列颠哥伦比亚省发现的珊瑚，也有从阿拉斯加州到加利福尼亚州北部一路发现的米粒状单细胞纺锤虫，即蜓类有孔虫（fusulinid foraminifera）。他们仔细观察了这些化石，发现它们显然来自南半球的热带地区——太平洋的另一边，也就是当时从印度尼西亚一直延伸到直布罗陀的特提斯海道（Tethys Seaway）！

起初，地质学家和古生物学家拒绝接受这一观点：在过去的 2.5 亿年里，巨大的地壳块体从印度尼西亚穿越了整个太平洋，一直漂移到不列颠哥伦比亚省。但现在证据确凿。这一观点不仅有化石证据，还得到阿拉斯加州、不列颠哥伦比亚省和太平洋沿岸大多数州的构造证据的支持，这些州全都是沿着主要断层拼合的构造块体。最后，古地磁数据证实，这些板块确实来自赤道以南，显然也来自遥远的现今印度尼西亚所在的位置。

如今，我们可以重建这些拼图的各个碎片，并与它们现在的位置进行比较（图 17.7）。最早到达的板块是泥盆纪-密西西比纪安特勒造山运动（Antler Orogeny）中的安特勒地体，它横贯内华达中部，包括内华达山脉西部山麓和芒特沙斯塔附近克拉马斯山脉东侧的岩石。下一个到达的大板块是二叠纪-三叠纪索诺马造山运动（Sonoma Orogeny）中的索诺马地体（Sonomia Terrane），它构成了内华达的整个西北角，以及俯冲到在安特勒造山运动中到达的板块

图 17.6 北美太平洋沿岸外来地体分布图（据资料重绘）

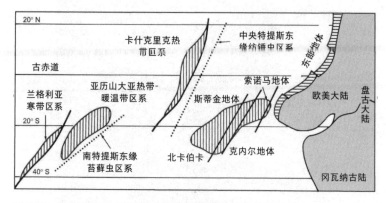

图 17.7 这张地图显示了原太平洋地区外来地体的原始位置和分布，这些地体与大陆碰撞拼合，形成现今的阿拉斯加州、不列颠哥伦比亚省、华盛顿州海岸、俄勒冈州和加利福尼亚州。基于兰格利亚和亚历山大等地体所携带的特提斯海道特征化石可以推断，它们都是二叠纪时期从当时的太平洋西南部开始向北美洲漂移的（改自《地球的演化》）

之下的谢拉丘陵和克拉马斯山脉等地体。不久之后，更多的地体到来，包括斯蒂金地体（Stikinia Terrane）和克内尔地体（Quesnellia Terrane），它们构成了不列颠哥伦比亚省的核部，一直延伸到阿拉斯加州；兰格利亚地体（Wrangellia），构成了阿拉斯加州的兰格尔（Wrangell）山脉［包括美国最高峰迪纳利山（Denali，旧称麦金利山，Mount McKinley）］，以及不列颠哥伦比亚省西北部和阿拉斯加狭地。这些地体大部分是恐龙时代来到这里，并在白垩纪到达现今所在的位置。它们同时带来了太平洋西南部热带地区远道而来的二叠纪化石。

所以，下次当你造访阿拉斯加州、不列颠哥伦比亚省、华盛顿州、俄勒冈州、内华达州或加利福尼亚州时，记住：其实你不是在北美，而是在斐济或印度尼西亚。

延伸阅读

Fortey, Richard. *Trilobite: Eyewitness to Evolution*. New York: Vintage, 2001.

Levi-Setti, Riccardo. *The Trilobite Book: A Visual Journey*. Chicago: University of Chicago Press, 2014.

Prothero, Donald R. *Bringing Fossils to Life: An Introduction to Paleobiology*. 3rd ed. New York: Columbia University Press, 2013.

Prothero, Donald R., and Robert H. Dott Jr. *Evolution of the Earth*. 8th ed. New York: McGraw-Hill, 2010.

18 魏格纳和大陆漂移说

地壳拼图

新理论得到证实之前都算是错误的，而旧理论在被证明有误之前都是正确的……大陆漂移说在被证明正确之前也被认为是不对的。

——戴维·M. 劳普（David M. Raup）

他总是被鄙视和拒绝

1910 年的圣诞节，30 岁的德国气象学家阿尔弗雷德·魏格纳（图 18.1）碰巧翻到朋友收到的一份圣诞礼物——世界地图集。他翻了几页，发现南美洲和非洲的海岸线惊人地匹配。他突然灵光一现。为什么这两个被辽阔的南大西洋分隔开的大陆，看起来却如此契合？事实上，魏格纳并不是第一个注意到这一点的人。早在 16 世纪，几乎是第一张像样的大西洋地图问世之后，就有人提过这一点。

魏格纳写道：

我脑中最早出现大陆漂移的概念是在 1910 年，当时我正在观察世界地图，发现大西洋两岸的海岸线惊人地吻合。起初我没在意这些想法，因为我认为这是不可能的。但 1911 年的秋天，我偶然看到一份综合报告，了解到有古生物学证据证明

图 18.1 1930 年，魏格纳第四次（也是最后一次）北极探险中（图源：维基百科）

巴西和非洲之间曾存在一座陆桥。因此，我粗略查阅了地质学和古生物学领域的相关研究，这些资料提供了强有力的证据，使我开始坚信这一想法基本正确。

但魏格纳并没有像 400 年来其他人那样，只是偶然间注意到这个现象，转而又去研究其他方向了。身为一名刚刚崭露头角的科学家，他在气候与气象学领域有着丰富经验。同年，他编写了一本德语科学教科书《大气热力学》（*Thermodynamics of the Atmosphere*），所以他对此研究领域相当了解，绝不是新手。26 岁时，他就组织并领导了首次格陵兰极地气候和天气科学考察队，之后又陆续去极地考察了 3 次。

　　尽管魏格纳在马堡大学（University of Marburg）的气象和极地研究及课程教学上投入了大量时间，他仍在继续寻找大陆曾经一体的证据。1908 年，他开始与著名气候学家弗拉迪米尔·科本（Wladimir Köppen）合作，科本创立了至今仍在使用的气候区和气候带的划分标准（我每年在气象学课上也会教到）。魏格纳和科本查阅了相关科学文献，发现二叠纪（3 亿年前至 2.5 亿年前）气候带在如今大陆上的分布并不合理。他们开始收集证据，证明这些对气候敏感的岩石可表明大陆曾经移动过。1912 年，魏格纳已经就他的大陆漂移证据做了几次讲座，后来还在德国的地理学杂志上发表了 3 篇关于这一证据的小论文。1913 年，魏格纳与科本的女儿喜结连理，然后第二次带领探险队来到格陵兰。那次他在冰原上度过了一个冬天，差点丧命。

　　1914 年 6 月 28 日，弗兰茨·斐迪南大公（Archduke Franz Ferdinand）遇刺身亡，不久第一次世界大战爆发。和当时德国其他健壮男丁一样，魏格纳也被征入伍，其间两度受伤（其中一次伤在脖子上）。最后，德国最高指挥部决定，作为训练有素的气象学家，他在气象站工作比当炮灰更有用。从一个德国气象站辗转到另一个气象站，魏格纳仍持续记录着自己的想法。他的《海陆的起源》（*On the Origin of Continents and Oceans*）一书于 1915 年末出版，但由于战时管制，几乎没有人读过，甚至很少有人见过。书中，他发表了有史以来第一幅古大陆分布图，展示自二叠纪（2.5 亿年前）以来各大洲如何漂移，以及它们在盘古大陆上的分布情况（图 18.2）。其中，盘古大陆的南部被称为冈瓦纳古陆，北部被称为劳亚古陆（劳伦古陆加上欧亚大陆）。虽然任务繁重，但魏格纳发现军事气象员是个不错的职位。战争结束时，他又发表了 20 篇气象学与气候学领域的论文。

战争结束后，魏格纳获得了德国汉堡的几个工作机会，后来他接受了格拉茨大学的正式教职。他利用这段时间，依据之前收集到的大陆漂移的证据，与科本一起写了一本关于地质历史时期古气候的著作。尽管如此，魏格纳在德国之外几乎无人知晓，主要因为他的作品直到1925年才被翻译成英文。

被主流地质学家忽视了长达14年之后，魏格纳终于在1926年受邀在纽约召开的美国石油地质学家协会（American Association of Petroleum Geologists）会议上发表自己的观点。这次研讨会其实是由他的反对者们组织的，目的是嘲笑他的观点，魏格纳如羊入虎穴。只有邀请他的主席聆听了他的观点，其余观众都对他十分轻蔑，不屑一顾。因为基于当时他们对地质学的了解，魏格纳的想法在他们听来有些异想天开。

为什么人们不把魏格纳或他的想法当回事？首先，魏格纳不是地质学家，而是气象学家和气候学家。对于一个没有接受过专业培训就涉足你的研究领域的外行人，持怀疑态度是合理的。我经常在网上看到关于地球的各种奇思妙想，从扁平地球论者到地球中空论者，从地心说者到年轻地球创造论者，甚至还有人相信地球正在膨胀。只要上过几堂地质学基础课程的人，就能轻易判断出这些说法是错的；而对于那些有实地考察经验、不会只根据二手资料凭空想象的地质学家来说，更是如此。

其次，魏格纳的观点也存在缺陷。他认为大陆在地球上随意漂移，但地质学家认为，如果魏格纳是对的，那么当大陆穿过海洋时，应该会有大片的洋壳像地毯一样起皱——然而几乎没有这样的地方（现在我们知道，与当时人们所想的完全不同，洋壳通常俯

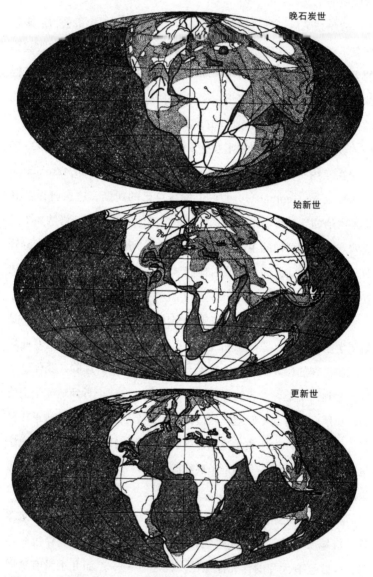

图 18.2　魏格纳于 1915 年发表的大陆漂移图（图源：魏格纳，1915 年）

冲至大陆板块之下，而不是受挤压形成山脉）。魏格纳无法解释大陆如何漂移，以及是什么驱动了大陆的运动，他提出的理论（比如离心力）在地球物理学上是不可行的。此外，魏格纳算出的板块运动速度也太快了（每年250厘米），而如今我们知道大多数板块的运动速度只有这个速度的1%（每年2.5厘米）。公平地说，魏格纳在1915年左右提出这个速率时，地质年代表的测定工作才刚刚开始，所以当时没有人知道盘古大陆形成的二叠纪距今多久。

最后，我们下面将提到，最佳证据来自南半球，而当时几乎所有地质学家都在北美和欧洲生活和工作，只有少数来自世界各地的欠发达国家。20世纪早期，乘坐远洋班轮到巴西或南非需要很久的时间，费用也很高，所以很少有地质学家真正到过这些地区，亲眼观察那里的岩石。大多数地质学家只能通过阅读期刊和书籍上的相关描述以及查阅一些模糊的黑白照片获取信息，而这些照片根本无法呈现出南半球岩石鲜艳的色彩和惊人的相似性。像南非的亚历山大·杜托伊特（Alexander du Toit）这样亲眼看过这些岩石的地质学家则是大陆漂移理论的最大支持者，但他们也只算局外人，在北美或欧洲地质学家出席的地质会议上很少有机会发表他们的观点。阿瑟·霍姆斯（参见第8章）是少数几个支持这一观点的欧洲人之一，他曾在非洲工作过，因亲身经历了解那里的岩石。因此，整个大陆漂移理论在接下来的30年到40年里仍然被认为不切实际。

与此同时，魏格纳并没有自暴自弃，因他伟大的思想反响不佳而闷闷不乐。作为一名极地探险家，他继续他的气象研究，并在1929年第三次率领他的探险队远征格陵兰。第二年，他进行了第四次也是规模最大的一次探险，同时也是最后一次。这支探险队配备了多种气象设备，外加一个螺旋桨驱动的雪橇和其他装置。格陵兰冰原中部有一个偏远的气象站，名为伊斯米特（*Eismitte*，德语中意为"冰中"），在北半球最冷的地方。这里的平均温度为 −30℃，冬季通常达−62℃。由于靠近北极圈，从 11 月 23 日到次年 1 月 20 日这里都看不到太阳。伊斯米特站非常偏远，运送物资的旅程既危险又漫长。

1930 年 11 月，魏格纳和他的搭档拉斯穆斯·维伦森（Rasmus Villumsen）在运送物资返回的路上遇到了可怕的暴风雪和极端低温。魏格纳遇难，死因可能是心脏病发作（他烟瘾很大），也可能是因失温冻死。维伦森把他埋在雪地里，用滑雪板标识他埋葬的位置，但之后找不到了。后来，一个团队发现了魏格纳的埋葬地，将其重新安葬，并用十字架做标记。现在他的遗体仍躺在 100 米的冰层下，随着格陵兰冰盖的流冰而移动。魏格纳去世时刚过 50 岁生日，地质学界没注意到，也没人为他哀悼。如果他再活 30 年，就能见证他的理论得到证实——但他并未得到命运之神的眷顾。相反，他成为又一位提出了伟大想法却含恨而终的天才，没能活着见证他所做的工作从不切实际的幻想变成科学典范。

谜题 1：岩石拼图

是什么证据让魏格纳和南半球许多地质学家坚信大陆漂移说？主要证据有两个：二叠纪的岩石和南半球大陆之下古老的前寒武纪基岩。

最令人印象深刻的证据是构成冈瓦纳超大陆的各陆块，即南美洲、非洲、澳大利亚、印度和南极洲的古老基岩（图 18.3）。剥去上覆植被和年轻岩石，你就可以看到大陆之下的基岩。这些基岩由太古宙的原始大陆构成。它们挤压在一起，之间夹着原大陆碰撞前在其边缘形成的元古宙造山带。这些大陆都含有某种太古宙原大陆核部岩石组合，说明它们曾共同合并成一个超大陆，它们相互碰撞形成了夹在大陆之间的元古宙造山带。

南美洲和非洲的基岩最引人注目之处在于，虽然这些古老的基

图 18.3　非洲和南美洲的前寒武纪基岩，两者如拼图般相互吻合。这两个大陆起初都是由太古宙地壳（年龄超过 25 亿年）组成的小块原大陆，后来发生碰撞，在两者中间形成元古宙造山带。如今，这些特征因大陆分裂开来均已消失，所以我们在大西洋两侧都可发现太古宙陆核和元古宙造山带，它们就像拼图游戏的碎片一样，可以拼合在一起（据资料重绘）

岩组合之间隔着大西洋，但当你把南美洲和非洲放在一起时，太古宙的核部基岩及夹在它们之间的元古宙造山带就像拼图的碎片一样，完美吻合。

没有任何理由可以解释如此令人惊奇的匹配。然而，40 年来，地质学家一直试图否认，要么声称这是一个巧合，要么声称基岩并不像他们所说的那样相似，甚至干脆不予理会。

谜题 2：位置错乱的气候带

如果你去南非、巴西、南极洲、印度或澳大利亚旅行，就会发现它们的岩石序列惊人地相似。这个序列的下部是特殊的含煤层石炭系砂岩；上覆下 - 中二叠统冰碛物；再往上覆盖着厚厚的二叠系 - 三叠系红层，红层中富含爬行动物和原哺乳类（protomammal）化石；最上方是覆盖整个层序的巨厚侏罗系熔岩流。我听几位地质学家说，如果你没看地层名称，或者没听到当地地质学家说的是南非语还是葡萄牙语，根本分不清自己是在南非还是在巴西。

更能说明问题的是这些独特沉积物的发现地（图 18.4），应该只出现在赤道雨林带的二叠系煤炭矿床，如今位置离赤道雨林带非常远。同样地，现代沙漠位于赤道南北 10°～40° 的亚热带高压带，而二叠系沙漠沙丘沉积却并非如此。但是，如果你不管大陆的现代分布，而是把它们重新放在盘古大陆中，那么所有二叠系煤层都位于热带雨林带，所有二叠系沙丘都在亚热带高压带，如同理论上它们该在的位置。

最令人印象深刻的是许多冈瓦纳古陆陆块上发现的冰碛层，比如南非的德韦卡冰碛岩（Dwyka tillite，图 18.5 和图 18.6），以及在南美洲、印度次大陆、澳大利亚和南极洲等大陆上的类似冰川沉

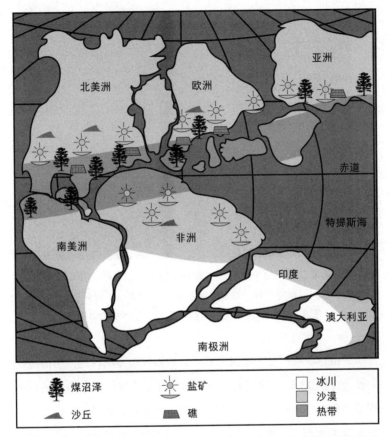

图 18.4 二叠纪气候带（冰川分布在两极，煤沼泽分布在热带雨林，沙丘分布在亚热带高压带）只有在盘古大陆构型中才合理，在现代地图上，沉积物的位置完全说不通（据资料重绘）

积。这些大陆只有回归到二叠纪冈瓦纳古陆构型时才有可能形成冰碛层。如果你试着画出这些冰原在现代大陆上的分布，就会得到一片横跨南大西洋和印度洋大部分地区，并穿过赤道，到达印度部分地区的二叠纪冰原。这在古气候学上显然不合理。

图 18.5　南非二叠纪德韦卡冰碛岩露头，由冈瓦纳古陆二叠纪冰川形成。和大多数冰川沉积物一样，这些冰碛物由巨大的砾石、鹅卵石与细砂、泥混合而成，不具水成沉积物常见的分选或层理（图源：维基百科）

　　更值得注意的是，冰川拖着巨大岩石穿过地面时所产生的擦痕和凹痕（图 18.6）。冰川痕迹最开始发现于南非，后来南美洲也出现了类似擦痕。在现代地球背景下如果发生这种现象，二叠纪冰川必须跳进大西洋，再直线穿过大洋，然后以同样的路径跳上陆地。这种说法显然很荒谬。只有当大陆处于冈瓦纳古陆构型中时，冰川不必跨过大西洋，这些排列整齐的擦痕才合理。

　　除了晚古生代-早中生代冈瓦纳古陆上的岩石证据，化石提供了更多信息。冈瓦纳古陆（包括南极洲、澳大利亚和马达加斯加）上几乎所有二叠系沉积物中都含有已灭绝的原始种子蕨类舌羊齿（*Glossopteris*，图 18.7）化石。还有一种半米长的爬行类中龙（*Mesosaurus*）化石，仅在南非和巴西的湖床沉积中有分布——可

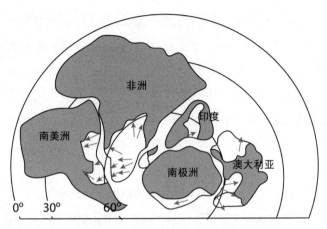

图 18.6 图中显示了二叠纪冈瓦纳古陆上的冰川分布（白色区域），以及非洲西南部和巴西之间的冰川擦痕分布情况（据资料重绘）

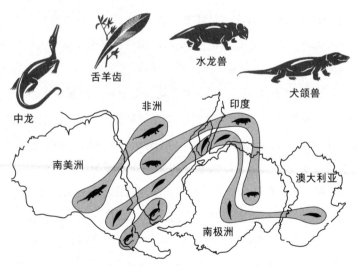

图 18.7 图中展示了冈瓦纳古陆上的二叠纪种子蕨类舌羊齿、小型湖栖爬行类中龙、食草原哺乳类水龙兽和大型食肉原哺乳类犬颌兽的分布（据资料重绘）

能因为它体形太小了，无法游过现代南大西洋。冈瓦纳古陆上几乎每块大陆上都有一种叫作水龙兽（Lystrosaurus）的小喙原哺乳类（以前被误称为"似哺乳类爬行动物"）化石。它在非洲、南美洲和印度都有出现，1969 年在南极洲也有发现，有些人认为这是大陆漂移的确凿证据。最后，还有一种熊大小的食肉原哺乳类犬颌兽（Cynognathus）化石，不仅出现在南非和南美洲，俄罗斯上二叠统也有发现。

这些证据终于说服了杜托伊特和霍姆斯等地质学家，但北半球持怀疑态度的地质学家仍然试图驳回或提出其他解释。他们认为，二叠纪冈瓦纳古陆上动植物的特征分布是陆桥或动物漂洋过海造成的；而岩石的匹配性要么被忽视（因为杂志上小幅黑白照片中的证据没那么令人信服），要么被当作旁征博引而不予理会。简言之，从 1915 年魏格纳著作出版到 20 世纪 60 年代初，几乎所有证据（在今天的地质学家看来已经证据确凿）都没有得到大多数地质学家的公平对待。

20 世纪 40 年代末和 50 年代初，美国和欧洲最有影响力的地质学家都认为，大陆漂移理论完全是胡思乱想。著名生物学家和纪录片制片人大卫·爱登堡（David Attenborough，20 世纪 40 年代末时他还在上大学）回忆说："我曾经问老师为什么不给我们讲大陆漂移，他轻蔑地告诉我，如果我能证明存在一种力能够驱动大陆移动，他可能会考虑给我们讲讲。他告诉我，这一理论完全是空谈。"1949 年，美国自然历史博物馆举办了一场研讨会，他们讨论陆桥的概念，驳斥不同大陆上岩石之间的相似性（虽然这样做的大多数地质学家从未亲眼见过这些岩石），抨击这些证据。这场研讨会的论文集直到 3 年后才出版，但现在来看，它可谓地学史上一座令人感慨的纪念碑，见证了世人对脚下地球的看法曾有多局限和错误。

海洋深处的答案

与此同时，另一个新领域也发现了证据：洋底。还记得地质学家是如何驳斥魏格纳的论点的吗？他们说，海底岩石应该像雪犁前面的雪一样，被推到漂移的大陆前面。结果证明他们的观点完全错误，因为没人真正了解海洋之下的地壳。

事实上，第二次世界大战之前，人们对深海几乎一无所知。海洋约占地球表面的71%，但直到"二战"，我们对海洋所知甚少。后来，潜艇战的重要性向世界各国海军表明，我们需要真正了解深海。战争结束后，大多数国家都削减了军费开支，但美国和其他几个国家开始向海洋学有关机构投入大量资金，以扫除人类知识体系中这一长期的盲点。不仅是资金，战争盈余的海军舰艇也被送往这些机构，改装成海洋科考船（而不是拆成废铁）。

到20世纪40年代末和50年代初，几个主要的海洋研究所〔美国圣迭戈斯克里普斯海洋研究所（Scripps）、马萨诸塞州伍兹霍尔海洋研究所、纽约拉蒙特-多尔蒂海洋研究所等〕都有船只全年在世界各地航行，收集海水温度、盐度、密度和化学成分等相关数据；探测海床深度及海底岩石和沉积物的性质；从船边抛下活塞岩芯取样管，采集约10米长的沉积物岩芯，了解数百万年来的海洋历史；拖曳鱼雷状的质子旋进磁力仪（曾被用来追踪潜水艇）来测量海底岩石的磁性。

20世纪50年代和60年代，海洋学研究成功解开了世界上最大水域的许多谜团。拉蒙特-多尔蒂地质观测站（现拉蒙特-多尔

蒂地球观测站）科学家玛丽·撒普和布鲁斯·希曾绘制完成第一幅
海底地图（图 22.1）。绘制过程中，撒普记录到大洋中脊的中央有
一个巨大裂谷，这证明板块正在分离（参见第 21 章）。科考船的
详细研究，不仅使我们了解了世界各地海洋盆地的深度，还知道了
洋底之下有什么。深海沉积物岩芯不仅揭示了海洋如何随着时间而
变化，以及全球气候如何变化，甚至还揭示了冰河时代出现的原因
（参见第 25 章）。最重要的是，1963 年，拖在船后的磁力仪表明，
洋底岩石呈现出一种特殊的磁化模式，最终证明了海底扩张真实存
在（参见第 21 章）。那次发现之后，板块构造革命进入高潮，彻底
改变了整个地球科学界。

　　这一切都发生在魏格纳去世整整 33 年后，他没能亲眼看见，
后来许多批评他的人却见证了这些。他们中的一些人（尤其是老一
辈观念保守的石油地质学家）拒绝接受板块构造学说，最终他们相
继去世或是停止了研究。其他人（比如 1949 年美国博物馆那场不
光彩的研讨会的作者们）心不甘情不愿地认错。他们中为数不多
的人接受了这种新模式——比如哥伦比亚大学著名地层学家马歇
尔·凯（Marshall Kay），他发现自己的毕生研究已经过时了，于是
兴高采烈地开始从板块构造的角度来重新审视自己的研究，尽管他
当时已经 60 多岁了。最后，魏格纳获得了荣誉和赞美，因为他走
在时代的前面，他的理论最终被证明是正确的。

延伸阅读

Greene, Mott T. *Alfred Wegener: Science, Exploration, and the Theory of Continental Drift*. Baltimore: Johns Hopkins University Press, 2015.

McCoy, Roger M. *Ending in Ice: The Revolutionary Idea and Tragic Expedition of Alfred Wegener*. Oxford: Oxford University Press, 2006.

Oreskes, Naomi. *Plate Tectonics: An Insider's History of the Modern Theory of the Earth*. Boulder: Westview, 2003.

Oreskes, Naomi. *The Rejection of Continental Drift: Theory and Method in American Earth Science*. New York: Oxford University Press, 1999.

Wegener, Alfred. *The Origin of Continents and Oceans*. New York: Dover, 2011.

19 白垩纪海路和温室星球

白垩岩

明天，多佛白崖上会有青鸟飞

你等着看吧

明天以后，将会有爱、欢笑与和平

世界将会自由。

——纳特·伯顿（Nat Burton），

《多佛的白色悬崖》（*The White Cliffs of Dover*）

多佛白崖

当你从法国东部或比利时穿过英吉利海峡，到达英格兰东南部时，首先映入眼帘的就是传说中的白色悬崖（图 19.1）。它们是英格兰这个岛屿要塞的象征。在英国人心中，它们是抵御欧洲大陆入侵者的城墙和堡垒。然而，不管它们看起来多么壮观，入侵者总能找到办法绕过它们。征服者威廉（William the Conqueror）的军队在白崖之间的佩文西（Pevensey）找到了一个低洼处登陆，再深入内陆，并于 1066 年黑斯廷斯战役后征服英格兰。不管是 1940 年逃离敦刻尔克海滩的英国军队，还是试图将受损飞机送回家的盟军轰炸机机组人员，白色悬崖都是他们最想看到的地方。不列颠之战期间，作为战略制高点，观察员在此报告德国飞机的飞行路线；秘

图 19.1 多佛的白色悬崖:(A)从多佛海峡看去;(B)从最高点比奇角向下俯瞰(图源:维基百科)

密雷达塔的位置也选在此处，这些雷达塔能让英国人提前察觉靠近的飞机。白色悬崖也是英格兰民族的情感寄托，典型代表是第二次世界大战时期的民谣《多佛的白色悬崖》，它将思乡的英国军队从欧洲战场带回英国，带回平静的生活。在 2005 年《广播时报》（*Radio Times*）对听众进行的一项民意调查中，白色悬崖被评为英国第三大自然奇观。英格兰的古罗马名为"*Albion*"，源自拉丁语"白色的"，可能指的就是罗马入侵者不得不绕过的白色悬崖。

白垩岩

白色悬崖的颜色来自它们的基岩，也就是众所周知的白垩岩（chalk）。大多数人听到"chalk"一词时，想到的是用来在黑板上写字的白色粉笔。虽然白垩岩确实曾被用于制造粉笔，但大多数现代"粉笔"根本不是由白垩岩制成，而是由石膏粉末压缩而成的。

真正的白垩岩是由方解石（碳酸钙，化学式为 $CaCO_3$）组成的柔软、多孔的白色灰岩。它是在深海环境中形成的，由被称为颗石藻（coccolithophore）的微型藻类的细小方解石壳（颗石）逐渐积累而成（图 19.2）。火石（flint，一种典型的白垩燧石）在白垩岩中常以平行于层理的条状或结核状分布（图 19.3）。它可能源自海绵骨针等硅质生物，在压实过程中水向上溢出而成。燧石通常沉积在可能硅化（即方解石逐渐被二氧化硅所交代）的大型化石周围。

白垩岩中含有丰富的化石（在许多地方的海滩上都可以收集到），以富含心形海胆等海胆类而闻名，古生物学家对这些化石进行了深入研究和阐述。另外还有各种蛤类和牡蛎，尤其是奇特的

图 19.2 白垩岩由被称为颗石藻的微小钙质藻类形成，颗石藻会分泌直径只有几微米的纽扣状颗石，后者分布在其周围（图源：维基百科）

图 19.3 白垩岩中常见的黑色燧石层（图源：由作者拍摄）

盘状牡蛎 *Gryphaea* 和 *Exogyra*，它们也被古生物学家广泛研究。该地层中还发现了一些保存较差的菊石，以及鲨鱼牙齿和各种鱼类化石。

白垩岩通常与黏土层并存，相比之下，前者具有更强的抗风化和抗滑塌能力，因此在白垩山脊与大海相接的地方会形成高大陡峭的悬崖。白垩山，常被称为"白垩山丘"，通常形成于白垩岩带以一定角度出露地表的地方，因此形成陡坡。由于白垩岩中裂隙发育，可以储存大量地下水，成为一个天然水库，再在旱季缓慢释出。

白垩岩露头并不局限于英格兰东南部。白垩岩带实际上一直延伸到诺曼底的阿拉巴斯特（Alabaster）海岸和多佛海峡对面的内兹角（Cape Blanc Nez）。法国香槟地区的地下也有白垩岩层，它不仅提供了适宜种植香槟葡萄的土壤，也提供了贮藏葡萄酒的天然酒窖。白垩岩向东一直延伸到比利时和东北部的国家，包括德国的亚斯蒙德国家公园（Jasmund National Park）和丹麦的莫恩岛（Mons Klint）。白垩岩在欧洲大部分地区都非常独特且分布广泛，因此在1822 年，让-巴蒂斯特-朱利安·德奥马利乌斯·德阿卢瓦（Jean-Baptiste-Julien D'Omalius D'Halloy）以白垩岩的拉丁文 *creta* 为白垩纪（Cretaceous Period）命名。

白垩纪温室地球的浅海地带

9 000 万年前，现在的北欧白垩丘陵地带还是大海底部堆积的钙质软泥。白垩岩是最早在电子显微镜下研究的由亚微观粒子组成的岩石之一，科学家发现它几乎完全由颗石藻组成。颗石藻的外壳由从富含矿物质的海水中提取的方解石组成。随着颗石藻死亡，在数百万年的时间里逐渐形成实质层，被上覆沉积物压实，最终固结成岩。后来，与阿尔卑斯山脉形成有关的一次地壳运动将这些原本在海底的沉积物抬升到海平面以上。

白垩岩的成因还与另一个宏观现象有关：晚白垩世的全球温室化。恐龙时代后期，气候非常温暖，甚至北极圈和南极圈都有恐龙生存。当时几乎没有冰川，因为大气中的二氧化碳含量高达2 000 ppm（如今二氧化碳的含量已超过 400 ppm，而且还在上升。其中 ppm 为浓度单位，指百万分率）。冰盖全部融化导致海平面极高，许多大陆被浅海淹没。白垩纪时期，欧洲大部分地区都被形成白垩岩的浅海淹没，不止英格兰，比利时和法国的白垩岩分布也证明了这一点。海平面上升淹没了北美中部平原，形成了“白垩纪西部内陆海道”（Western Interior Cretaceous），将北冰洋和墨西哥湾连接起来（图 19.4）。海水中生活着大量菊石、蛤、腹足类、巨大的鱼类和海生爬行动物，这些动物的化石现在都可在白垩岩层中发现，如堪萨斯州西部的奈厄布拉勒（Niobrara）白垩层（图 19.5）或得克萨斯州中部的奥斯汀（Austin）白垩层。

1868 年，在英国科学促进会（British Association for the Advancement of Science）的一次会议上，著名英国生物学家托马斯·亨利·赫胥黎向诺里奇工人们作主题为“一支粉笔”的讲座时，这些事情尚不为人知。赫胥黎坚信，要对大众进行科学与自然的科普教育。此次讲座的主题是白垩岩形成过程中的一系列地质现象，他选择使用一支简单的粉笔为例，以这支粉笔的形成过程为引子，通过引人入胜的故事将其中的各个地质事件串起来，比如白垩岩中含有哪些化石、形成白垩岩的海洋曾经的样子。该讲座后来出版成书，至今仍是著名的科普作品，也是出版最早的此类著作（现在

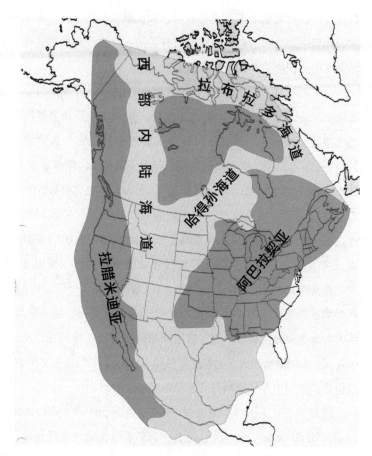

图 19.4 白垩纪西部内陆海道淹没了北美中部平原，将北冰洋和墨西哥湾连接起来（据资料重绘）

可以在网上免费获取）。诺贝尔奖得主、物理学家斯蒂芬·温伯格（Steven Weinberg）称这本书是"为大众读者写得最好的书"。1967年，美国科学促进会评论家达埃尔·沃尔弗利（Dael Wolfle）写道：

图 19.5　堪萨斯州戈夫县（Gove County）的纪念碑岩（Monument Rock）。白垩岩不仅分布于欧洲，在得克萨斯州中部和堪萨斯州西部的白垩系地层中也有分布（图源：维基百科）

　　与赫胥黎以"一支粉笔"为引子的讲座相比，如今的古生物学课程越来越受到广泛重视。这在很大程度上是对赫胥黎天赋的肯定。我们现在知道了更多科学知识，却没人比他更懂得如何用令人信服又易于理解的语言来解释科学是什么，也没人比他更投入于这门艺术。

延伸阅读

Everhart, Michael J. *Oceans of Kansas: A Natural History of the Western Interior Sea*. Bloomington: Indiana University Press, 2005.

Huxley, Thomas Henry. *On a Piece of Chalk*. New York: Scribner, 1967.

Skelton, Peter W., Robert A. Spicer, Simon P. Kelley, and Iain Gilmour. *The*

Cretaceous World. Edited by Peter W. Skelton. Cambridge: Cambridge University Press, 2003.

Smith, Andrew B. and David J. Batten, eds. *The Palaeontological Association Field Guide to Fossils, Fossils of the Chalk*. 2nd ed. London: Wiley-Blackwell, 2002.

铱异常层

爬行动物时代的终结是因为它已经持续了相当长时间，而且从一开始就是个错误。中生代结束了，更好的时代即将到来。当时有一些温血小动物一直偷吃恐龙蛋，后来它们也逐渐学会偷别的东西。文明就在眼前。

——威尔·卡皮（Will Cuppy），

《如何走向灭绝》（*How to Become Extinct*）

机缘巧合

由于几代以来科学教科书过于简化，大多数人认为科学就是规划研究，以达到某个特定目标，做出简单的预测，然后通过实验找到答案。大多数教科书（或人们）没有意识到运气在科学中发挥的作用。其实，科学上的许多伟大发现不是出自计划，而是偶然发现的一些意想不到的结果。这种偶然的幸运发现常被称为"机缘巧合"（serendipity），出自古老的波斯故事《塞伦迪普三王子》（*The Three Princes of Serendip*）。

科学界有数百个偶然发现的例子，特别是在化学领域。阿尔弗雷德·诺贝尔（Alfred Nobel）不小心把硝化甘油和火棉胶体（collodium，又称"gun cotton"）混在一起，发现了葛里炸药，这是他研制 TNT 炸药的关键成分。汉斯·冯·佩希曼（Hans von Pechmann）在 1898 年偶然发现了聚乙烯。弹性橡皮泥、铁氟龙、强力胶、防水剂、人造纤维，以及氦和碘元素的发现，都是偶然事件。在药物中，青霉素、"笑气"、治疗脱发的米诺地尔、口服避孕药和迷幻药也都是意外发现的。西地那非（伟哥）最初是用来治疗血压的，而不是治疗阳痿。许多物理学和天文学上的重大发现也在意料之外，包括天王星、红外辐射、超导性、电磁学、X 射线等。在实用发明中，喷墨打印机、脆玉米片、安全玻璃、康宁制品和硫化橡胶都是无意中发现的。第二次世界大战结束后，珀西·斯潘塞（Percy Spencer）在寻找剩余磁控管的其他用途时，无意间发现磁控管将他实验服口袋里的糖果棒融化了，于是意识到它们可以用于制造微波炉。1964 年，阿尔诺·彭齐亚斯（Arno Penzias）和罗伯特·W.威尔逊（Robert W. Wilson）试图去除他们新开发的微波天线中的"噪音"。去除常规"干扰"之后，他们发现了背景音中无法消除的"嘶嘶声"。更令人惊讶的是，该噪音的强度比预期强 100 倍，而且均匀地散布在天空中，所以它不是来自地球或太空中的某单一点源。最终，他们意识到，他们发现了很早之前就有人预测的大爆炸留下的宇宙背景辐射。1978 年，他们因此项发现获得了诺贝尔奖。

这些实例及其他许多例子都充分说明了，仅仅以探索和了解未知为目的的"纯科学研究"非常有必要。可悲的是，许多目光短浅又受到误导的人鄙视"纯粹的研究"，认为这是毫无价值的空谈，并要求每位科学家都必须提出实际或有用的理由来支持自己的研究，否则就得不到资助。这必然会导致科学停滞不前。甚至许多科学基金资助机构也是这样运作的，这些机构更倾向于资助那些"基本相同"的传统研究，很少资助那些有冒险性、推测性的研究。电视上的脱口秀主持人或政客们总是嘲笑"纯研究"没有具体目的，也不实用。心胸狭窄、学识浅陋的人有时还会设法干扰成熟的科学审查程序，并叫停他们不喜欢的研究（即使这些研究已得到评审专家的批准）。

"科学必须具可操作性和实用性"这一错误观念的可悲与讽刺之处在于，科学中大多数伟大发现并不在预期或计划之中，而在意料之外。通常情况下，发现重要新证据的科学家其实并不是在寻找它，而是在寻找其他东西，他们的重大发现完全是偶然的。就科学本身而言，研究人员准备去探究一些新进展所带来的影响时，机缘巧合往往会发挥作用。路易·巴斯德（Louis Pasteur）曾说道："在观测领域，机会只青睐有准备的人。"正如著名科学家兼作家艾萨克·阿西莫夫（Isaac Asimov）所说："在科学界，最令人兴奋的预示着新发现的短语不是'有了！找到了！'，而是'这很有趣……'。"

亚平宁山脉中的意外发现

关于偶然和意外发现的一个经典案例，是发现恐龙时代终结事件的证据。数十年来，关于白垩纪末期恐龙灭绝的原因一直存在争议，没有定论。有人说是因为气候过于炎热，有人则认为是过于寒冷，有人将其归咎于开花植物的出现（但开花植物出现于早白垩世，早了8 000万年，而且这次演化实际上可能促进了鸭嘴恐龙和有角恐龙等食草恐龙的演化），还有人认为是哺乳动物吃掉了恐龙的蛋（但哺乳动物和恐龙都起源于晚三叠世，大约2亿年前，并共存了1.35亿年，也没有证据表明哺乳动物突然改吃恐龙蛋），甚至还有一些更夸张、更缺乏科学依据的想法——传染病和疾病、普遍存在的抑郁症和心理问题，以及小报上曾大肆宣扬的是外星人绑架或杀死了它们！

古生物学家格伦·杰普森（Glenn Jepsen）曾在 1964 年写道：

> 恐龙为什么会灭绝？不同领域的作者的观点不同，有人认为恐龙消失的原因是气候恶化（突然或慢慢变得太热或太冷、太干或太湿），或者是饮食恶化（摄入过多植物油脂等营养成分不足的食物，来自水、植物或矿物质中的毒素，由于钙或其他必要元素的缺失）。有些作者则将其归咎于疾病、寄生虫、战争、结构紊乱或者是代谢功能紊乱（椎间盘突出、激素和内分泌系统失调、大脑萎缩及随之而来的失智、高温导致的不孕，以及温血动物在中生代时期所受的影响）、种族老龄化、演化漂移导致过度特化、大气压力或成分的变化、有毒气体、火山灰、植物产氧过多、陨石、彗星、小型食蛋哺乳动物导致的基因库流失、掠食者过度捕猎、引力场波动、精神性自杀、熵、宇宙辐射、地球自转轴移动、洪水、大陆漂移、月球从太平洋盆地分离、沼泽和湖泊干涸、太阳黑子、上帝的旨意、造山运动、乘坐飞碟而来的绿色小猎人的突袭、诺亚方舟没有恐龙的空间，以及"古悲观主义"。

没有任何确凿证据可验证这些想法，这些只是猜测，而不是科学。此外，人们都过于关注恐龙，忽视了更重要的情况：白垩纪末期的大灭绝是全球性事件，海洋食物链（尤其是某些浮游生物和许多海洋动物）和陆地植物都受到影响。如此广泛和普遍的灭绝事件需要更全面的解释，而不单是恐龙灭绝。事实上，如果这次灭绝事件影响深远，并且食物链各个层级上的生物均遭到毁灭，那么恐龙的灭绝只是后果之一，而不是整个事件中最重要的部分。

这是一位名叫沃尔特·阿尔瓦雷斯（Walter Alvarez）的年轻地质学家在意大利中部亚平宁山脉（Apennine Mountains）进行野外地质考察时，关于白垩纪灭绝事件的研究现状（我第一次见到沃尔特是 1976 年在拉蒙特-多尔蒂地质观测站，当时他还是不知名的独立研究员，而我也只是一名研究生）。他的研究方向与恐龙毫无关系。他一直对这些岩石的构造及它们如何倾斜和褶皱很感兴趣。沃尔特在绘制并描述意大利古比奥（Gubbio）附近的晚白垩世至新生代早期（古新世）的厚层灰岩段时，注意到了一些不寻常的现象。在白垩纪和新生代的交界处，有一层独特的深色黏土，而不是灰岩（图 20.1）。当时它被称为"K-T 界线"，因为白垩纪的标准地质缩写是"K"（源自德语 *Kreide*，意为"白垩岩"，参见第 19 章），"T"代表新生代第三纪（Tertiary，6 600 万年前至 240 万年前）。从那时起，地质学家试图放弃"第三纪"这个过时的术语，转而用"古近纪"（Paleogene）来表示 6 600 万年前至 2 300 万年前之间的这段时间。因此，它不再是"K-T 界线"，而是"K-Pg 界线"。

之后，意外事件发生了。出于好奇，沃尔特决定看看黏土层是否能提供一些 K-Pg 大灭绝事件持续时间的线索。沃尔特带着样品到他新任职的加州大学伯克利分校，并向他的父亲伯克利大学物理学家路易斯·阿尔瓦雷斯（Luis Alvarez）请教，如何利用黏土层判断灭绝事件发生了多长时间（图 20.1）。当时路易斯在物理学界已经相当有名，他参与了制造原子弹的曼哈顿计划，还因自己的一些发现获得了诺贝尔奖。阿尔瓦雷斯父子认为，如果他们可以检测

图 20.1 意大利古比奥 K-Pg 界线特写图。硬币所在的位置为铱含量较高的边界黏土层，其下为白垩系白色灰岩，之上为灭绝后的古近系地层（图源：维基百科）

到黏土中的宇宙尘埃微粒，或许能够得到一些信息。宇宙尘埃较少，可能表明黏土沉积得很快；量比较大，则表明宇宙尘埃已经积累了很长时间。

如何测定地质历史时期的宇宙尘埃呢？路易斯寻找在地壳岩石中极为罕见但在宇宙尘埃等地外物质中较为常见的微量元素。他选中了稀有元素铱（Ir）。这是一种重金属元素，位于元素周期表金属铂族的底部。接着，他们把样品送到伯克利物理学家弗兰克·阿萨罗（Frank Asaro）和海伦·米歇尔斯（Helen Michels）那里。米歇尔斯在伯克利负责中子活化分析设备，该设备可以测得微量元素的含量。

结果令人震惊。铱含量居然高到破表！样品中铱元素的含量比宇宙尘埃长期积累的预估值高得多。然后，他们集思广益，试图为铱含量的异常找一个合理的解释。如果铱主要来自外太空，那么它的来源可能是地外物质。他们提出了各种假设，从彗星到许多其他可能的解释。

最后，他们推测，铱可能来自一颗直径约 10～15 千米的小行星，该小行星在白垩纪末期撞击地球。它的能量约为 1 亿吨 TNT，相当于广岛或长崎原子弹爆炸所产生的能量的 10 亿倍［路易斯·阿尔瓦雷斯曾以科学观察员的身份乘坐"伊诺拉·盖伊号"（*Enola Gay*）B-29 轰炸机前往广岛，亲眼看到了原子弹爆炸］。这种撞击不仅会使环绕地球的宇宙碎片散开，更重要的是，它会使得大气中充满粉尘云，产生"核冬天"，阻挡阳光，杀死海洋和陆地上的植物，从根本上破坏食物链。这些观点经汇集整理，最终于 1980 年发表在《科学》杂志上。阿尔瓦雷斯父子、阿萨罗和米歇尔斯的论文自此成为科学史上被引用次数最多的论文之一。

撞击的影响

自然，地质学家第一次听到这样令人诧异的观点时，他们是持怀疑态度的。科学界中有许多具有争议性的观点通过了初筛和同行评审后得以发表，但在重新研究并收集更多数据后又被否决。科学家从痛苦经历中认识到，不要把媒体大肆宣扬的每一个新发现都当真，因为它们大多不是真的，或者至少不像媒体宣传的那样引人注目。可悲的是，媒体只报道博人眼球的新闻，却从未采访过对这个故事提出质疑的科学家，更不用说报道这个故事在几年后被揭穿的真相。

但在专业学术会议上，重要的是证据，而不是耸人听闻的说法。在阿尔瓦雷斯及其同事的论文发表多年后，大型学术会议（如美国地质学会，简称 GSA，我自 1978 年以来每年都参会）的主要议程就是讨论撞击假说，提出新数据，进行反驳。双方来来回回，摇摆不定，让保持中立的地质学家不得不综合考量。起初，地质学家对古比奥黏土层中的铱持怀疑态度，因为黏土以吸收各种稀有成分而"臭名昭著"。后来地质学家在丹麦斯泰温斯崖（Stevns Klint）和深海岩芯沉积物中都发现了含量异常高的铱，因此铱异常并非局部效应。但仅仅是在深海中吗？如果是的话，这种异常是否由海洋地球化学导致？不久之后蒙大拿地狱溪（Hell Creek）河床的陆地沉积剖面中也发现了铱异常，因此，可以确定这种现象具有全球性，且来自覆盖地球的大气层。即便如此，当遇到高铱样品（如实验室技术人员的铂金婚戒）时，铱含量分析的困难程度显而易见——铂金戒指中的铱含量比 K-Pg 界线上的任何样品都要高。

直到 20 世纪 80 年代初，又有人提出另一种反对观点。许多地质学家早就知道，地质历史上规模第二大的火山喷发事件，即印度和巴基斯坦的德干熔岩，喷发年代就在 K-Pg 界线附近。火山喷发可能向大气中释放了大量火山灰，造成的影响类似于"小行星核冬天"假说。更有趣的是，基拉韦厄等幔源火山也富含大量铱（铱在地壳中含量极少，但在地幔和太空中较多）。钟摆又摆回来了。加勒比海和墨西哥湾周围的冲击球粒（陨石撞击过程中形成的球状物质）、冲击石英（只能形成于陨石撞击或核爆炸过程中），以及海啸沉积物均说明，这次撞击事件确实存在。不过，德干熔岩修正后的年龄表明，这次火山喷发事件也恰好发生在 K-Pg 界线之前。

此时，最大的障碍是缺乏"确凿证据"——K-Pg 陨击坑。科

学家提出过几处可能地点，比如艾奥瓦州的曼森陨星坑（Manson
Crater），但后来均被否决，因为新的测年技术表明，这些陨击坑
之前测定的年龄有误。该问题最终被解决仍旧源自一次意外。早
在 20 世纪 70 年代末，一位名叫格伦·彭菲尔德（Glen Penfield）
的石油地质学家就发现，地球物理数据显示，墨西哥尤卡坦半岛
（Yucatan Peninsula）北部的丛林下埋藏着一个巨大的陨击坑状地
貌。但在 1978 年，当他发现这个现象并在一份石油公司的报告中
发表时，还没有人对小行星撞击理论感兴趣。十年后，行星地质学
家艾伦·希尔德布兰德（Alan Hildebrand）意识到，所有海啸沉积
物和撞击碎片都散布在加勒比海和墨西哥湾周围，于是他开始在那
里寻找陨击坑。他在 1990 年发现了彭菲尔德的报告。从那时起，
地质学家开始对这个被玛雅人称为希克苏鲁伯（Chicxulub）的深
埋陨击坑进行钻探和研究，并确定了其准确的地质年代与 K-Pg 界
线相同，证实了这里就是撞击地点。

化石证据

现在已经确认，白垩纪末期发生了一次大撞击，许多地质学家
（尤其是非古生物学家）就此打住，并宣布"结案"。但实际情况要
复杂得多，因为我们知道规模巨大的德干火山喷发也是在此时发生
的，甚至在撞击发生之前就开始了，所以如何把这两个事件区分
开来呢？此外，白垩纪末期海平面曾大幅下降，大片内陆海露出
水面，例如曾经覆盖欧洲和北美大平原的西部内陆海道的白垩岩
海（参见第 19 章），这将对栖息在浅海海底的海洋动物产生巨大
影响。

要想搞清楚这几个因素之间的复杂关系，最好的证据应该是化

石。毕竟，正是恐龙、菊石等生物的大规模灭绝，促使我们开始寻
找 K-Pg 物种大灭绝的原因。这也是很多研究的重点。如果 K-Pg
物种大火绝事件中生物死亡时间与铱异常和其他撞击沉积物的出现
年代相同，那么撞击假说将会占上风。然而，如果它们是在白垩纪
末期逐渐灭绝，或者在撞击前死亡，或者在撞击后幸存下来然后灭
绝，那么德干火山喷发造成的长期气候变化的缓慢影响，以及可能
的海平面变化这种假说将占上风。

　　阿尔瓦雷斯撞击灭绝理论发表后的 40 多年来，大部分争论和
数据收集的重点也在于此。直接切入重点，灭绝模式不是一个简单
的模式，即所有物种都在铱异常时死亡（图 20.2）。实际上，只有
少数动物因陨石撞击灭绝，绝大多数动物在撞击中幸存下来，也有
很多物种早在撞击前就已灭绝或者减少。

　　在海洋世界，有两类浮游生物可能在撞击发生时就已灭绝（外

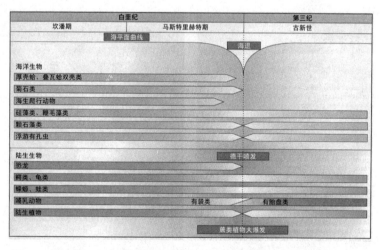

图 20.2　K-Pg 界线附近物种灭绝与幸存模式（作者绘制）

观类似变形虫的有孔虫和颗石藻），实际上浮游生物中只有它们受到重创（图 20.2）。相比之下，其他三类浮游生物（硅藻类和硅鞭藻类，以及变形虫样的放射虫）几乎没有受到影响。大多数海洋无脊椎动物（海绵动物、珊瑚、海胆、海百合、海蛇尾、腕足动物和苔藓动物）受影响最小或根本不受影响。早在撞击发生之前，两类巨型蛤蜊（盘状的叠瓦蛤和锥状的厚壳蛤礁）便已消失，显然是因为德干火山喷发的气体对海洋的影响。其他软体动物中，35% 的腹足类、55% 的蛤和牡蛎遭灭绝，但种种研究均表明，它们是在白垩纪末期逐渐灭绝的。在 K-Pg 界线或附近灭绝的唯一一类海洋无脊椎动物是菊石，大多数古生物学家也认为，它们在白垩纪末期之前就已在减少，甚至可能在陨石到达时就已经灭绝。在一些地区，比如南极洲，它们在白垩纪末期逐渐衰退，到 K-Pg 界线几乎全部灭绝，这与德干火山喷发气体导致气候恶化的时间相一致。此外，在白垩纪最末期，海生爬行动物（沧龙、蛇颈龙和大型龟类）的数量也在减少，而且没有明确证据表明它们曾亲身经历这次撞击。

在陆地上，这种模式同样复杂。从孢粉记录中我们可知，典型的白垩纪末期植物群（*Aquilapollenites* 孢粉组合）在铱层已经灭绝，而在 K-Pg 界线上有大量蕨类孢子，这与植物死亡、气候变冷、天空变暗的时间相一致。其余陆地动物的反应复杂且矛盾。当然，恐龙（除了它们的鸟类后代）确实已经灭绝，但最新研究表明，它们在 K-Pg 界线之前很久就开始衰落了，可能只有少数三角龙（*Triceratops*）和暴龙（*Tyrannosaurus*）幸存下来，目睹了火球撞击地球。其他陆地动物（鳄鱼、乌龟、蛇、蜥蜴、淡水鱼、蛙类和蝾螈等）都熬过了地球上所谓的地狱般的"核冬天"，几乎没有类群灭绝。如果地球真的像某些撞击模型所宣称的那样极端，鳄鱼是如何生存下来的,而那些比鳄鱼小的恐龙反而灭绝?如上文所述,其中一些可能在大冲撞时躲在它们的水生栖息地逃过一劫,但存活的时间并不长。也有人认为鳄鱼像今天的某些鳄鱼一样,当时正在河岸的洞穴里冬眠。但是它们冬眠需要很长的准备时间,而撞击并不会给它们这么长的时间做准备——如果真那样,它们全部都可以冬眠来躲过灾祸。而且别忘了,白垩纪的冬天相当温暖,因为那时是一个温室世界,几乎没有冰雪。主流哺乳动物从负鼠等有袋类变成古新世占主导地位的有胎盘类哺乳动物,但总体上多样性几乎没有下降。这种类似松鼠的卵生多瘤齿兽类在中国消失了,但在北美仍有存活。最后,任何认为尤卡坦半岛石膏层受到撞击而产生大量硫酸雨的极端假设都忽略了一个事实:由于两栖动物的皮肤多孔,少量酸就能摧毁它们。即使在今天,现代酸雨导致的酸度的微小变化也会对蛙类和蝾螈造成严重伤害。

荟萃分析

简言之,尽管很多记者和民众(一些科学家也认为如此)都听说过"从天而降的陨石导致恐龙灭绝",但化石记录并不支持这一简单的假设。在科学界,这个话题争论了 40 多年后仍在继续,而且没有任何结束的迹象。每年秋天,我都会到不同城市参加 GSA 会议,讨论新数据的分会场也逐年增多。有段时间,主张撞击说的人似乎占了上风,但在 2014 年温哥华的 GSA 会议上,主流又转向了德干火山喷发,2015 年巴尔的摩的 GSA 会议和 2016 年丹佛的 GSA 会议也是如此。

显然,同一时间发生了三件事:撞击、火山喷发和海平面下降。这三个因素肯定都有贡献,而且仅靠单一因素不足以解释所有影响。大自然极其复杂，不能用简单的模型来解释；对于复杂事件，比如 K-Pg 物种灭绝的原因，无论媒体多想将其简化以便于简单描述，都没有简单的"正确"答案。

与此同时，这种无休止的争论在不同学科间分化。地质学家、地球物理学家和地球化学家通过仪器分析得到数据，往往喜欢简单、明确的答案，所以倾向于支持撞击说。而古生物学家受过生物学方面的训练，知道生命系统的复杂性无法用简单的答案来解释。研究恐龙、爬行动物、两栖动物和哺乳动物的古脊椎动物学家曾在 1985 年进行投票，只有 5% 的人认为撞击是 K-Pg 物种灭绝的原因。1997 年，一项对 22 位英国杰出古生物学家（都是研究晚白垩世古生物类群的专家）进行的调查结果显示，反对撞击对海洋化石记录有重大影响的人占压倒性票数。2004 年，一项对古脊椎动物学家的调查发现，只有 20% 的人接受撞击是导致 K-Pg 物种灭绝的原因，而 72% 的人认为原因是德干火山喷发这种渐进过程，而不是撞击。2010 年，由数位作者（只有几位是古生物学家）撰写的一篇论文发表在著名期刊《科学》上，再次把这次撞击作为 K-Pg 物种灭绝的唯一解释。28 位古生物学家立即撰写了一篇论文驳斥这一说法。该论文表明，撞击只是造成整个事件的一小部分原因。就连沃尔特·阿尔瓦雷斯在他的畅销书《霸王龙和陨星坑》（*T. Rex and the Crater of Doom*）中也承认，K-Pg 物种大灭绝的原因比较复杂。

总之，这场争论没有显示出任何缓和的迹象，而且在不同专业领域存在严重分化，波及甚广。有些人的整个职业生涯都在推广某种理论，所以他们会失去很多东西：经费、论文、声望，甚至是自尊。不管证据如何，他们都不太可能让步。毕竟，科学家也是人，绝不会主动退让，除非有了定论。

有时，它甚至更针对个人。在 20 世纪 80 年代和 90 年代充满辩论的混乱岁月里，肯定有很多人遭受谩骂，甚至毁掉了整个职业生涯。路易斯·阿尔瓦雷斯曾说："我不想说古生物学家的坏话，但他们真的不是很好的科学家。他们更像是集邮者。"而研究恐龙的古生物学家鲍勃·巴克（Bob Bakker）告诉记者：

> 这些人的傲慢简直令人难以置信。他们对真正的动物是如何演化、生活和灭绝的几乎一无所知。除了无知，地球化学家还认为，只需启动他们那些神奇的仪器，就可以彻底改变科学。恐龙灭绝的真正原因与温度、海平面变化、迁徙传播的疾病等许多复杂事件有关。实际上，他们想说：我们这些高科技人士知道所有答案，而你们这些古生物学家只是原始的奇石采集者。

面对这样的态度，以及如此多的利害关系，不仅答案会被含糊地说成"这很复杂"，争论也会永无休止，除非最初争论的各方人士退休或离世，但这一天还未到来。

无论它的科学命运如何，古比奥铱异常层的发现和阿尔瓦雷斯小行星灭绝模型的提出都促进了科学的发展。这些争论引出了大量新研究，产出数千篇科学论文和几十本书。这场辩论为地质学和古生物学的某些分支注入了新活力，开启了许多人的职业生涯（但也摧毁了一些人的）。在很长一段时间里，它使科学家以一种不同的方式看待地质学，强调了罕见的灾难性自然事件。这种理论一直以来被查尔斯·赖尔的极端渐变论压制，但它可能一度走过头了。

20世纪80年代和90年代，某些科学家试图把所有灭绝都归咎于撞击事件，结果却发现，其他灭绝事件层没有显示出任何撞击的证据——只有K-Pg物种灭绝事件可能与撞击有关。但科学就是如此，我们会犯错，但迟早会通过同行评审和大量深入研究来纠正错误，然后得到正确的答案。世界也因此变得更加丰富多彩。

延伸阅读

Alvarez, Walter. *T. Rex and the Crater of Doom*. Princeton, N.J.: Princeton University Press, 1997.

Archibald, J. David. *Dinosaur Extinction and the End of an Era: What the Fossils Say*. New York: Columbia University Press, 1996.

Archibald, J. David. *Extinction and Radiation: How the Fall of Dinosaurs Led to the Rise of the Mammals*. Baltimore: Johns Hopkins University Press, 2011.

Dingus, Lowell, and Timothy Rowe. *The Mistaken Extinction: Dinosaur Evolution and the Origin of Birds*. New York: Freeman, 1997.

Keller, Gerta, and Andrew Kerr, eds. *Volcanism, Impacts, and Mass Extinctions: Causes and Effects*. Geological Society of America Special Paper 505. Boulder, CO: GSA, 2014.

Keller, Gerta, and Norman MacLeod. *Cretaceous-Tertiary Mass Extinctions: Biotic and Environmental Changes*. New York: Norton, 1996.

Officer, Charles, and Jake Page. *The Great Dinosaur Extinction Controversy*. New York: Helix, 1996.

Powell, James Lawrence. *Night Comes to the Cretaceous: Dinosaur Extinction and the Transformation of Modern Geology*. New York: St. Martin's, 1998.

21 古地磁如何推动板块构造理论形成

磁 石

地球本身就是一个巨大的磁体

——威廉·吉尔伯特（William Gilbert），

《论磁石》（*De Magnete*）

谜题 1：磁石和地球磁性

自古以来，人们就被称为磁石的岩石（现在已知其为磁铁矿，图 21.1）所迷惑。早在公元前 6 世纪，古希腊哲学家米利都的泰勒斯（Thales of Miletus）就描述过这些奇特的石头如何互相吸引，以及它们自身如何吸附小铁块。公元前 4 世纪的《鬼谷子》中也有对磁石的记载。公元前 2 世纪的《吕氏春秋》中有记载："慈石召铁，或引之也。"公元 20 年至公元 100 年间王充所著《论衡》中指出："磁石引针。"到了 12 世纪，中国航海家已经懂得将磁石放在浮动的软木塞上，制作简易的指南针。1190 年，纽汉的威廉（William of Neckham）提到一种磁石罗盘，表明当时这种指南针在中国和欧洲已被广泛使用。

是什么样的神秘力量使磁石可自动指示南北，并且吸引其他磁石或者铁块？关于这样的猜测持续了数世纪之久。实际上，"磁性"（magnetism）一词最初与我们现在所知的磁铁没有任何联系，而是

图 21.1 伽利略发明的磁石指南针，将一块天然磁铁矿悬挂在一根可自由旋转的电线上，该装置可用于指示磁北（图源：维基百科）

指各种可远距离作用的无法解释的力量。即使在今天，我们仍然会说"动物磁性"或者某些人具有"磁性"。但是在 1600 年，英国自然哲学家和医学家威廉·吉尔伯特出版了一本名为《论磁石》的拉丁文（当时学者的通用语言）著作。该书总结了当时关于已知磁力和磁铁的几乎所有知识。吉尔伯特的这本著作被视为现代电磁学认知的开端。他正确推断出在磁棒周围有看不见的场，可吸引其他磁性物体，并且可以通过在磁铁周围撒上的铁屑显示。他还认为，地球一定是个巨大的磁体，这就可以解释为什么磁石总是指向北。实际上，吉尔伯特的认知远远超出与他同时代的人，他认为地球内部必定存在大量铁。这一认知很久之后终于被地震学、重力及陨石研究证实（参见第 10 章）。

吉尔伯特还准确指出，地球围绕其轴旋转，并暗示其支持哥白尼的日心说（首次发表于 1543 年），但当时这种想法被大部分基督教徒认为是异端。别忘了，这个想法比伽利略支持日心系统还要早 20 年，而伽利略当时受到宗教裁判会的酷刑威胁，让他撤回他的"异端邪说"。吉尔伯特指出，星星"固定"在天空穹顶（当时普遍认为如此）的想法十分荒谬，行星在天穹之外的"天球"上运动的说法同样荒诞。相反，他意识到人们看到的"星星"其实是距离我们很远的光源发出的光点。他还研究了静电的性质。他甚至用拉丁语 *electrum* 创造了"电子"（electron）一词，意为"像琥珀一样"，因为用织物摩擦琥珀很容易产生静电。

吉尔伯特没能继续他的研究，因为在其成果出版 3 年后他就因腺鼠疫丧命。其后数个世纪，人们对磁石的概念及电的理解有了重大突破，它们成为科学研究的前沿领域之一。19 世纪早期，迈克尔·法拉第（Michael Faraday）做了大量实验，证明了地磁场的性质及磁场和电场之间的关系。19 世纪 60 年代，詹姆斯·克拉克·麦克斯韦（James Clerk Maxwell）对法拉第的实验结果给出了完美的数学解释，整合了电与磁。

长期以来，地球磁场的来源都是一个谜，充满神秘感。早期的哲学家和自然主义者认为磁场来源于天空。因为空气中可检测到它，但找不到明确的物源。古希腊和古罗马时期，人们认为磁场由位于遥远北方的巨大磁山产生。亚历山大时期的古希腊哲学家和天文学家克罗狄斯·托勒密［Claudius Ptolemaeus，更为人所知的名字是托勒密（Ptolemy），因其用于解释地心系统轨道问题的本轮系统而闻名〕曾提到，婆罗洲（Borneo）附近有一个神奇岛屿。这个岛屿具有磁性，可以通过吸引船板上的钉子使船只固定。《一千零一夜》（*One Thousand and One Nights*）中著名的阿拉丁和水手辛巴德的故事里，传说有座山的磁性非常强，可将船上的钉子从船板上卸下来，使船解体然后沉没。著名制图师墨卡托（Mercator）在北极画了一座铁山，但这无法解释地理北极和地磁北极的磁场方向差异，他便在地图顶部画了两座铁山。

直到 20 世纪中叶，人们才找到地球磁场产生的原因。当时地质学家认为地球内核由致密的铁镍合金组成（参见第 10 章）。地核的温度超过 4 000℃，在如此高温下其内部根本无法形成永磁条（固态的条形磁铁加热到 650℃以上就会消磁）。1946 年，瓦尔特·埃尔萨瑟（Walter Elsasser）首次指出，地核中液态铁的运动可能会产生我们所观测到的地球磁场。后来，物理学家爱德华·布拉德（Edward Bullard）首次利用地球物理流体动力学，精确模拟了地球的磁场和地核的运动。

从那时候开始，埃尔萨瑟、布拉德等人的地球物理流体模型显示了磁场发电机如何在地球液态铁镍外核旋转。就像大坝上水力发电厂中的发电机会使导线圈绕磁场旋转而发电一样，地球发电机也会使大量导电的铁镍金属在地球磁场中旋转，从而产生电流。这些电流再通过反馈回路产生更强的磁场、更大的电流，如此往复。该过程用实际的数学模型解释起来非常复杂，但这是唯一符合地球磁场已知特性的解释。

谜题 2：极移曲线

19 世纪中叶，科学家发明了可在固体材料样品（如岩石）中探测磁场存在的简易装置。后来，这些装置变得越来越复杂。20 世纪 30 年代，出现了质子旋进磁力仪（proton-precession magnetometer），它可以探测到波浪下方潜艇的磁性特征。到了 20 世纪 40 年代，磁通门磁力仪（fluxgate magnetometer）已可以检测到岩石样品中微弱的磁场。

1948 年，华盛顿卡内基研究所地磁系的埃利斯·约翰逊（Ellis Johnson）、托马斯·墨菲（Thomas Murphy）和奥斯卡·托雷森（Oscar Torreson）共同发表了一篇非常有影响力的论文，题为《地磁场史前史》（*Pre-history of the Earth's Magnetic Field*）。通过分析冰湖古沉积物中的磁场方向，他们发现，不仅熔岩和火成岩中有强烈的磁信号，沉积物中也有。沉积物可以逐层显示地球磁场的变化，时间跨度为 1.7 万年前到 1.1 万年前。这篇文章激发了大量科学家开始研究地球古磁场（古地磁学）。研究古地磁学的科学家被称为"古魔术师"（paleomagician），因为古磁性解决了许多有趣且富有挑战性的地质问题。

这项研究也引起了著名物理学家帕特里克·布莱克特（Patrick Blackett）的注意，他曾在 1948 年因利用云室研究宇宙射线而获得诺贝尔奖。布莱克特于 1897 年在伦敦出生，第一次世界大战时在皇家海军服役，并在数次战役中幸存下来，其间曾对大炮和其他海军装备进行了改进。战争结束后，他转入剑桥大学著名的卡文迪什实验室（Cavendish Laboratory Laboratory）研究物理学。在那里他成为放射性研究先驱欧内斯特·卢瑟福的学生。布莱克特和卢瑟福改进了云室并最终发现了反物质。1947 年，布莱克特正致力于开发可探测地球磁场的磁力计，希望借以了解磁力和重力（另一种基本力）之间的联系。这次尝试并没成功，不过在这一过程中他研发出更好的磁力计，并且从古老岩石中收集到了大量的古地磁数据。基思·朗科恩（Keith Runcorn）是布莱克特在剑桥大学的学生，后来他引领了古地磁研究的新领域：研究数百万年来陆地上磁性岩石中所记录的极点位置变化。后来，朗科恩转到纽卡斯尔大学（Newcastle University），启动了一项大型的古地磁学项目。古地磁学领域中诸如特德·欧文（Ted Irving）、D. W. 柯林森（D. W. Collinson）、肯·克里尔（Ken Creer）、尼尔·奥普代克（Neil Opdyke）等多位杰出科学家及许多知名古地磁研究者都曾受教于他（我师从奥普代克，因此可以说我是卢瑟福-布莱克特-朗科恩的直系门生）。

朗科恩、他的学生及其同事开始尽可能多地收集来自不同大陆、不同年代、不同岩石的古地磁数据。到20世纪50年代中期，他们收集到的数据已经非常庞大，并且开始呈现出某些规律。他们得到的第一个结论就是，每个大陆相对于磁北极的位置都在随时间的推移而改变。如果分析样品是非常年轻的岩石，会发现它们的磁方向都指向现代磁北极；岩石年代越古老，其记录的古磁北极越偏离现代磁北极。以任一大陆为例，将这些地磁方向连接成一条曲线，这条曲线就显示了地磁北极相对于大陆的运动，这种现象叫作"极移"。

但是当你对另一大陆作相同的曲线时，情况就变得复杂了（图21.2）。同样，最年轻的岩石指示的方向接近现代磁北方向，越古老的岩石的磁北极方向越偏离现代磁北极。将这些数据连接成线，你将会得到第二条极移曲线——并且这条曲线和第一块大陆得到的极移曲线并不吻合。来自第三块大陆的数据也会出现同样的问题，年代最近的岩石得出的地磁北极与现代地磁北极相吻合，年代较老的岩石会产生极移曲线，并且不同陆块的极移曲线

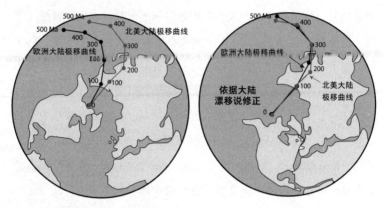

图 21.2　图中展示了极移曲线与各大洲位置关系图。如果将大陆移动，则曲线完全匹配（据资料重绘）

并不相同。

　　这种情况产生了一个难题。假设大陆没有漂移（20 世纪 50 年代，大部分地质学家认为如此），那么每块大陆的极移曲线都不相同，但这些曲线最终全部落在同一个地方，即现代磁北极，这就有点奇怪了。因为这意味着，在整个地质历史时期，地球有许多个不同的磁极，并且它们最终恰好都聚集在目前的北极。

　　但是如果大陆发生了漂移呢？如果把大陆旋转回原来的位置，会发现各个大陆的不同"极移"曲线都可以完美重合。换句话说，在整个地质历史时期，磁北极并没有从地球自转北极处移动太多，但是记录磁极方向的古老岩石所在的大陆在移动，从而形成了"视极移曲线"。

　　这是大陆漂移说的有力证据，关于这一学说的大部分文章发表于 20 世纪 50 年代中期。然而，主流地质团体并未准备好接受新理论，也无法抛弃他们长期以来坚持的固定大陆的假设。他们中的大多数人认为，古地磁学领域太新了，古地磁数据（包括当时已知的和未知的）有太多缺陷，不能明确地表明大陆移动过。因此知道这些研究的地质学家只是采取"观望"的态度。

谜题 3：地磁场曾发生倒转

除了地球磁场随时间在明显地移动外，古老岩石还有另一种令人惊讶的磁特性：磁性方向时不时地倒转。例如，现今罗盘指针指向北方，但是 80 万年前罗盘的北箭头指向南方。换句话说，每隔几千到几百万年地磁场会完全翻转，因此北极到南极的磁场线会改变方向，同时地球的磁极性也发生了变化。按照惯例，岩石磁性与今天的磁北方向一致时被称为"正向"，那些指向南方的被认为是"反向"。

具有反极性的岩石最初是由法国物理学家贝尔纳·布吕纳（Bernard Brunhes）于 1905 年对法国奥弗涅火山进行分析时发现的。这一发现对确认 18 世纪 70 年代的火成论假说至关重要（参见第 5 章）。然而，这只是个例，所以没有人知道该怎么证实。直到 1929 年，才有人进行了进一步的研究。当时日本地球物理学家松山基德（Motonori Matuyama）收集了日本和中国东北地区的共计 100 多个玄武岩样品，发现这些样品只指向了两个方向：现代磁北或者 180°方向（反极性）。他还按照岩石年代排列，发现几乎所有反极性岩石的年代大致相同，而其他年代的岩石都为正向极性。1933 年，瑞士地球物理学家和北极探险家保罗·梅尔坎顿（Paul Mercanton）也记录了反极性的火成岩及火成岩侵入的黏土岩，发现它们同时表现出正向和反向极性，这可能对验证魏格纳的新大陆漂移说有所帮助。

　　然而，在接下来的 25 年里，岩石具有反向磁性的特性被忽视了。当时地球物理学家正关注于其他领域，如极移理论。还有部分原因在于大家被日本一种名为榛名英安岩（Haruna dacite）的奇特岩石的性质误导。1951 年，科学家分析这种岩石时，发现它具有自动反转的奇怪性质。最开始分析时是某一方向，加热后极性发生改变，而且每次分析时它都会改变方向。这种奇怪的岩石让许多科学家不敢断定某些岩石是否真的具有反磁性，因为并不清楚岩石的原生剩磁方向是否是岩石形成时的地磁场方向，它们可能跟榛名英安岩一样会自动反转。多年来，古地磁学家因这一原因没有继续研究地磁倒转。

　　随后，在 20 世纪 50 年代末和 60 年代初，三位科学家决定从大时间尺度上解决磁性反转的问题：两位斯坦福大学古地磁学家艾伦·考克斯（Allan Cox）和理查德·德尔（Richard Doell），还有一位是来自伯克利的年轻地球化学家 G. 布伦特·达尔林普尔（G. Brent Dalrymple，图 21.3）。达尔林普尔是改良钾 - 氩定年方法的先驱，从伯克利获得博士学位不久，他就在离斯坦福仅几步之遥、位于门洛公园的美国地质调查局找到了一份工作。[达尔林普尔是西方学院（Occidental College）的校友，我曾在那里任教 27 年，所以我认识他。] 考克斯、德尔和达尔林普尔试图验证关于岩石反向磁化的两种解释：如果古老岩石中的反向是个体样品的自我逆转，那么分析世界各地同一年代的大量样品，它们会展现出混合极性；但是，如果整个地球磁场真的曾发生反转，那么世界范围内同一年代的岩石应该具有相同的正向或者反向极性。

　　考克斯、德尔和达尔林普尔前往世界各地考察，尽可能多地采集不同的岩石露头。这些岩石主要是较年轻的熔岩流，它们不仅可

图 21.3 1965 年，艾伦·考克斯（图左坐者）、理查德·德尔（图中站者）和 G. 布伦特·达尔林普尔（图右）在美国地质调查局古地磁实验室。当时，他们正在快速制作地磁极性年表（图源：美国地质调查局）

以通过钾 - 氩法测年，还易于被磁化，且磁化强度较强、稳定。其后 10 年，他们分析了数百个岩石单元的数千个样品。其中，达尔林普尔负责钾 - 氩定年，考克斯和德尔进行古地磁分析。20 世纪 60 年代初，数据开始呈现出某种形态（图 21.4A）。地球上最年轻的岩石（年龄小于 78 万年）的极性都是正向的，而样品越老，正向和反向极性具有统一的模式。78 万年前至 250 万年前之间的岩石大部分为反向极性，少数正向极性事件穿插其中。250 万年前至 340 万年前之间的岩石大部分是正向极性，在 340 万年前至约 500 万年前之间的岩石则有正向也有反向。地磁极性变化显然具有全球性，且这种变化存在于每块适合分析的岩石中，不论它位于何处。

而且，这绝不是榛名英安岩那样奇特的岩石所造成的干扰。

他们的研究持续整个 20 世纪 60 年代，在过去 1 000 万年的地史中发现了越来越多或长或短的极性事件。与此同时，堪培拉澳大利亚国立大学教授伊恩·麦克杜格尔（Ian McDougall，地质年代学家）、唐塔林（Don Tarling）及弗朗索瓦·尚玛朗（Francois Chamalaun,

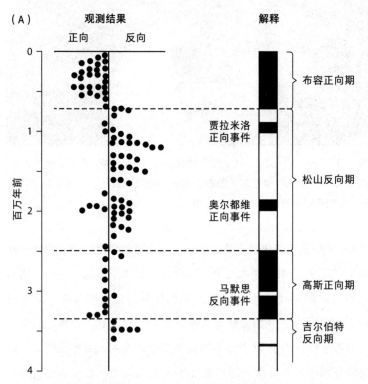

图 21.4　地球磁极性变化史：（A）早期磁极性年表，从图中可看出，同一年代的熔岩流极性相同（正向或反向）；（B）过去 450 万年的磁极性变化，由美国地质调查局的艾伦·考克斯、理查德·德尔和 G. 布伦特·达尔林普尔，以及澳大利亚国立大学的伊恩·麦克杜格尔、唐塔林和弗朗索瓦·尚玛朗于 20 世纪 60 年代编制（据资料重绘）

（B）

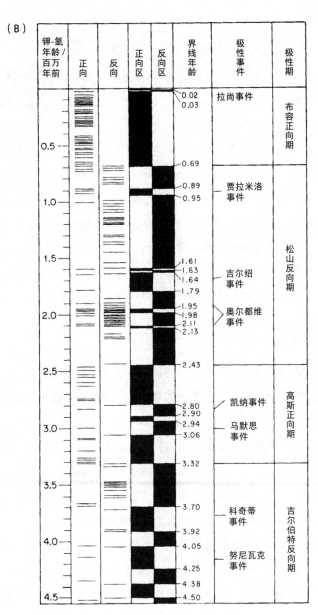

图 21.4（续）

古地磁学家）也在研究同样的问题，并且试图尽可能采集和分析更多的样品。这种良性竞争促使达尔林普尔他们加快了脚步。到20 世纪 60 年代末，这两个实验室编制出现在的地磁极性年表（图 21.4B）。只要找出岩石磁性分布规律，就可将之与地磁极性年表进行对比，从而获得其高精度年龄。

这是地质学上的重大突破，考克斯、德尔和朗科恩因此赢得了地质学界和地球物理学界的最高奖项——维特勒森奖。这个突破引领了一个全新的学科，即研究陆相沉积物和深海岩芯的古地磁记录，并提供了一种可应用于全球、精度较高的新测年法——古地磁测年（在我的职业生涯中，我做的大部分资助项目都是利用磁性地层学的方法进行定年的）。考克斯、德尔和达尔林普尔更没想到，他们的数据居然解开了海底扩张和板块构造的秘密。

谜题 4：海底磁异常条带

第二次世界大战结束后，海洋地质学迅速发展，研究人员尽可能多地收集不同的数据，虽然他们并不知道可能会发现什么或者说这些数据可能有什么意义。这成为一种常态。斯克里普斯研究所、拉蒙特研究所或者伍兹霍尔研究所的科考船前往世界各大洋，定期收集海底深度、海底岩层，以及不同深度海水的温度、盐度和化学成分的数据。只要有可能，一根被称为活塞式取芯器的长钢管便会插入海底沉积物中，得到记录数百万年历史的沉积物岩芯。

科考船的甲板上还配备了长长的鱼雷形的仪器，称为质子旋进磁力仪。它最初是为了在第二次世界大战期间捕捞潜艇而开发的，因为那时船体的钢壳具有很强的磁性。战争一结束，许多海洋研究机构为了进行海洋地质研究，继承了战争残余的船只和磁力仪。这类仪器通常被拖曳在船尾，持续读取检测到的磁场。

到 20 世纪 40 年代末和 50 年代初，人们已经收集了大量来自海底的磁测数据。这些数据经转换、分析和绘制后，得出的结果看起来不像是随机的、毫无规则，而是显示出一种奇怪的图案：在地图上投点时，数据点投到图上生成了巨大条带（图 21.5），代表科考船航行时探测到的不同磁场的强度。这些"条带"被正式命名为磁异常，因其测量结果与我们平时感受到的磁场的背景值不同。测

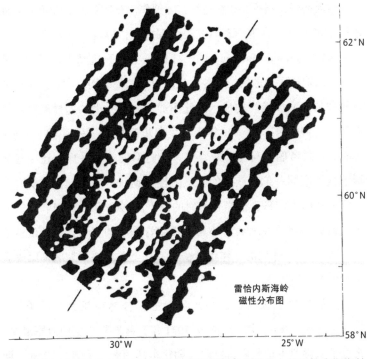

图 21.5 海底磁性分布图。这是冰岛南部大西洋中脊之上的雷恰内斯海岭的原始磁性分布，呈现出正（黑色）反（白色）相间的磁条带，对应船载磁力仪测量的原始正、负磁异常（据资料重绘）

量数据高于地磁场背景值，称为正异常；测量数据低于磁场背景值，称为负异常。

地质学家不确定是什么导致了这种模式。它是代表不同的岩石类型交替出现，抑或是强、弱磁化的岩石？20 世纪 50 年代末，斯克里普斯研究所地球物理学家 R. G. 梅森（R. G. Mason）和 A. D. 拉夫（A. D. Raff）绘制出了阿拉斯加州、不列颠哥伦比亚省、华盛顿州和俄勒冈州沿海地区太平洋海底的数据。但是得出的图案复杂且令人困惑。这种平行排列的磁异常条带的成因仍未解。

与此同时，剑桥大学物理学家爱德华·布拉德也正带领一大批地质学家和地球物理学家研究类似问题。1961 年，德拉蒙德·马修斯（Drummond Matthews，图 21.6A）通过研究从大西洋中脊采集的样品取得了他的博士学位。他的研究结果表明，洋脊完全由外观相似的玄武质熔岩构成，因此不能用岩石类型的差异解释磁异常条带。1962 年，另一位年轻学生弗雷德里克·瓦因（Frederick Vine）在科考船上与马修斯合作。他们不仅一起采样，还一起分析了从海底同一位置获取的大量磁性数据。一开始，瓦因研究了马修斯从印度洋嘉士伯洋脊带回的数据。1962 年，瓦因和马修斯开始研究马修斯在冰岛南部大西洋中脊采集的岩石样品的磁性数据（图 21.5）。他们的合作十分密切，甚至在剑桥一处旧马厩改成的宿舍里共同居住。

他们的灵感来自另一位地质学家，普林斯顿大学的哈里·赫斯（Harry Hess，图 21.6B）。1931 年，赫斯乘坐美国海军潜艇，测量了从佛罗里达州和古巴到加勒比东部的海底重力。"二战"期间，他曾担任美国海军"强森角号"（Cape Johnson）攻击运输舰的舰长，在太平洋上来回巡航。作为舰长，他命令回声探测仪 24

小时一直开着，因此得以不断收集船下海底的数据。

　　在这一过程中，赫斯首次发现了海底的许多关键特征，包括高耸于深海底部的海底高山（其中有些是平顶的）。作为发现者，赫斯拥有命名权。为了纪念瑞士地质学家阿诺德·盖奥特（Arnold Guyot，guyot 的发音是"gee-YOH"），他称它们为"盖奥特"。这位瑞士地质学家创立了普林斯顿地质系（目前仍位于盖奥特大楼）。

　　战争结束后，赫斯虽然恢复了在普林斯顿大学的教学工作，但仍为海军后备队工作了一段时间，并升到了海军少将。他开始整理

图 21.6　板块构造学说先驱：（A）1963 年，弗雷德里克·瓦因（左）和德拉蒙德·马修斯（右）在剑桥，当时他们发现了海底扩张的证据；（B）哈里·赫斯正在解释板块构造学说（图源：维基百科）

过去十年从各个海洋机构获得的所有资料。他在海军工作时得知，海山似乎是曾喷出海面的火山，随着时间的推移逐渐沉入海底深处。他研究海洋重力时发现了深海海沟中怪异的重力模式（参见第22 章）。赫斯从拉蒙特研究所的朋友那里得知，布鲁斯·希曾和玛丽·撒普已经绘制出长长的大西洋中脊及其中央裂谷，证明海底在洋中脊处正在扩张（参见第 22 章）。他也了解阿瑟·霍姆斯关于地幔对流驱动地壳移动的理论（参见第 8 章）。

　　赫斯将所有资料进行汇总，并于 1962 年发表了一篇具开创性的论文，文中列出了现代板块构造模型的几乎所有元素，从洋中脊海底扩张到洋壳远离洋中脊，之后逐渐下沉。他还认识到，地壳板块会在活动板块前缘（当时尚未命名为"俯冲带"）沉入海沟。但仍没有明确资料可以证明海底确实在扩张，并像两条反向的输送带一样移动。由于缺乏证据，他称这篇论文为"地质之诗"（geopoetry），从而淡化了他的大胆主张，同时表明该说法具有一定的猜测性。

海底的罗塞塔石碑

　　大多数人听到"罗塞塔石碑"（Rosetta Stone）一词时，想到的是著名的语言培训机构罗塞塔石碑公司。而真正的罗塞塔石碑其实是一块巨大的黑色花岗闪长岩（图 21.7），是 1799 年拿破仑征服埃及期间一名士兵于尼罗河三角洲发现的。1801 年，英国人打败拿破仑并夺得罗塞塔石碑。1802 年以来，它一直在大英博物馆展出。作为镇馆之宝，石碑前总是人满为患，想看到它并不容易。

　　罗塞塔石碑之所以如此有名，是因为它同时刻有同一段内容的三种语言版本：顶部的埃及象形文字、中间的通俗语（草书

图 21.7 罗塞塔石碑，在埃及亚历山大附近发现的一块黑色花岗闪长岩，上面同时刻有同一段内容的三种语言版本：象形文字（上）、通俗语（中）和希腊语（下）。它成为学者了解象形文字的钥匙，进而了解古埃及史（图源：维基百科）

形式的埃及语）和底部的希腊语（包括我在内的许多学者可以看懂）。当时，没人看得懂象形文字，大多数埃及语作品（以及埃及史）都是个谜。但是已知语言（希腊语）和未知语言（象形文字）表达的是相同的信息，这就为研究者提供了一把能够解读未知语言的钥匙。1822 年，这块石头终于被法国考古学家让-弗朗索瓦·商博良（Jean-François Champollion）破译。他找到了解读象形文字，进而了解古埃及历史的钥匙。如今，"罗塞塔石碑"一词喻指突破性发现，表明这个发现提供解开大谜团或开拓新知识领域的钥匙。

回到 1963 年，别忘了瓦因和马修斯正在阅读赫斯 1962 年的论文。他们不知疲倦地检查他们在大西洋中脊收集到的磁性数据。他们已知道，洋中脊一般由在海底喷发的年轻熔岩构成。他们继续深入研究并发现，洋脊的中央部分总是正向磁化，和现在喷发的熔岩相同。但中央两侧各有一个负磁异常条带，且相互对称（图 21.5 和图 21.8）。实际上，洋脊两侧的磁条带呈镜像对称。

接着，瓦因和马修斯回想起考克斯、德尔和达尔林普尔最近发表的论文，论文揭示了过去 500 万年间地球的磁场变化（图 21.4B）。他们灵光一现：洋中脊的强烈正异常是否因为岩石在正常磁场中被磁化，使得整个磁信号平行于现代磁场并叠加，从而产生比平均磁场值更强的磁场，而对称的负异常条带是由于地磁场发生倒转时海底岩石发生反向磁化。当时海底熔岩的反向磁场将抵消部分磁力计所探测到的背景场，使得磁场强度低于平均磁场强度，甚至造成负重力异常。

找到了！一切都合理了。海底喷发的熔岩、中央裂谷、对称分布的海底正负磁异常条带——所有这些都符合赫斯的海底扩张假

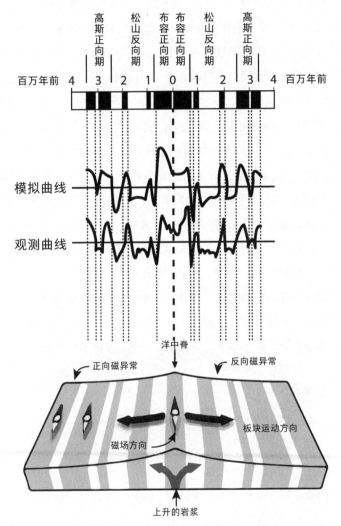

图 21.8 图中对洋中脊处对称的磁条带记录（顶部船载磁力仪记录的磁场强度的异常波动）的解释认为，这种现象是由海底扩张（底部）引起的，洋中脊喷发时记录下当时地磁场的极性，然后洋壳像传送带一样分离开来（据资料重绘）

说。洋中脊扩张，中央裂谷不断喷发岩浆形成新的海底（图 21.5 和 21.8）。海底岩浆冷却时，记录下当时的地球磁场。然后熔岩向内侧分开，中间形成新的洋壳。如果磁场发生倒转，新洋壳也将反向磁化。与此同时，旧洋壳像一对反向的输送带一样远离洋脊。这两条"传送带"如同老式的磁带录音带，"磁带"记录下了地球磁场的正向和反向极性信号。瓦因和马修斯于 1963 年在一篇里程碑式的论文中写下他们的想法并将其发表，板块构造革命就此拉开帷幕。[命运弄人！加拿大地球物理学家劳伦斯·莫利（Lawrence Morley）当时也提出了相同观点，但他的投稿被拒了。虽然地史学家现在称该理论为"瓦因-马修斯-莫利假设"（Vine-Matthews-Morley hypothesis），但大多数人从来没有听说过莫利。]

如果没有考克斯、德尔和达尔林普尔利用陆地上的火成岩样品记录地球磁场的变化，磁异常和海底扩张理论不可能解释得通。地磁年表就像罗塞塔石碑，揭开了海底扩张的秘密。从那时起，板块构造革命席卷了整个地球科学界，彻底改变了地球科学。

延伸阅读

Butler, Robert F. *Paleomagnetism: Magnetic Domains to Geologic Terranes*. London: Blackwell, 1991.

Cox, Allan, ed. *Plate Tectonics and Geomagnetic Reversals*. San Francisco: Freeman, 1973.

Cox, Allan, and R. B. Hart. *Plate Tectonics: How It Works*. New York: Wiley-Blackwell, 1986.

McElhinny, Michael W., and Phillip L. McFadden. *Paleomagnetism: Continents and Oceans*. New York: Academic Press, 1999.

Molnar, Peter. *Plate Tectonics: A Very Short Introduction*. New York: Oxford University Press, 2015.

Oreskes, Naomi. *Plate Tectonics: An Insider's History of the Modern Theory of the Earth*. New York: Westview, 2003.

Tauxe, Lisa. *Essentials of Paleomagnetism*. Berkeley: University of California Press, 2010.

22 俯冲带之谜

蓝片岩

弗朗西斯科混杂岩（Franciscan mélange）包含了各种来源的岩石。不夸张地说，它集合了整个太平洋盆地，甚至是地球表面一半的岩石类型。正如化石和古地磁所显示的那样，陆相（砂岩等）和海相（硅质岩、杂砂岩、蛇纹岩、辉长岩、枕状熔岩和其他火山岩）岩石随机混在基质黏土中。这些不同来源的混合物在俯冲带俯冲到地下两万米到三万米处，再以蓝片岩（blueschist）的形式折返地表。这种致密的蓝灰色岩石一般形成于俯冲带，常含石榴子石。

——约翰·麦克菲，《构建加利福尼亚》

谜题 1：驶向海底

在我这一代之前，海底形态是科学界重大的未知领域之一。虽然现在我们知道海洋约占据地球表面的 71%，但在 20 世纪 50 年代之前，人们对它所知甚少。自 20 世纪 40 年代末，地质学先驱玛丽·撒普和她的搭档（既是她的研究搭档，也是她的人生伴侣）布鲁斯·希曾（图 22.1）开始整理拉蒙特-多尔蒂地质观测站（现为拉蒙特-多尔蒂地球观测站）科考船上的回声测深仪所收集的数据，并将其绘制在地图上。从此，情况有所改善。希曾的工作是收集海洋数据，因为在 20 世纪 50 年代，不允许女性

图 22.1　20 世纪 60 年代初，玛丽·撒普和布鲁斯·希曾在看他们绘制的
海底地形图（图源：维基百科）

上船工作。尽管如此，撒普仍完成了她那部分任务。她拥有多个
大学学位，包括数学、地质学、制图学等学科。她还拒绝了拉蒙
特的秘书职位。她不知疲倦地工作，将 PDR（Precision Depth
Recorder，精密深度记录仪）生成的大量条形图中的所有深度数
据转换成地图上的剖面，然后利用她的地质知识填补空缺，制作
出一幅完整的海底地形图。

　　到 20 世纪 50 年代初，撒普根据希曾的数据已绘制出首幅完整
的大西洋地形图（于 1957 年出版）。不过早在 1952 年至 1953 年
期间，撒普就意识到，整个地球上都有洋中脊，它们是地球上最长
的山脉。更重要的是，她发现洋脊中有比美国大峡谷还要大的巨大

裂谷。作为一名地质学家，她知道裂谷的出现意味着地壳正在张裂，因此，她坚信海底一定正在扩张。但希曾和他们的主管莫里斯·尤因"博士"（他创立了拉蒙特研究所）并不那么确定。他们是地图和论文出版界的资深作者，因此撒普的想法被压制或者说被忽视了。几年后，哈里·赫斯、弗雷德里克·瓦因和德拉蒙德·马修斯等人（参见第 21 章）整合了所有想法和资料，并因发现和确认了海底扩张理论而获得赞誉。但其实玛丽·撒普才是第一个发现证据并做出正确解释的人，她比瓦因和马修斯发表证据早了 10 年。

20 世纪 60 年代末，撒普和希曾完成了对整个海底地形的绘制。这幅图于 1977 年被《国家地理》杂志出版，并成为伴随着许多人成长的标志性海底地形图。而我念书时，地球仪和地图上的海洋都只是一大片淡蓝，因为当时几乎没有人知道海浪之下是什么样的。1976 年，我在拉蒙特研究所读研究生时，认识了希曾和撒普。希曾于 1977 年在潜艇中绘制和拍摄海底照片时因心脏病去世。我记得听到这个消息时，拉蒙特研究所里的每个人都十分震惊。撒普于1983 年完成了她的绘图工作，并从拉蒙特研究所退休。地图的版费给她带来的收入让她生活无忧，直到 2006 年去世，享年 86 岁。她是世界上地形填图面积最广的人，但很少有人听说过她，更不知道她是男性主导的地学界的女性先驱。

撒普的地形图上出现了一个关于海洋的大谜题：被称为海沟的海底极深地区。全世界大约有 50 条海沟，总长达 5 万千米。它们非常狭窄，只占海底总面积的 0.5%。几乎所有海沟都位于太平洋的边缘，但有少数位于印度洋靠近印度尼西亚的一侧等地。大多数海沟的深度在 3 000 米至 4 000 米之间。马里亚纳海沟（Marianas

Trench）有 11 034 米深，是迄今为止地球表面最深处，甚至将珠穆朗玛峰塞进去后仍有 2 186 米的空余。其中，有些海沟是被早期的科考船皇家海军舰艇"挑战者号"（HMS *Challenger*）探测到的。1872 年至 1876 年间，"挑战者号"调查了世界各大洋，进行深度测量和样品采集。他们发现了马里亚纳海沟最深处——"挑战者深渊"。

　　在那样深度下的海洋又冷又黑，且海水压力极大。因此，很少有生物能够存活，甚至大部分潜艇也无法承受这种压力。直到一艘特别设计的潜艇——"里雅斯特号"（*Trieste*）深海潜水艇（图 22.2）问世，它有一个为避免被水压压碎而特别制造的极厚外壳。"里雅斯特号"在 1960 年驶入马里亚纳海沟的底部，它是第一艘采集到海洋最深部样品并拍摄照片的潜艇。从那时起，又有一些

图 22.2　第一艘潜入马里亚纳海沟底部的潜艇——"里雅斯特号"深海潜水艇（图源：维基百科）

特制的载人潜艇和无人潜艇深入挑战者深渊和其他海沟的底部。最近一次下潜由电影制片人詹姆斯·卡梅隆（James Cameron，曾执导《泰坦尼克号》《阿凡达》《终结者》等电影）完成，他驾驶的是一艘特制潜艇"深海挑战者号"（*Deepsea Challenger*）。2012 年 3 月 26 日，卡梅隆花了近 3 个小时下潜到 10 898 米，然后在海底探索了 3 小时，之后又用了不到 2 小时返回海面。这是卡梅隆第二次潜入海洋最深处，第一次花费这么长时间探测，现在他仍是载人潜艇深度的纪录保持者。

虽然撒普和希曾记录了如此多的深海海沟，但在 20 世纪 50 年代，这些海沟的成因仍然是个谜。这一问题的关键进展来自荷兰地球物理学家费利克斯·安德里斯·温宁·迈内兹（Felix Andries Vening Meinesz）在潜艇上进行的海底重力测量。从 1923 年至 1939 年，他将自己的六尺身躯一次次塞进小小的潜艇里，年复一年地穿越世界各地的海洋。后来第二次世界大战爆发，德国人侵占了持中立态度的荷兰。温宁·迈内兹不得不先放下研究工作，参与荷兰的抵抗运动。战争结束后，他重返乌得勒支大学（University of Utrecht），继续他的研究工作。1948 年，他发表了自己数十年来的海底重力剖面研究成果。最引人注目的一项成果是海沟下方的重力极小。根据重力测量的基本原理，这表明海沟下方的地壳密度远低于预期。相反，大多数地区的海床密度非常高，这是因为薄薄的洋壳下方是非常致密的地幔。换句话说，海沟之下是类似地壳的低密度物质，而非致密的地幔。

谜题 2：俯冲带地震带

随着战后地球科学的蓬勃发展，地震学也突飞猛进。地震学家因监测苏联核试验（地震仪可探测到核爆炸产生的特殊冲击波）获得了大量经费，发展出越来越先进的方法解释穿过地球的地震波。他们曾利用地震波计算出地幔及地核的结构和深度，并确定地核外部是液态的。现在他们发现地震波可以提供更多信息。

加州理工学院地震学家雨果·贝尼奥夫（Hugo Benioff）和日本地震学家和达清夫（Kiyoo Wadati）分别在 20 世纪 20 年代末和 20 世纪 30 年代，开发出测定地震震源深度的方法。随后他们开始研究海沟附近的大量地震。令他们惊讶的是，这些地震都表现出轮廓分明的固定模式（图 22.3），即浅源地震大多发生在大陆边缘之

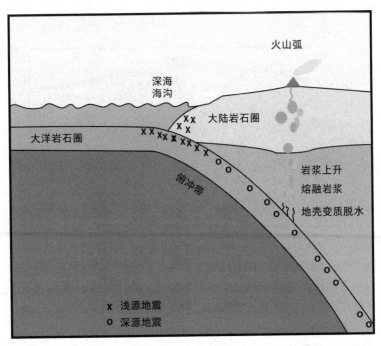

图 22.3　海沟下方和火山弧下方的俯冲带地震带，被称为和达-贝尼奥夫带（据资料重绘）

下较浅处，离海沟较近；而深源地震的震源多位于大陆边缘之下较深处，离海沟较远，它们形成了一个特殊的地震带——和达-贝尼奥大带，有时叫深达地表以下数百千米。

这种模式意味着什么呢？贝尼奥夫在 1949 年发表了他的结论；其实早在 1928 年，清夫也发表了同样的理论，却鲜为人知。他们都指出，世界上几乎所有海沟都呈现出这种模式，但对此没有做出解释。它就像一块独立的拼图碎片，除非找到拼图的其他部分，否则我们不知道它意味着什么。

哈里·赫斯 1938 年的一篇论文和戴维·T. 格里格斯（David T. Griggs）1939 年的一篇论文中，曾对海沟的这些奇怪特征（重力

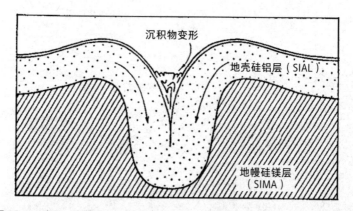

图 22.4 哈里·赫斯于 1938 年提出的"深坳槽"概念示意图，即地壳在海沟之下的褶皱，用以解释该地区的低重力和极厚地壳岩石，以及清夫和贝尼奥夫记录的俯冲带地震活动。"SIAL"指由富含硅和铝的矿物组成的地壳岩石；"SIMA"指由富含硅和镁的矿物组成的地幔岩石［改自哈里·赫斯 1938 年的论文：H. H. Hess, "Gravity Anomalies and Island Arc Structure with Particular Reference to the West Indies," *Proceedings of the American Philosophical Society*, 79 (1938):71－96.］

剖面及最终的地震活动）做出过解释。戴维·T. 格里格斯是一位地球物理学家，曾参与创立了兰德公司（RAND Corporation），还于1951 年以空军首席科学家的身份协助主持氢弹的研制工作。赫斯和格里格斯分别在他们的论文中提出，地幔中的热对流导致洋壳像地毯一样向下弯曲，发生褶皱。这就解释了海沟下方低密度地壳岩石的厚度异常（图 22.4）。赫斯将这种奇怪的结构称为"深坳槽"（tectogene）。这种想法在当时十分超前，但板块构造理论出现后它最终被淘汰了（我记得曾在 20 世纪 60 年代出版的一些大学教材中看到过这种说法，但板块构造理论出现后，人们重新编写了教材）。贝尼奥夫认为，类似深坳槽的褶皱构造可能导致了俯冲带地震多发，但当时几乎没有人知道其真正原因。直到 20 年后，和达-贝尼奥夫带帮助破译了一个更大的谜题。

谜题 3：高压低温

多年以来，地质学家一直在绘制加利福尼亚海岸山脉的岩性图。他们发现，许多地方都分布着一种名为"蓝片岩"的奇特蓝色变质岩（图 22.5）。蓝片岩发育片岩中常见的面理，在世界上大部分地区很少见，起初只在加利福尼亚海岸山脉和日本有发现。地质学家在显微镜下观察了 30 微米厚的蓝片岩样品，发现它由特殊的矿物组成。这是一种呈蓝色、富钠的特殊角闪石族矿物，被称为蓝闪石（glaucophane，在希腊语中意为"蓝绿色"）。虽然最早关于蓝闪石的描述出自爱琴海的基克拉泽斯群岛（Cycladic Islands），但加利福尼亚州的蓝闪石更为人所知。很多地质学家私下称这些岩石为"蓝片岩"，但没人在论文中如此称呼。直到 1962 年，美国地质调查局的科学家 H. 贝利（H. Bailey）在一篇论文摘要中首次使

图 22.5　典型的蓝片岩，由高度面理化的蓝闪石、硬柱石和其他蓝色矿物组成（图源：C.-T. 李）

用了这个名称。

　　1895 年，地质学家在加利福尼亚州马林县蒂布龙半岛（Tiburon Peninsula）的蓝片岩中发现了另一种蓝色矿物，并以加州大学伯克利分校地质项目创始人安德鲁·劳森（Andrew Lawson，他还命名了圣安德烈斯断层，也是 1906 年旧金山大地震研究项目的主席，参见第 23 章）的名字将其命名为硬柱石（lawsonite）。这种矿物是劳森的两名学生查尔斯·帕拉奇（Charles Palache）和弗雷德里克·L. 兰塞姆（Frederick L. Ransome）发现的，故他们以导师的名字为其命名。地质学家很快在蓝片岩中发现了更多奇怪矿物，但它们的成因仍是一个谜。当然也含有其他矿物，如呈钢蓝色的名为蓝晶石（kyanite）的铝硅酸盐矿物，以及俗称硬玉（jadeite，是制作宝玉石的两种矿物之一）的辉石族矿物。

　　直到 20 世纪 40 年代和 50 年代，地质学家才合成出变质岩中的一些主要矿物。他们把样品放置在超高温高压的实验炉中，以观察生成了什么矿物。通过这种方法，他们发现某些变质矿物可作为地质压力计和地质温度计。得益于这些实验数据，人们终于知道这些矿物必须在一定的温度和压力范围内才能形成。因此它们若出现在变质岩中，就说明岩石曾经受过的压力和温度范围。

　　一些科学先驱〔如芬兰地质学家彭蒂·埃斯科拉（Pentti Eskola），1939 年〕由此确定，长期以来被称为"绿片岩"（greenschist）的岩石，经历了低级变质作用（低压：200～800 MPa；低温：330～500℃）。这种岩石得名于其中的绿色矿物组合，如绿泥石、绿帘石和阳起石等。如果岩石进入地壳更深处，将经历中级变质作用（中压：400～1 200 MPa；中温：500～700℃）。中级变质作用的代表性岩石是"角闪岩"（amphibolite），因为这些岩石往往富含黑色的角闪石族矿物——普通角闪石。最后，处于陆壳最深处的岩石会发生高级变质作用（高压：600～1 400 MPa；高温：≥700℃）。高级变质岩通常具有片麻状构造，有时被称为"麻粒岩"（granulite）。这三种变质岩类型都是区域变质作用的产物，例如大陆相互碰撞形成巨大造山带（如现今的喜马拉雅山脉）所伴随的变质作用。埋藏深度较浅的岩石只能变为绿片岩相，埋藏较深的岩石会形成角闪岩相，若它们被埋到地壳下数千米的山脉底部，则变成麻粒岩相。

世界上大多数变质岩的形成模式皆如此，人们也已绘制出其分布图，并有所了解。但是蓝片岩呢？为什么它会含有这些奇特的矿物呢？为什么它们如此罕见，只分布在少数地方：希腊群岛、加利福尼亚海岸山脉和日本沿海等地？多年来这都是一个谜。1939 年，埃斯科拉困惑于这些问题，甚至怀疑蓝片岩是高压变质岩，因为它们看起来很像当时已知的高压变质岩的中间体，例如榴辉岩（现在我们知道它来自地幔附近）。20 世纪 50 年代末，很多地质学家认为，某些蓝片岩中的硬玉和石英组合与绿片岩受高压后的产物相似，这就很好理解了。

最后，20 世纪 60 年代初，斯坦福大学地质学家加里·厄恩斯特（Gary Ernst）等科学家进行了重要的实验研究，致力于找出这些稀有矿物（如蓝闪石、硬柱石及蓝片岩相）的形成环境。经过多年的实验，答案终于揭晓，但和以往一样令人费解：极高的压力（超过 400～600 MPa）但是相对较低的温度（低于 400℃）。这点很古怪。因为通常情况下，岩石埋藏深度足以经受如此高压时，同样也会经受高温。"高压低温"的蓝片岩是如何经历了高压但从未到达过高温的？一块岩石是如何进入压力极高的地壳深部，然后再回到地表的？为什么这些岩石只出现在加利福尼亚海岸山脉等少数地区？

又多了一块拼图碎片。但整幅拼图仍缺失太多，拼完整我们才能找到答案。

谜题 4：混杂岩

数十年来，地质学家已经绘制了从旧金山南部到圣路易斯-奥比斯波这一段加利福尼亚海岸山脉的许多奇特岩石的地质图，并将其命名为"弗朗西斯科组"（Franciscan Formation，弗朗西斯科杂岩带，由安德鲁·劳森命名）。然而，这些岩石并不像真正的沉积地层那样呈现出简单成层的地层关系或者在一定距离内保持连续。相反，"弗朗西斯科组"岩石似乎被用力扭切过，发生变形，被切割成一块一块的，就像被放在搅拌机中搅打过一样。由于这种奇特的外观，它们被命名为"混杂岩"（mélange），源自法语"mixture"（混合）一词（图 22.6）。典型的混杂岩包括大量深海页岩、硅质层及浊积岩（参见第 15 章）等岩块。这些沉积单元都被剪切成碎片并发生变形，因而无法追溯其来源。不同断块的基岩经常会突然改变，而且含有很多奇怪的岩石。加利福尼亚海岸山脉的许多地段都有蛇绿岩（参见第 2 章）出露，但是直到 20 世纪70 年代它们才被认为是洋壳碎片。这些岩石是玄武岩经变质作用发生蛇纹石化而形成的，主要由一种称为蛇纹石（serpentine，得名于其光滑的蛇皮纹理）的纤维状黑绿色矿物组成。这个过程中形成了大量由蛇纹石（及石棉等矿物）构成的岩石，称为蛇纹岩（serpentinite）。此外，蛇纹石风化后形成富镁的土壤，只有某些特定种类的植物才能在这种土壤中生存。更为奇特的是大片蓝片岩的出现。直到 20 世纪 60 年代，人们才完全理解它是高压但相对低温环境下的产物。

岩石是如何被切割成这样的？为什么这些混杂岩只出现在加利福尼亚海岸山脉这样的地方？为什么它们全都是深海沉积物、蛇

图 22.6 典型的混杂岩露头，相当破碎且不连续，图中为加利福尼亚州圣西米恩和赫斯特城堡下面位于沙滩上的露头（图源：由作者拍摄）

绿岩和蓝片岩（这些岩石在其他地方都极为罕见）组成的奇怪组合？ 20 世纪早中期，这个谜题一直没被破解。到 20 世纪 60 年代初，已拼凑出许多碎片，但是还没有人能够看到它的全貌。

谜底 1: 俯冲导致的造山运动

纵观所有关于地幔对流和大陆可能漂移的早期假说，似乎都表明，岩浆在地表喷发处形成的板块必定会以某种方式下沉到地幔中，在这里上地幔也会下沉到地幔中。阿瑟·霍姆斯 1944 年出版的创新地质学教材中的图表（图 8.2）就暗示了这一点。霍姆斯写道：

> 它们必须沉入地幔深部，因为它们没有其他地方可去。两个反向流体相遇后，最可能的结果是在玄武质盖层之下转向下流。在海底，则是玄武岩层向下俯冲至海渊。亚洲群岛和澳大利亚岛弧（汤加和克马德克）附近的深渊可能就代表，硅铝质的大陆边缘向下俯冲，形成深渊底部的内侧，洋壳则形成外侧……
>
> 在大尺度上的对流循环中，玄武岩层成为无尽头的传送带，其上驮着大陆板块。直到其前缘到达传送带向下转向处，深入地球内部，传送带才会停止。

这段话写于 1944 年，当时板块构造学说的大部分证据尚未发现，因此它听起来现代得令人吃惊。霍姆斯不仅预见了海底扩张、海底扩张带岩浆上升所形成的玄武质洋壳"无尽头的传送带"，还预见了洋壳会再次沉入地幔——这一概念相当于俯冲一词，但当时尚未如此命名。

早在 1939 年，戴维·T.格里格斯就提出，海沟下方的俯冲带地震带可能就是板块随对流滑入另一个板块之下形成的。根据他的说法，当时的权威地震学家"都认为环太平洋地区的深源地震点似乎集中分布在向大陆倾斜 45°的平面上。这些地震可能由对流面下滑引起"。

哈里·赫斯在他 1962 年发表的著名"地质之诗"式论文（参见第 21 章）中明确阐述了这一点。他将海底看成寿命短暂的地形，它受地幔对流驱动，形成于洋中脊，后随地幔对流运动，并在对流环下降流处下沉至地幔。用他的话就是：

> 当板块前缘撞到对流地幔下沉部分时，前缘会发生强烈变形。洋壳向下弯曲到下沉部分的过程中，会被加热发生脱水。海洋沉积物和海底火山也进入下沉区域发生破碎，变质后最终可能拼接到大陆板块上。

这段文字几乎包含了现代俯冲带理论的所有元素：板块下沉、受热脱水（促使岩浆熔融，形成火山岛弧）、洋壳碎片、海山，以及"下沉部分混杂岩"发生变质和变形，并最终拼接到大陆上。

1963 年，瓦因和马修斯发表了海底扩张的证据。20 世纪 60 年代中期，J. 图佐·威尔逊、丹·麦肯齐（Dan McKenzie）、W. 贾森·摩根（W. Jason Morgan）和泽维尔·勒皮雄（Xavier Le Pichon）等很多科学家发表了大量开创性论文。几乎所有文章都讨论了"海沟"和"挤压型边界"（compressive boundary），所以海沟的成因、海沟重力异常及和达-贝尼奥夫带上俯冲带地震带存在的原因等重大谜团，可能都与新兴的板块构造模型有关。

谜题 5：阿拉斯加大地震

1964 年的阿拉斯加大地震不仅震惊了全世界，也证明了俯冲

带的存在。地震发生于 1964 年 3 月 27 日下午 5 点 36 分，这是
美国有史以来最强烈的地震，震级高达 9.2 级。当时阿拉斯加州
仅成立 5 年。阿拉斯加南部的一些城镇被摧毁，有些地区直接沉
入海中。巨大的海啸扫荡了沿海地区，其他地区则像流沙一样沉
陷，规模巨大的山体滑坡导致房屋像过山车一样沿着地面滑动。
虽然震级强烈，某些地方的强烈震动长达 7 分钟，幸运的是，只
有 136 人死亡，这是因为大多数人工作结束后已安全地待在家中，
并且当时阿拉斯加的人口密度较低。

　　虽然很多人都在处理地震灾害后的后勤问题，但是地质学家仍
前往那里以尽可能详细地研究地震成因，并调查地震的影响。美国
地质调查局地质学家乔治·普拉夫克（George Plafker）就是其中
之一，地震发生时他就在现场。很快地震学家就确定，这次地震是
巨大的逆冲断层导致的。部分太平洋板块沿阿留申海沟（Aleutian
Trench）向阿拉斯加之下俯冲。普拉夫克发现逆冲断层之上的岩石
发生了非常有趣的变化（图 22.7A）。阿留申海沟以北从威廉王子
湾到科迪亚克岛南岸的岩石被迅速抬升了约 9.1 米，使该地区码
头的水位下降，像退潮时一样，但并未如潮水般返回；同时由于
潮塘已被抬升至潮间带以外，曾在这里生存的海洋生物全部死亡
（如图 22.7A 和图 22.7B 所示）。但是，再往北一些，抬升区西北部
（基奈半岛、科迪亚克岛及库克湾）的地面却沉陷了 2.4 米，导致
潮水涌入并淹没了沿海地区，且再未退去；曾经位于海岸线上方的
大片森林被海水浸没全部死亡（图 22.7A 和图 22.7C）。

　　普拉夫克汇集了所有信息，正确推断出，这些都是地块之下的
巨大逆冲断层所造成的。海沟断层带上方区域因挤压而隆起，下方
的壳体则下沉了几乎相同的位移。1964 年发生的阿拉斯加大地震

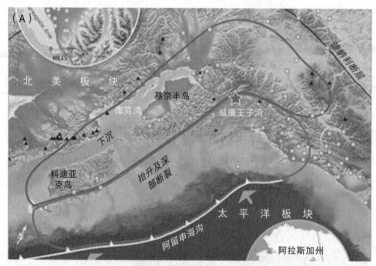

图 22.7 （A）1964 年，阿拉斯加大地震后岩块抬升和下沉模式图，成因可能是板块沿阿留申海沟俯冲；（B）抬升后暴露的海滩，因在潮间带以外，海洋生物因暴露而死亡；（C）1964 年阿拉斯加大地震后，有些地方被潮水淹没，永久沉入海底（图源：美国地质调查局）

图 22.7 （续）

第一次证明了俯冲作用的存在。

20 世纪 60 年代末期，地震学家利用新修正的方法，证实了板块的运动方向与板块构造理论所预测的方向相同。通过使用一种被称为初动分析仪（first-motion analysis）的工具，他们从一系列不同的地震仪中分辨出断层的移动方向及断层面的角度。拉蒙特研究所的地震学家布赖恩·伊萨克斯（Bryan Isacks）、杰克·奥利弗（Jack Oliver）和我以前的地震学教授林恩·赛克斯（Lynn Sykes）将来自数十个不同板块边缘的数千次地震数据进行汇编，并在1967 年和 1968 年发现，地震数据证明，地壳边界的移动符合板块构造理论模型。地震数据不仅表明地震活动区域位于板块之下（正如贝尼奥夫和清夫的初步数据所显示的那样），而且地震活动是逆冲断层（上盘相对于下盘上冲错动）引发的。与之相比，洋中脊地震是沿垂直面的拉张产生的，符合海底扩张理论的预测。这项研究被视为确认板块构造真实性的证据之一。

这次科学活动大爆发后，科学家对于这个概念的命名问题仍悬而未决。"下冲""下沉板块""覆盖板块""叠覆板块""板块聚合带""板块收缩带""板块消亡带""沉没带""海沟""地壳破坏区""贝尼奥夫带""岛弧""下沉地壳""下行区""下沉端""挤压区""下降流"或"下沉流"等术语均出现过，但其含义大都带有误导性。有些术语（如"贝尼奥夫带"）是地震概念，有些则具有结构或构造上的意义。

1969 年初，斯坦福大学的比尔·迪金森（Bill Dickinson）组织了第一届美国地质学会彭罗斯会议（Penrose Conference）。彭罗斯会议与一般的 GSA 会议大不相同，与会地质学家有 5 000 ~ 6 000 名，会期 4 天，约 20 个分会场，每场仅提供 15 分钟的主题演讲时间，与会者可以提出问题或发表观点，也可以只倾听其他人的意见。我参加过 3 次彭罗斯会议，其中 2 次是会议召集人。相比于正式会议，它们更像是研讨会或者头脑风暴。每位与会者一定是因为他 / 她能就某主题提出建设性意见而受邀的。会场中，每个人都可以发表见解，讨论时间不限，所以会议安排相当自由灵活。更重要的是，所有与会者都会参与每场讨论，因此与一般的 GSA 会议不同。一般的 GSA 会议分会场很多，且不同会场讨论的主题不同，与会者往往只能参与其中少数几个主题。彭罗斯会议是将不常互动的来自不同学科的人聚集在一起，看看他们可以从对方那儿学到什么。

1969 年的彭罗斯会议极具历史意义，不仅因为它是第一届，也因为迪金森和共同召集人几乎邀请了所有板块构造理论的先驱汇聚一堂。没有走在最前沿的科学家也借此机会对新兴的板块构造理论有了全面的了解。而且与会者中有很多资深前辈，他们在地质学某些领域积累了深厚功底，但尚未踏足板块构造领域。这次会议激发出的集体智慧令人印象深刻，其中十几名与会者当时（或后来）成为美国国家科学院成员。

迪金森和他的共同召集人在美国蒙特雷半岛太平洋丛林中的托尼艾斯洛马（Tony Asilomar）度假村举办了这次会议。艾斯洛马以举办像 TED（Technology Entertainment Design）、冥想和周末自助活动等各类会议而闻名。这里是一处完美的场所，人们可以泡着温泉，品尝美酒，轻松自在地与来自世界各地的学者交流，欣赏太平洋和周围红杉树美景，讨论重要想法。1969 年 12 月 15 日至 20 日举行的第一届彭罗斯会议改变了整个地质界。所有与会者都发现，自己似乎拥有了板块构造拼图的一块碎片，将所有碎片拼在一起，完整的拼图可以完美解释过去几十年来一直在争论的重要地质谜题。会议结束时，与会者摆脱旧观念，心中充满新想法，许多人迫不及待地跳上加速的列车，投身板块构造理论的科学革命中。

其中迪金森收到一件珍贵的纪念品——一个从艾斯洛马自助餐厅带出来的普通餐盘，这是其他与会者对他的"嘉奖"。其他与会者在这个盘子上刻了"板块构造理论英雄奖""彭罗斯会议·艾斯洛马·1969 年 12 月"字样，并在盘子的边缘写道"我们坚信俯冲的存在"。迪金森自己后来说："地学界的板块构造革命发生时，我刚入这一行，恰好赶上了这股热潮，并在该领域研究了很多年，也取得了不少成果……板块革命真的非常有趣。我们一直在问自己，怎么会这么笨。但现在我们知道，我们已处于统领地位，只要不断努力一定能成功。"

艾斯洛马彭罗斯会议期间，与会者就之前出现过的各种令人困惑的术语进行了讨论，研究如何命名这个有俯冲断层（underthrusting）与和达-贝尼奥夫地震带的神秘区域。他们研究了历史先例后，一致认为，1951 年安德烈·阿姆施图茨（André Amstutz）为描述阿尔卑斯山中的这种现象而提出的旧术语"俯冲"（subduction）一词，是最早的出版名称之一，可用来表达这一概念。因此，"俯冲"被正式定义为一个板块下沉到另一个板块之下的过程，地质界也有了明确的术语来说明"俯冲带"的概念。

谜底 2：俯冲复合体

20 世纪 60 年代末，地球物理数据，尤其是来自地震学、重力学和古地磁学领域的数据充分说明海沟和地壳板块相互滑动的本质。1964 年，阿拉斯加州发生的地震真实地记录了一个板块在另一个板块下滑动导致的地震。但是被称为混杂岩的奇特岩石或者被称为蓝片岩的奇特变质岩是怎么回事呢？

整个 20 世纪 60 年代，海洋地质学持续取得重大进展。地质学家不仅仔细调查并采集了深海海沟中的岩石样品，还采集了海沟两侧的岩石样品。他们在覆盖海沟的板块边缘发现了一种特殊的脊状物，它们有时很厚，甚至高出海平面，在海沟和陆地间形成一条岛弧链。科考船对这些山脊进行了钻探，并测得了它们的地震反射剖面。地质学家发现，山脊物质具有不同寻常的结构。钻芯显示，它由高度剪切的岩石组成，没有常见的层理。更不寻常的是，最古老的部分位于顶部，越向底部岩石越年轻。与沉积层发生俯冲时的情况完全相反，沉积地层中新地层位于老地层上部。

这种现象在地震剖面中尤为明显。地震剖面结果表明，每个山脊都是一系列叠瓦状逆冲断层，一层层叠加，且通常发育强烈褶皱

（图 22.8）。在某些情况下，两侧岩片可堆叠数十层，就像侧倾的一叠纸牌。更具启示性的是，从钻孔中获得的岩石大多是变形的海洋沉积物，如深海页岩、硅质岩或浊积岩，偶尔也会出现蛇绿岩等特殊岩石。

　　海洋地质学研究让研究人员意识到，这种特殊的岩石碎片很可

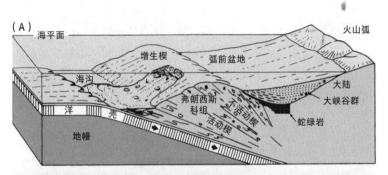

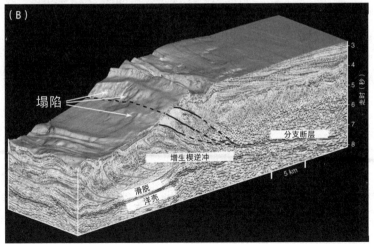

图 22.8 （A）弧前增生楔示意图，它由板块下滑时刮落的物质堆积在上盘板块底部而形成；（B）增生楔地震剖面显示，它发育有强烈断层和褶皱［图源:（A）改编自《地球的演化》;（B）引自维基百科］

能是板块沿海沟俯冲至地幔的过程中被刮落下来的物质。这些物质在两个板块滑动过程中会因摩擦遭受强烈剪切和揉皱，那么它缺乏连续性且发生强烈变形就相当合理了。这种情况就类似于用刮刀刮削岩石，第一块岩石被推到堆叠体的顶部，刀片又刮下来新岩石并将它们推到旧岩石之下。俯冲过程越长，海沟刮落的岩石堆叠得越高。

海洋地质学观测结果一出现，陆上地质学家就意识到，这一过程可以解释混杂岩的特殊性。1969 年至 1971 年间，加里·厄恩斯特、比尔·迪金森（均任职于斯坦福大学）和许靖华（Ken Hsü，当时任职于美国地质调查局）发表了一系列经典论文，认为混乱变形的"弗朗西斯科组"根本不是传统的沉积地层，而是构造组合。换句话说，它是增生楔复合体。至此，所有拼图看起来都合理了。

现在只剩下一个问题：神奇的蓝片岩。20 世纪 60 年代初，厄恩斯特等人已证明，蓝片岩是在高压低温的环境下形成的。哪里存在这种环境呢？实际上，混杂岩和古老火山弧交界处出现蓝片岩，表明它们也是俯冲作用的产物。厄恩斯特等人在 1970 年至 1973 年间发表的一系列论文指出，俯冲带可能是这种特殊变质环境的理想位置。下插的大洋板块在海底缓慢移动数百万年，在这一过程中不仅温度低而且遭受强烈侵蚀并富含水。它俯冲进入地幔时，将又冷又湿的岩石推进超高压区域。冷却的下盘板块需要很长时间才能加热到深海地壳-上地幔岩石的正常温度。这样的条件是形成蓝片岩的理想环境。冷却的下沉板块不仅会保持"高压低温"，其中有些可能会被推到增生楔下方，最终被带到地表。

今天，我们可以在许多地方找到古俯冲带，包括它们的增生楔、蓝片岩、混杂岩和蛇绿岩。但是将每块拼图碎片拼凑起来是一个缓慢的过程，直到海洋地质学兴起、板块构造学说诞生，才加速了这一进程。

延伸阅读

Cox, Allan, ed. *Plate Tectonics and Geomagnetic Reversals*. San Francisco: Freeman, 1973.

Cox, Allan, and R. B. Hart. *Plate Tectonics: How It Works*. New York: Wiley-Blackwell, 1986.

Felt, Hali. *Soundings: The Story of the Remarkable Woman Who Mapped the Ocean Floor*. New York: Picador, 2013.

Molnar, Peter. *Plate Tectonics: A Very Short Introduction*. New York: Oxford University Press, 2015.

Oreskes, Naomi. *Plate Tectonics: An Insider's History of the Modern Theory of the Earth*. New York: Westview, 2003.

转换断层

天气晴朗时，即使在没有无线电和导航仪的情况下，飞行员也可以通过圣安德烈斯断层轻松飞过那 600 多千米。圣安德烈斯断层在树木繁茂的高地上忽闪忽现，特别显眼，看起来就像大迁徙中踩踏出来的路或肚子上的手术疤痕。在南方……它切断两条高路堑，路堑上的上新统沉积岩看起来就像卷起的杂志，显然这不是单一构造事件形成的，而是活动高峰期时的一系列构造事件。

——约翰·麦克菲，《构建加利福尼亚》

1906 年旧金山大地震

1906 年 4 月 18 日凌晨 5 点，旧金山这个海湾城市一个安静的早晨。整个城市都在沉睡，只有少数巡逻的警察和送货员已经起床开始工作。前一天晚上，也就是 4 月 17 日，天气异常炎热。许多富人在大歌剧院观看歌剧《卡门》(Carmen)，其中著名男高音恩里科·卡鲁索 (Enrico Caruso) 扮演主角唐·何塞 (Don Jose)（讽刺的是，当天的报纸刊登了意大利维苏威火山爆发的报道，距离卡鲁索的家乡那不勒斯不远）。

19 世纪 30 年代和 40 年代，旧金山从一个默默无闻的墨西哥小镇发展成为一个拥有超过 40 万居民的大城市。这要归功于 1848

年掀起的加州淘金热。随着城市不断扩张，它面临的危险也越来越多。1848年至1851年间，淘金热时期用木材和帆布搭建的摇摇欲坠的建筑至少经历过6次火灾。1836年和1868年也发生过小地震。距离上次地震已有38年，大多数居民要么是忘记了上一次大地震，要么是在地震后才搬到这里，甚至有些人在1868年还没出生。到1906年，大多数旧式木建筑已被崭新的钢框架实体墙建筑取代。为了提供消防所用的加压水，很多建筑物顶部有大型蓄水池。旧金山拥有美国最大、最专业的消防系统。

凌晨5点12分，安静的街道和建筑物突然在一连串大震动中摇晃。一名值班警察描述道，地面就像波涛汹涌的海浪摇晃着（图23.1A）。另一名警察杰西·B.库克（Jesse B. Cook）当时正站在华盛顿街的东端，最早目睹了从北方传来的地震波。街道上有海水涌入，整个街道都晃动不停。建筑物和人行道被抬高掀翻。他在报告中说道：

> 我脚下的大地似乎被抬起，戴维斯街道和华盛顿街道有些地方开裂，水从裂缝中涌出。这条街似乎正在我脚下下陷，有些地方下陷了大约30厘米到90厘米。我周围的建筑开始倒塌，我忙着躲避砖块。我看到华盛顿街和戴维斯街西南角的建筑物顶层塌下来，压死了弗兰克·博德威尔（Frank Bodwell）。

从瓦伦西亚大街酒店逃出来的一名夜班服务员描述道："整座酒店向前倾斜，好像地基从下面被向后拉，接着酒店坍塌在瓦伦西亚街上。它并没有塌成碎块，在街道上四散，而是像手风琴一样被压扁了。"

图 23.1 1906 年旧金山大地震:(A)扭曲裂开的街道;(B)倒塌的建筑;
(C)人们看着大火沿着山丘朝他们所在的金门高地烧来;(D)旧金山市政
厅周围的大火,有士兵守卫,以防抢劫(图源:美国地质调查局)

图 23.1 （续）

下面三层的人都被压死了（至少有 100 人丧生），那些碰巧住在四楼的人可以直接走上街头。另一位名叫 P. 巴雷特（P. Barrett）的目击者写道："我们根本站不稳。大楼摇摇欲坠，就像用手捏碎一块饼干一样。在我前面，一块巨大的檐板压死了一个人，就像压死一只蝇蛆。"

皇宫酒店是旧金山最豪华的酒店，经常接待像卡鲁索这样的名人，也接待总统、国王。酒店共 7 层，800 多个房间，4 座当时新发明的电梯，是当时全美最大的酒店。酒店楼顶下方配备了一个容量 265 万升的铁水箱，供消防灭火用。地震发生时，马车入口处的马挣脱跑开，树木摇晃，但酒店仍相对稳定。卡鲁索表演结束后又去用餐，两小时前刚刚入睡，但是他感受到剧烈晃动，万分恐慌。关于他当时反应的报道非常多，有个版本说他在睡衣外套了一件皮大衣后立即离开旧金山，嘴里还嘀咕着"什么鬼地方（Ell of a town）！我再也不会来了！"不过他其实根本没这么做。

警察哈里·沃尔什（Harry Walsh）目睹了死亡和毁灭，看着弗里蒙特街人行道上的巨大裂缝随着地震波张开又闭合。接着，他看到一群长角牛从码头的方向沿着宣教街向他冲过来。显然，它们刚被从进港的船上卸下来，正要用车送往市区南部的牲畜饲养场，结果碰上了大地震。墨西哥饲养员惊慌逃走，留下牛在城市街道中逃窜。沃尔什写道：

> 当时，在弗里蒙特街和第一街道之间的米森街上，很多牛沿着人行道奔跑，一个大仓库倒在通道上，压死了大部分牛。这个仓库把它们从人行道挤进地下室，牛死后直接被掩埋。领头的牛群被掉下来的檐板压住，似乎伤了腿，看起来非常痛

苦，所以我开枪杀了它们。后来我只剩下 6 发子弹，看到有更多的牛出现，显然麻烦大了。

就在这时，我遇到了约翰·莫勒（John Moller），他经营着一家酒吧……我问他有没有子弹，如果有的话，快给我些。他对地震及所发生的一切感到既害怕又紧张。当他看到牛群受惊奔逃而来时，似乎更害怕了。

无论如何，没有时间思考了。我向他求助时，有两头牛正向我们冲来，他向酒吧跑去。我必须快点，因为我只有一把左轮手枪，得等到牛群离我很近时才能射击。否则，我杀不死它们，更别说阻止它们。

我刚击倒一头牛，看到其他牛向约翰·莫勒冲去。当时他正在酒吧门口，看上去还算安全。但当我看向他和街道时，莫勒转过身来，他似乎因恐惧手脚不听使唤。他伸出双手，仿佛在恳求牛群回去。我还没来得及赶到手枪射程之内，它就冲了过去，将他撕裂。我杀死那头牛时，已经来不及救他了……

后来一个年轻人手里拿着步枪和很多弹匣过来。这是一把老式的春田步枪（Springfield），他知道如何用。他是个很酷的射击手，也了解牛。他告诉我他来自得克萨斯州……我们可能杀了五六十头牛。

实际上，震动只持续了大约 40 秒，但对那些当天亲身经历的人来说似乎是永恒，这座城市瞬间被彻底摧毁。几乎所有砖砌建筑和烟囱全部倒塌（图 23.1B），因为它们没有用钢筋或框架加固。现在，加利福尼亚州已全面规定建筑物必须进行加固。一开始，木结构和钢结构建筑均表现较好，但是木结构建筑很容易受油灯掉落或壁炉引发的火灾的影响（图 23.1C）。很快，火势失控。大火烧了整整 4 天，摧毁了大约 28 000 座建筑，旧金山 75% 以上的区域被夷为平地，最终造成的损失是地震的十余倍。

虽然做了各种准备，但消防部门无能为力。消防队长在地震开始时就丧生了，并且水管因震动破裂，大部分消防用水被切断。建筑物顶部的蓄水池有点帮助，但远不足以对抗大火。不久，2 000 名来自普雷西迪奥（Presidio）的士兵（图 23.1D）负责在街上巡逻，奉命射杀任何抢劫者（虽然没有正式宣布戒严令）。消防队员非常希望能阻止火灾，他们试图炸毁沿途的建筑物来建造防火墙。《1906 年大火灾》（*The Great Firestorms of 1906*）的作者菲利普·弗拉德金（Philip Fradkin）说道："问题之一是他们使用的炸药类型，火药易燃并导火。第二天晚上他们做了个错误的决定，炸毁了一个大型化学仓库……导致大火更加猛烈。"

第二天，大量的难民逃离大火，在城外搭建帐篷营地或乘坐渡船穿过海湾。一名与母亲同住的名叫罗莎·巴雷达（Rosa Barreda）的女士在给朋友的信中写道：

> 许多疲惫不堪的人经过我们的房子，他们的脖子上缠着绳索，拖着沉重的行李。喇叭里宣布他们的房子将被烧毁或者炸毁，居民听到这令人心碎的可怕消息后不得不搬离，否则会被击毙。太阳落山之时，我们看到笼罩了一整天的乌云变成耀眼的红色，当然这肯定不是我们这里著名的金门日落。

连在地震中损坏不严重的街区也都被大火烧毁。4 天后，旧金山有 80% 的地区被摧毁，40 万人口中有一半无家可归。官方死亡人数在 300 至 700 人之间，但他们并未统计生活在贫民窟的人，所以真正的死亡人数高达 3 000 人。

地震和火灾一结束，城市的管理者和商界人士立刻提议重建旧金山，要把旧金山建得比以前更大更好。他们雄心勃勃，制定了计划，打算重建整个街道网，将其打造成一个更现代化的城市。最终还是按照旧计划重建，但拓宽了街道，建造了更多具备防火结构的建筑物。不过，他们仍未吸取教训，没有意识到钢筋加固的重要性，即使在今天，仍有许多危险的旧建筑未被改造。

地震发生 9 年后，为了证明这座城市已重建完成，旧金山举办了大型的巴拿马 - 太平洋国际展览会，以庆祝巴拿马运河建成。为了建造展览中心，建筑商将大部分地震碎片倒入海湾（被当成垃圾填埋场）。展会结束后，部分展览场地成为金门公园，部分新土地被用于建造马里纳区（Marina District）。这一地区是 1989 年洛马普列塔（Loma Prieta）地震（圣克鲁斯山下）中受震最严重、损失最惨重的地区。

除了重建之外，市领导们还认为提到地震对城市的名声不好，会使投资者望而却步，因此官方把这次事件称为"1906 年旧金山大火灾"。毕竟，火灾更为人熟知，并且也是多年来摧毁许多大城市的不可避免的事件，地震则可怕又不可预测。他们尽力压制媒体对地震的任何报道，甚至向东海岸媒体提供虚假报道，吹嘘仅仅在一周之内旧金山就从灰烬中复原。

地质学家认为这种掩盖和公关行为十分荒谬，且令人沮丧，尤其是删改公众应该知晓的正确科学信息的行为。1908 年，约翰·C. 布兰纳（John C. Branner）在《美国地震学会通报》（*Bulletin of the Seismological Society of America*，因 1906 年大地震而成立）上写道：

> 地震研究的一个主要障碍是很多个人、组织或商业团体的错误立场。他们认为，地震不利于西海岸的良好声誉，可能会吓跑商业和资本，因此越少谈论它们越好。这个观点导致了对地震新闻的有意压制，甚至是简单地提到地震都会被禁止。
>
> 1906 年 4 月的大地震后不久，民众几乎达成共识，压制所有提及这场灾难的行为。一些地质学家试图号召民众和企业收集地震相关信息，但一直被人阻挠，他们建议，甚至敦促我们不要收集这些信息，尤其是不要发布这些信息。我们从各方听到的观点都是"忘了它吧""越少提及，越早重建""根本没有地震"。
>
> 毫无疑问，对这次事件持此看法和态度的人也是出于好心好意。当然也合乎情理，因为当时美国其他地区普遍存在一种错误观念，地震是可怕的事情；但对于那些对科学感兴趣的人来说，这种态度不仅是错误的，而且是不幸的、不可原谅的、毫无根据的，迟早会造成混乱和灾难。

现代地震学的诞生

1906 年旧金山大地震是另一个重要的里程碑：它是最早利用现代科学方法充分研究的地震之一，其中的一些发现构成了地震学的基础。为了进行这项研究，加利福尼亚州州长任命了一个由地质学家和地球物理学家组成的蓝带小组。安德鲁·劳森主持建立了州地震调查委员会（State Earthquake Investigation Commission，SEIC）。他是一位著名的地质学家，也是加州大学伯克利分校的教授（参见

第 22 章）。劳森所带领的委员会研究了大地震的各个方面，并与约翰霍普金斯大学地震学先驱哈里·菲尔丁·里德（Harry Fielding Reid）合著了 2 册研究报告。这 2 册研究报告于 1908 年出版，被称为《州地震调查委员会报告》（*The Report of the State Earthquake Investigation Commission*），篇幅超 300 页。

研究报告的作者有许多是当时地质学和地球物理学领域的顶尖人才。其中一位是美国地质调查局的格罗夫·卡尔·吉尔伯特，他的很多发现在一个世纪之后仍然令人瞩目。地震发生时，他碰巧在伯克利。那几天因为无法进入旧金山，他在湾区的其他地方来回旅行，绘制并拍摄了北起托马利斯湾（Tomales Bay），南至海湾地区及圣胡安包蒂斯塔（San Juan Bautista）的断层位移（图 23.2A）。最引人注目的照片是加利福尼亚州奥力马（Olema）附近的一道栅栏线，栅栏的偏移量显示出沿断层走向的巨大水平运动（图 23.2B）。里德利用 1906 年的地震资料建立了地震学的弹性回跳理论（elastic rebound theory），这一理论至今仍在沿用。其他委员会成员也陆续成为加州地质界的先驱。约翰·C. 布兰纳创立了斯坦福大学地质系，后来被任命为斯坦福大学校长；H. O. 伍德（H. O. Wood）在加州理工学院建立了地震实验室；F. E. 马瑟斯（F. E. Matthes）绘制了许多地区的地形图，包括约塞米蒂等许多国家公园。G. 戴维森（G. Davidson）是美国地震学会的第一任会长。其中唯一一名外国成员大森房吉（Fusakichi Omori），也成为日本最著名的地震学家。

这个由地质学家和地震学家组成的全明星阵容编制了一份令人印象深刻的报告，这份报告不仅记录了地震对构造的影响及地震时的感受，还详细记录了其物理效应，特别是断层偏移和地面破

图 23.2　1906 年，地震后格罗夫·卡尔·吉尔伯特拍摄的旧金山湾区北部遭受的破坏：(A) 地面裂缝（以吉尔伯特的妻子为参照物）；(B) 加利福尼亚州奥力马附近发生偏移的著名栅栏（图源：美国地质调查局）

裂。当时，科学家尚未证实地震是由断层引发的。但 1908 年的这份报告彻底解决了这个问题。委员会追踪了从托马利斯湾北部的德尔加达角到圣胡安包蒂斯塔的断层裂隙，甚至提到南部靠近棕榈泉的白水峡谷所受到的影响。尽管他们当时没有将这些活动归因于圣安德烈斯断层，也没有意识到其运动主要是走滑运动（主要在水平方向发生位移），而非垂直偏移，但是他们确定了，加利福尼亚海岸山脉到处都是断层，包括奥克兰（Oakland）下方的海沃德（Hayward）断层和棕榈泉以西的圣哈辛托（San Jacinto）断层。他们还记录了许多相关现象，例如同震滑坡和抬升沉降的地壳岩石，绘制了构造破坏图，还描述和分析了当时少见的地震仪，记述了先前发生的加利福尼亚地震。报告的第二部分主要由里德撰写，他不仅提出了地震的弹性回跳理论，而且为地震地球物理学奠定了基础。简言之，SEIC 的这份报告可谓现代地震学的基石。

自 1908 年的研究以来，随着地震学技术的改进，人们对地震的认识也越来越深入。关于这次地震的震级，最广为接受的是7.8 级，主震震中位于外海约 3 千米处的贻贝岩（Mussel Rock）组附近。这次地震沿着圣安德烈斯断层朝南北向断裂，总长度达 477千米。

2006 年，地质学界为纪念旧金山大地震 100 周年，举行了多次学术会议，发表了很多文章。与会的科学家一致认为，危险并未过去。1989 年洛马普列塔地震同样发生在圣安德烈斯断层的延伸处（位于 1906 年破裂带的南部），对旧金山造成了严重破坏（包括破坏海湾大桥，并导致滨海区的许多房屋沉入地下，燃烧殆尽）。沿东湾（East Bay）的主断层，尤其是海沃德断层，被认为尤为危险。总之，旧金山的地震危害尚未结束。同等规模的地震已久未发生。而且，由于自那时以来人口和基础设施大大增加，地震一旦发生，定会比 1906 年那次更具毁灭性。

地震讹传

当人们提到"地震"和"断层"这两个词时（尤其是在加利福尼亚），首先涌入脑海的就是圣安德烈斯断层。经过多年来对大地震的宣传，以及充满伪科学的灾难电影，圣安德烈斯断层成为世界上最有名的断层。

遗憾的是，大多数人对加州地震和圣安德烈斯断层的认识其实是错误的。首先，加利福尼亚不会沉入大海。圣安德烈斯断层是水平移动，即西侧（太平洋板块）相对于东侧（北美板块）向西北方向移动。断层每次移动，太平洋板块都会向西北方向滑动，平均速度大概与指甲生长速度一样（这是指它有时只移动几厘米，但有时高达 10 米）。5 000 万年后，洛杉矶将与旧金山相邻，最终整个地块都将冲进阿拉斯加南部。

其次，这个断层并不像 2015 年德韦恩·约翰逊（Dwayne Johnson）主演的《末日崩塌》（*San Andreas*）或 1974 年查尔顿·赫斯顿（Charlton Heston）主演的《大地震》（*Earthquake*）这些哗众取宠的电影中所描绘的那么耸人听闻。地震不会引发大海啸（圣安德烈斯断层及相关断层几乎都是在陆地上，所以不会引发海啸），震动也不会超过 1 分钟，不会有电影中那样壮观的虚构特效。地面上也不会出现像 1978 年克里斯托弗·里夫（Christopher Reeve）主演的电影《超人》（*Superman*）中向外喷发岩浆的巨大裂隙。断层线通常发育成又长又直的沟谷，断裂之前完全看不出来。震后出现的裂缝肯定是块体之间发生塌陷而形成的间隙，通常离原始断层线很远。这是因为像圣安德烈斯这样的大断层，会导致两侧岩石缓慢摩擦，侵蚀得非常快，所以只能看得出一个长直的沟谷（通常伴有一些小型断陷湖，是断层线上水聚集的地方）。加利福尼亚州的地质学家经常看到这种模式，除非另有证明，否则任何直线型山谷都被认为是一个断层。

有关地震的谣传和误解不胜枚举。所谓的"地震天气"根本不存在。科学家对几乎所有地区的地震进行细致分析之后发现，地震可能发生在任何时间和任何季节，不限于炎热天气、寒冷天气或某天中的某个特定时间。这是因为地震发生在地下数千米处，而在地表以下几米处就无法感知温度的日常波动了。

更大的问题是人们对地震的过度反应和非理性恐惧，特别是在美国。大多数人对地震的恐惧程度甚于其他自然灾害，但死于雷击或被蛇咬死的概率其实都比地震的高。在美国，因地震死亡的人数（每年不到6人）比那些雷击或蛇咬等罕见事件造成的死亡人数还少。目前为止，最致命的灾难是热浪或暴风雪等常见灾难，它们是美国最厉害的杀手。紧随其后的是飓风、龙卷风和洪水。然而，人们仍会在暴风雪天气走出家门，或是在热浪中做愚蠢的事情，最终失去生命，但他们并没有对这些事件感到畏惧，反而是提到地震等伤亡率更小的灾难时有非理性恐惧。

为什么会这样？一个原因是，与其他事件（与天气有关）不同，地震完全不可预测。有些哗众取宠的人声称能够预测地震，但是地震学家用50多年的经验得知，没有哪两次地震是相似的。某些地震前兆只适用于某种地震类型，对其他没有先兆的地震来说毫无用处。相比之下，我们可以查看暴风雪、飓风、龙卷风或洪水的天气预报，提前做一些准备，因此这些现象就不那么可怕了。另一个原因是，我们因发现脚下的大地实际上并不那么坚固所造成的深度心理冲击，这足以彻底击垮我们。

这并不是说地震没有致命之处。在世界上欠发达或较古老的地区，大部分建筑都是由简单的未经钢筋加固的砖和灰浆制成的古老建筑，这是地震带最糟糕的建筑。由于缺乏专业知识和更多选择[例如木框架（可能是最好的结构）或钢框架]，地震多发区的居民只会不断重建这些"死亡陷阱"。这就是为什么土耳其、伊朗、亚美尼亚、尼泊尔、中国和意大利等地发生大地震时，死亡人数如此之多。但在加利福尼亚州，《费尔德法案》（Field Act，1933 年长滩地震后立即通过）中规定这种建筑是非法的，而且该州唯一的传统结构（砖瓦和水泥）建筑的内部必须用钢筋加固，因此地震发生时它们是一体的，不会因晃动而散架。因此，加利福尼亚州或美国其他地方的居民没必要因担忧在地震中死亡而失眠。相反，他们更应该担心热浪或暴风雪，或者是交通事故！那些事件才更有可能让人丧命。

圣安德烈斯断层

1906 年旧金山大地震发生时，地震学还处于起步阶段，几乎没有人了解地震。如今，我们掌握了自旧金山大地震以来一百多年里积累的关于断层和地震的大量信息。这些信息可作为我们衡量科学发展程度及对地震了解程度的指标。

1895 年，加州大学伯克利分校的地质学先驱安德鲁·劳森首次发现了圣安德烈斯断层，他也是 1906 年旧金山大地震调查委员会的会长。他并非以圣安德烈斯湖为该断层命名（人们普遍认为如此），而是以湖泊所在的圣安德烈斯山谷来命名的（当时被称为拉古纳德圣安德烈斯）。1906年，劳森的委员会记录旧金山地震期间的位移数据时，发现这个断层不仅在湾区出现，甚至可以追溯到南加利福尼亚州（该地区的震感较轻）。

其后数年，地质学家测绘了圣安德烈斯断层的更多区段，但认为它和其他断层没什么不同，只是更长而已（图23.3A）。最终显示它的延伸长度超过1 300千米，北起门多西诺角（Cape Mendocino）和瓜拉拉区（Gualala），向海洋方向延伸至雷斯角（Point Reyes），接着呈斜对角穿过旧金山南部（主要是戴利城，Daly City），再转向圣胡安包蒂斯塔以南的硅谷西部，之后沿海岸山脉从霍利斯特（Hollister）到帕克菲尔德（Parkfield）再到卡里索平原（Carrizo Plain，图23.3B）。从那里它拐了个弯，几乎呈东西向穿过横断山岭（Transverse Ranges）的北侧，再从圣加布里埃尔山（San Gabriel Mountains）和圣贝纳迪诺山（San Bernardino Mountains）之间的卡洪山口（Cajon Pass）穿过，接着继续穿过圣贝纳迪诺、班宁（Banning）、棕榈泉，最后进入索尔顿海槽（Salton Trough）和墨西哥边境。

在早期绘制地图的过程中，最惊人的发现是圣安德烈斯断层不仅导致了1906年旧金山大地震，还导致了其他重要事件。其中最大的一次事件是1857年的蒂洪堡（Fort Tejon）地震，它破坏了北起加利福尼亚中部，南至蒂洪堡［格雷普韦恩（Grapevine）和5号州际公路在蒂洪山口横穿断层］的大断层，该断层总长约350千米。太平洋板块在几秒钟内向北移了10米，穿过峡谷和山口的道路全毁。现今仍有更多的高速公路和其他建筑物穿过这段断层。据估计，此次地震有7.9级，大致与1906年旧金山大地震（7.8级）的震级相仿——但它造成的死亡人数较少，因为它远离

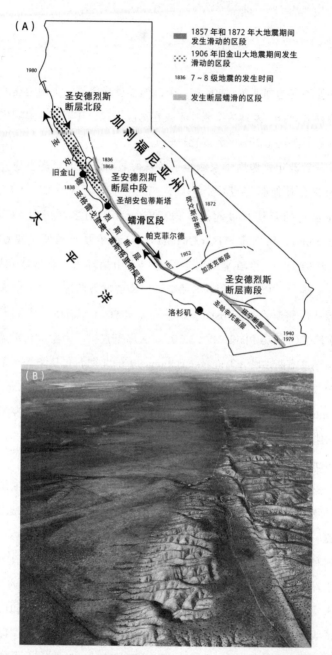

图 23.3　加利福尼亚州圣安德烈斯断层：(A) 图中标出了断层线上的主要城市；(B) 从空中俯瞰，可轻易看到卡里索平原上的断层，它就像地面上一条又长又直的疤痕，两边都是褶皱山丘［图源：(A) 据资源重绘；(B) 维基百科］

大城市。在某些地震中，震动可能持续近 3 分钟，比旧金山大地震要长得多。

1857 年，加利福尼亚州南部的大部分地区人烟稀少，只有驻在蒂洪堡（这里所有的土砖建筑物全部倒塌）的骑兵堡垒中的少数陆军士兵，还有生活在西班牙和墨西哥沿海古镇上的少数居民。尽管如此，仍有许多砖石房屋倒塌。据报道只有 2 人死亡，但这主要是由于当时生活在小型建筑物中的人口很少。

从那以后，圣安德烈斯断层的这段区域一直很平静——可以说有点过于平静了（借用电影中的说法）。大多数地震学家认为，这个断层段是"固定"的，所以它不会随许多小地震而缓慢滑动（如加利福尼亚海岸山脉中段及南部的索尔顿海槽中那样），而是压力不断积累，直到它以大地震的形式一次性释放出巨大的能量。20 世纪 70 年代和 80 年代，地震学家在断层山谷沉积了几个世纪的沉积物中开掘壕沟。他们在帕莱特溪（Pallett Creek）找到了具有近 2 000 年历史的沉积层，并在壕沟剖面上发现被早先地震破坏的地层，后者在震后又被未遭破坏的地层覆盖。地质学家利用放射性碳测年法测得了地层中炭质碎片的年龄，推算出地层间地震的发生时间，进而了解该断层上的地震活动史。基于这些分析，地震学家认为，这些沉积物涵盖了 2 000 年来这段圣安德烈斯断层的地震活动。第一批年龄数据显示，地震周期约为 137（±8）年；后来的一项研究表明，地震周期为 145（±8）年。2017 年是 1857 年蒂洪堡地震震后的第 160 年，不难理解为什么地震学家如此担心圣安德烈斯断层的这一段。若这段断层发生滑动，可能会在几秒钟内偏移约 10 米，就像 1857 年那次大地震一样。这次地震将是所有南加州人长时间一直在等待和担心的"大麻烦"。

交错滑移

1906 年旧金山大地震发生后，地质学家认为，圣安德烈斯断层仅仅是一个大构造，长期以来，最多只有几十米的偏移。这条断层非常长，但其滑移量还算正常。但是这种简单的观点受到最基本的地质技能的挑战：简单、传统的野外填图。发现这一点的人是有史以来最杰出的地质学家。

其中一位名叫汤姆·迪布雷（Tom Dibblee），他从事地质野外填图工作的时间超过 60 年。迪布雷于 2004 年去世，享年 93 岁。他在 80 多岁时仍然去野外填图，虽然没有年轻时那么高效。在我的职业生涯中，有幸同他聊过几次。汤姆是圣巴巴拉（Santa Barbara）要塞墨西哥裔指挥官的后代，在圣巴巴拉县西部山区的圣朱利安牧场（Rancho San Julian）长大。一位石油地质学家曾到他的家庭农场寻找含油构造，使年轻的汤姆（当时还是一名高中生）对地质产生了兴趣。1936 年，汤姆从斯坦福大学获得地质学学位，之后在加州矿业和地质局（California Division of Mines and Geology）工作，发表了许多关于汞矿床和其他项目的报告。后来，他任职于联合石油公司（Union Oil Company）和里奇菲尔德石油公司（Richfield Oil，现为 ARCO），并通过他的野外填图工作［坦布勒（Temblor）、卡连特（Caliente）、圣埃米格迪奥（San Emigdio）和南代阿布洛（Southern Diablo）等山岭的地质填图；卡里索平原地质填图；库亚马（Cuyama）、萨利纳斯（Salinas）和因皮里尔（Imperial）河谷地质填图；圣克鲁斯山地质填图；伊尔河（Eel River）地区填图；俄勒冈州西部和华盛顿州等地的填图］找到了大型油田。1952 年，汤姆加入美国地质调查局。1967 年之前，他被分配在莫哈韦沙漠进行地质填图。在那里他找到更多的露头，有更多前所未有的发现。该项目一结束，他又到加利福尼亚州海岸山脉地区进行填图。1977年，从调查局"退休"后，他还为美国国家森林局填绘了大约7 800平方千米的加利福尼亚沿海地区的地质图。总而言之，他一个人填绘过的总面积近1/4个加州，约100 000平方千米，可谓空前绝后。

关于迪布雷及其技术的传说有很多。比如，他的耐力非同寻常，甚至到了七八十岁，走得比二三十岁的人还要更快更远；他只对勘测填图感兴趣，所以他并没有详细考察每寸土地，而是通过路堑、山脉和山脊的顶部将其绘制出来，进行宏观观察。后世地质学家经常发现汤姆忽略了很多细节，但这是必要的妥协——他专注于全局，而非细节。

大多数时候，他都在非常偏远的地区进行填图，带上可维持一周的食物和水在外露宿。他的露营地就是他那辆破旧的老爷车。他睡在汽车座椅上，以抵挡外面的寒风。打开车门，放一块向外延伸的板子，就可把腿放在上面休息。这种深入野外（而不是驾车到数千米外的城镇去找酒店）的简单露营方式，让他能以极低的花费进行大面积的填图。他出了名地节俭，连那些必须以极少预算进行工作的人也这么觉得。在里奇菲尔德石油公司工作时，他的上司震惊地发现，他递交的其中一个填图项目的支出仅为14.92美元。他的上司说无法想象这么点钱怎么吃饭。汤姆回答："哦，我在山上发现很多我喜欢吃的东西。"无论他的初步填图价值如何，加利福尼亚的每一位地质学家都享受了他的成果，并且通常以汤姆的地质图为基础，找出哪些是已知的，哪些需要进一步研究。幸运的是，汤姆去世后，他的许多地质学家同事和支持者成立了迪布雷地质基金会。该基金会发表了汤姆所有的彩色地质图，可以随时在线订阅。

另一位传奇的加利福尼亚地质学家是梅森·L. 希尔（Mason L. Hill），他的朋友都称呼他"马赛"（Mase）。希尔在加利福尼亚州的波莫纳（Pomona）长大，后进入波莫纳学院读书，并在那里受著名地质学家 A. O."伍迪"·伍德福德（A. O."Woody" Woodford）的影响迷上地质学，并以此为业。大学期间，他担任伍迪的野外助理，后于 1926 年毕业。毕业后，希尔在黑鹰金矿（Black Hawk Gold）工作，然后去了壳牌石油公司（Shell Oil），之后在克莱蒙特研究生院（Claremont Graduate School）和加州大学伯克利分校获得硕士学位。他在那里写了第一份完整的关于圣加布里埃尔山地质概况的研究报告。之后他又转到威斯康星大学，并于 1934 年获得博士学位，专攻断层力学。

1936 年，希尔开始在里奇菲尔德石油公司工作。在那里他遇到了汤姆·迪布雷，两人曾多次合作。希尔用汤姆的地质图破解了隐蔽断层的"滑动感"，并在此过程中发现了位于隐蔽逆冲断层下方的许多油田。希尔之后一直在里奇菲尔德工作，并于退休之前当上了该公司的地质总工程师。他创造了走滑断层（strike-slip fault）这一标准术语，在阿拉斯加北坡地区取得了很多突破性发现。他还是 1954 年出版的《南加州地质通报》（*Geology of Southern California*，该杂志由加州矿业和地质局发行）第 170 期的主要作者。希尔于 1969 年退休，他不仅为大西洋里奇菲尔德公司工作了多年，也曾参与过其他专业组织。

在所有地质学家中，迪布雷和希尔所看到的加利福尼亚地质现象之多可以说前无古人，后无来者。1953 年，他们得出了一个重大结论，并将其发表在一篇具有里程碑意义的论文中：自侏罗纪（仅 1.4 亿年前）以来，圣安德烈斯断层已经移动了数百千米。而此前的大部分地质学家认为它的偏移量最多只有几千米。

希尔和迪布雷是如何得出这个惊人的结论的呢？迪布雷在填图过程中发现，圣安德烈斯断层一侧的岩石单元与另一侧的岩石单元相同，但两者相距很远（图 23.4）。反过来讲，希尔利用自己的断层分析技巧，找出了这类断层移动的线索。例如，他们发现自晚中新世（仅 700 万年前）以来两侧相匹配的岩石相距 100 千米，早中新世（仅约 2 000 万年前）岩石相距 280 千米，晚侏罗世（约 1.5 亿年前）相距大约 480 千米。如果将圣安德烈斯断层以西的加利福尼亚地块复原到侏罗纪时期的位置，会发现它已经远远低于现代的墨西哥边界，并且已经移动了很远的距离。

当然，这样离谱的想法立即受到其他地质学家的质疑。他们要么怀疑断层两侧的滑动单元之间的相似性是否准确，要么质疑这些岩石单元的年代数据。但在 1953 年之后的几年里，地质学家发现的相匹配的岩石组合越来越多，证实了希尔和迪布雷的大胆想法。例如，位于海岸山脉中部尖顶国家公园（Pinnacles National Park）中的壮观岩石（图 23.5）是火山熔岩，喷发于大约 2 300 万年前。它们在圣安德烈斯断层的东北侧被切断，和它们相对应的岩石是位于棕榈谷以西莫哈韦沙漠西部的尼纳克火山岩，位移为 314 千米。这些岩石移动这么远的距离只用了 2 300 万年。

圣克鲁斯以北的始新世布塔诺（Butano）砂岩与坦布勒岭的波因特夫罗克斯（Point of Rocks）砂岩相匹配，它们在 4 000 万年中移动了大约 354 千米（图 23.4）。圣加布里埃尔山脉北部的始新世佩罗娜片岩（Pelona Schist）与索尔顿海以东相对应的奥罗库匹亚片岩（Orocopia Schist）之间发生了几乎相同的偏移。加利福尼亚中部拉潘萨（La Panza）山脉的古新世岩石与横断山岭的圣弗朗西斯基塔（San Francisquito）组相匹配（图 23.4）。

地质学家考察更古老的岩石时发现，偏移量更为惊人。阿里纳角旁的瓜拉拉地块白垩纪岩石与横断山岭中的岩石相匹配，证明它们在大约 1 亿年内已经移动了 515 千米。瓜拉拉地块下方的侏罗纪基岩与内华达山区基岩相匹配，表明它们在大约 1.4 亿年内移动了560 千米。

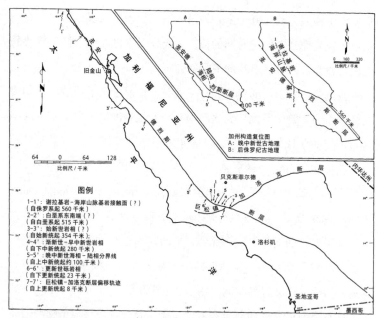

图 23.4 不同地质时期，圣安德烈斯断层沿线相互匹配点位置分布图，图中显示在侏罗纪（右上角插图），加利福尼亚州西部的大部分地区位于目前墨西哥边境的南部 [图源：Courtesy of the California Division of Mines, *Geology of Southern California*, Bulletin 170 (1954)]

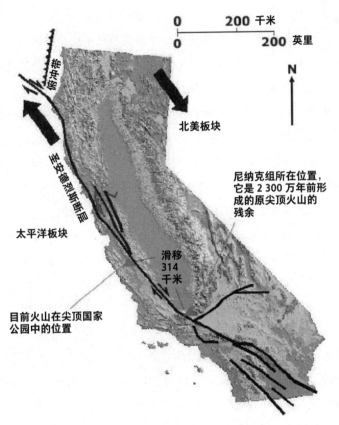

图 23.5　尖顶国家公园中的岩石和与之相吻合的莫哈韦沙漠尼纳克火山岩之间的位移（图源：美国地质调查局）

　　20 世纪 50 年代和 60 年代，虽然地质学家发现的证据越来越充分，但加利福尼亚州西半部分发生了远距离滑动这一惊人的事实似乎仍令人很难接受。没有人能想象断层会有如此大规模的水平运动，断层块在固定陆壳上滑动了数百千米。但随着板块构造学说的诞生，一切都变了。

转变为转换断层

在板块构造学说的早期阶段，许多创新思想相互影响，主要集中在少数顶尖科研机构，如剑桥大学、拉蒙特-多尔蒂地质观测站、普林斯顿大学和斯克里普斯海洋学研究所。1965 年，这些人碰巧都在剑桥。加拿大地球物理学家 J. 图佐·威尔逊在剑桥公休了一年；与此同时，弗雷德里克·瓦因和德拉蒙德·马修斯正好在解决海底扩张和磁异常的问题（参见第 21 章）；哈里·赫斯从普林斯顿来剑桥访问；爱德华·布拉德爵士则在探究大陆的吻合程度及地壳板块在球形地球上的移动机理；丹·麦肯齐、约翰·斯克莱特（John Sclater）和罗伯特·帕克（Robert Parker）等优秀科学家和剑桥的研究生同样在研究板块构造的关键问题。早在 1960 年，威尔逊就已经接受了大陆漂移的想法，并于 1963 年发表了一篇具有重大意义的论文，提出夏威夷群岛是因太平洋板块滑过地幔固定热点（hot spot）而形成的。目前的夏威夷岛位于热点的上方，基拉韦厄火山仍在喷发，但越往西北方，岛屿的年代越古老，代表这些火山滑过热点后停止了喷发。我们已在第 17 章中讨论了，威尔逊如何推测出大西洋两岸出现的三叶虫等化石是原始大西洋闭合后又沿另一条裂谷重新张裂的证据。

不过在 1965 年，威尔逊才刚开始研究板块如何相对运动。受布拉德、麦肯齐和澳大利亚地质学家 S. 沃伦·凯里（S. Warren Carey，他支持地球膨胀说）等人的研究的启发，威尔逊意识到板块边界可能有三种基本类型。瓦因、马修斯和赫斯都提出了海底扩张理论，即板块拉张的地方（参见第 21 章），这一现象通常发生在洋中脊。到 1965 年，这一理论已被更多人接受。霍姆斯和赫斯等人（参见第 22 章）也提出地壳板块汇聚，其中一个板块会俯冲到另一板块之下这一想法。

但威尔逊意识到，如果新板块从地球某处的洋中脊生成，后缓慢滑进地球另一边的海沟进而消失，那么一定存在第三种板块边界类型，即板块之间既没有分离也没有碰撞，只是相互错动。威尔逊将这类边界命名为转换断层，因为它们将板块从一个地方运输或"转换"到另一个地方。板块在转换断层处的运动大多是水平 / 走滑运动，几乎没有垂直运动，挤压或拉张也很少。看着快要成型的板块边界图，威尔逊发现，大多数洋中脊上都有短的断层段，可以使洋中脊偏移。这些断层段就是他最早讨论的转换断层。他还指出，洋中脊必须具有这些转换断层，才能使板块改变运动方向，在地球表面旋转。

威尔逊深入研究时，还注意到全球范围内有许多神秘的大型走滑断层。在所有走滑断层中，这种转换断层是连接其他两种板块边界的关键，例如错断两个扩张脊，或者连接洋中脊和海沟。他研究了三种板块边界相互作用的所有可能情况，并给出了许多实例。

随后威尔逊关注到这个谜题——圣安德烈斯断层（图 23.3A）。果然，他可以证明这个大断层始于东太平洋海隆的北端。东太平洋海隆是一个扩张洋脊，南起南美洲海岸，向北一直延伸到加利福尼亚湾中部。圣安德烈斯断层将洋脊与洋脊连接，并在门多西诺角进行转换。

希尔和迪布雷在 1953 年提出的令人吃惊的走滑运动突然变得相当合理。走滑是板块在地球表面滑动的直接结果，而圣安德烈斯断层是太平洋板块向西北方向滑动的结果，该板块在阿留申岛弧和西太平洋俯冲带下方发生俯冲。

谜底终于揭晓。

延伸阅读

Collier, Michael. *A Land in Motion: California's San Andreas Fault*. Berkeley: University of California Press, 1999.

Cox, Allan, ed. *Plate Tectonics and Geomagnetic Reversals*. San Francisco: Freeman, 1973.

Cox, Allan, and R. B. Hart. *Plate Tectonics: How It Works*. New York: Wiley-Blackwell, 1986.

Dvorak, John. *Earthquake Storms: The Fascinating History and Volatile Future of the San Andreas Fault*. New York: Pegasus, 2014.

Hough, Susan E. *Finding Fault in California: An Earthquake Tourist's Guide*. Missoula, Mont.: Mountain Press, 2004.

Molnar, Peter. *Plate Tectonics: A Very Short Introduction*. New York: Oxford University Press, 2015.

Oreskes, Naomi. *Plate Tectonics: An Insider's History of the Modern Theory of the Earth*. New York: Westview, 2003.

Winchester, Simon. *A Crack in the Edge of the World: America and the Great California Earthquake of 1906*. New York: Harper Perennial, 2006.

Yeats, Robert S., Kerry E. Sieh, and Clarence R. Allen. *Geology of Earthquakes*. Oxford: Oxford University Press, 1997.

24 地中海曾是荒漠

墨西拿阶蒸发岩

我们与海洋紧密相连。无论是扬帆远航还是凭栏眺望，当我们回归海洋，就像回到了家乡。

——约翰·F.肯尼迪

从灰烬中崛起

20世纪40年代末和50年代初，海洋地质学领域飞速发展，纽约拉蒙特-多尔蒂地质观测站、马萨诸塞州伍兹霍尔海洋研究所和斯克里普斯海洋研究所的海洋考察方兴未艾，已积累了30余年的环球航行经验，尽可能收集了有关海洋的所有信息。年复一年，人类开始揭开海洋神秘的面纱。通过测定不同深度的水样可以定期测量海洋的温度和化学成分；通过回声测深法和声呐逐渐破译了海洋的深度和形状；通过从船尾抛出炸药，检测从海底下层反射回来的声波，从而揭示海面下的浅层结构；将活塞取芯器的长钢管插入海底沉积物中，可得到10米长的圆柱形岩芯。但若试图插入更长的钢取芯管，就会遇到问题。因此，得到的海洋沉积记录年代范围相对较短且年代较近，大部分都是近100万年内的冰河时代沉积物。

与此同时，60多年来，地震学家一直在试图破解地球内部的结构。他们通过分析大地震时地震仪上的地震波，发现地震波的传播路径是弯曲的，由此确定了地核和地幔的结构、各圈层的温度和密度，还发现地球外核是液态的。

其中最早的一个发现由克罗地亚地震学家安德里亚·莫霍洛维奇（Andrija Mohorovičić）在 1909 年提出。他观察上地幔和地壳的地震波时，发现只在地壳中传播的地震波和深入地幔再返回地壳的地震波之间的速度有很大不同。通过计算这些地震波发出的深度，莫霍洛维奇确定，地壳和最上层地幔的密度一定存在明显差异，因此两者之间有明确的分界线。后世地震学家证实了这一发现，地壳和地幔之间这条明显的界线被称为莫霍洛维奇不连续面。由于这个名称有点拗口，地质学家简称它为"莫霍面"（Moho）。

到 20 世纪 40 年代末，地震学家已经确定了世界上许多地方的地壳深度。他们发现，洋壳相对较薄，厚度只有 10 千米左右；而陆壳的厚度至少是洋壳的 5 ~ 15 倍，达 50 ~ 150 千米。因此，如果我们想要通过钻探获得地幔样品，最好的研究地点是洋壳最薄处。

这个想法引起了著名海洋地球物理学家瓦尔特·蒙克（Walter Munk）的兴趣（图 24.1）。蒙克于 1917 年出生于维也纳，随后被送去纽约读书，为进入银行工作做准备。年轻的蒙克发现自己不喜欢银行的工作，因此进入哥伦比亚大学，后来又转学到加州理工学院，于 1939 年在那里获得了物理学学士学位，并于 1940 年获得地球物理学硕士学位。之后他在斯克里普斯海洋研究所开始了博士研究生涯。第二次世界大战爆发后，他自愿参军。不过，美国军方非常看中他的海洋学专业知识，因此蒙克被分配到一个研究小组。该

图 24.1 2010 年，瓦尔特·蒙克获得被誉为"地学界诺贝尔奖"的克拉福德奖（图源：维基百科）

小组负责协助盟军确定北非和太平洋适合登陆的潮汐和波浪条件，也参与了诺曼底登陆（D-Day invasion）计划。2009 年，蒙克曾说道："诺曼底登陆之所以有名是因为当时天气条件非常恶劣。你们可能不知道，由于当时的海浪条件，艾森豪威尔将军（General Eisenhower）将登陆时间推迟了 24 小时。最后他还是决定，尽管环境条件不利，最好还是实施登陆，因为下一个潮汐周期是两周后，如果他们继续等下去，可能会错失良机。"比基尼环礁（Bikini Atoll）氢弹试验时，该小组曾向军方提供可能影响试验的潮汐流和风力条件，蒙克在其中也扮演了重要角色。

战后，蒙克回到研究生院，并于 1947 年获得加州大学洛杉矶分校的博士学位。随后他成为斯克里普斯研究所的一名员工，并在那里度过了他的职业生涯。他曾协助建立了斯克里普斯地球物理与行星物理研究所，并多次参与海洋科考活动。在蒙克的众多发现中，最重要的一个是破译了信风如何驱动温带和热带海洋中的大尺度水循环，即海洋环流。他还证实了，月球被地球潮汐锁定，所以月球有一面总是向着地球。他最著名的成就是建立了预报海浪的科学方法。

他最具"野心"的项目（与普林斯顿大学的哈里·赫斯合作）是试图通过海底钻探到达地幔。1952 年，赫斯和蒙克成立了一个名为美国百科协会（American Miscellaneous Society，AMSOC）的科学家团队［包括拉蒙特研究所所长莫里斯·尤因"博士"和斯克里普斯研究所所长罗杰·雷维尔（Roger Revelle）］。协会的主要作用是向政府提供某些科学项目的可行性建议。1956 年，这些知名人士招募了一个石油公司团队［包括大陆石油（Continental）、联合石油（Union）、苏必利尔（Superior）和壳牌（Shell）石油公司，简称 CUSS 联盟］，要实现一个不可思议的想法：从船上向下钻穿洋壳到达地幔。最终，该项目由刚成立不久的国家科学基金会（National Science Foundation，NSF）接管，并与 CUSS 联盟达成合作。该项目被称为"莫霍孔计划"（Project Mohole，意为"通向莫霍面的钻孔"），这堪比太空竞赛［太空竞赛项目是为了回应苏联发射的第一颗人造卫星"斯普特尼克号"，同样于 1957 年启动］。

项目组在斯克里普斯研究所附近演练后，于 1961 年 3 月在墨西哥瓜达卢佩岛（Guadalupe Island）附近进行了首次钻探。他们与洛杉矶的环球海洋（Global Marine）公司达成协议，使用其先进的海洋钻探船 CUSS 1。这艘钻探船原本是几家石油公司为探寻海底新油层联合建造的，因为当时任何一家石油公司都无法独立建成。

NSF 与 CUSS 联盟之间的合作是互利的：科学家获得研究成果，石油公司开发新的海外资源。钻探工作有一定挑战性，在到达海底之前，需要穿过 3 600 米的海水。项目组一共钻了 5 个孔，其中最深的有 183 米，但只获取了 14 米的洋壳玄武岩岩芯。因为这只是为了确定海洋钻探的可行性而进行的一次试验，所以第一次航行中没钻得太深。然而，莫霍孔计划之后被搁置，因为该计划受到了政治上的阻碍。项目管理责任转移到 NSF 后，美国百科协会解散，许多困难接踵而至，美国国会决定切断项目资金。莫霍孔计划以失败告终。

成功之花生长

与此同时，坚硬的玄武岩难以钻穿也揭示了另一件事：第一次钻探中，钻孔上部 159 米易于钻穿的沉积物为中新世柔软的海底泥质沉积和浮游生物壳体。科学家通过这些深海岩芯中的海洋沉积物，得到了第一个长尺度记录，而在船上进行的普通钢管式取样法是无法获取如此长尺度的沉积记录的。虽然莫霍孔计划已流产，且在 1966 年失去了资金支持，但科学家和石油公司都从这次钻探经历中认识到，海洋沉积层岩芯更容易获取，且更有价值。毕竟，石油公司只对沉积岩感兴趣，因为石油主要是在沉积岩中形成和储存。他们对沉积物下面坚硬的玄武熔岩没兴趣。科学家则意识到，钻探世界各地的沉积物有助于我们了解各地海洋数百万年来的变化。与陆地沉积记录（非常不完整且不连续）不同，从海面到海底的浮游生物壳体和淤泥可提供几百万年的近乎连续、不间断的地史记录。

1966 年 6 月，斯克里普斯研究所和另一家石油公司联盟，成立了一个新项目——深海钻探计划（deep sea drilling project, DSDP）。该项目由 NSF 和民营石油公司共同投资赞助。1967 年 10 月，他们开始建造一艘比 CUSS 1 更新、更先进的船，名为"格罗玛·挑战者号"（*Glomar Challenger*，图 24.2）。它的名字源自建造它的环球海洋钻探公司［Global Marine, Inc.，其在业内被誉为"格

图 24.2 早期海洋钻探船"格罗玛·挑战者号"（图源：维基百科）

罗玛"（Glomar）。Glomar 一词取英文 Global Marine 的三个首字
母]，同时也是为了向英国著名科学考察船"挑战者号"致敬。后者
曾于 1872 年至 1876 年间完成世界上首次真正的海洋探险。"格罗
玛·挑战者号"长 120 米，宽 20 米，于 1968 年 3 月 23 日下水。它
能以时速 22 千米的速度航行长达 3 个月。船中部竖立着 60 米高的
钻塔，最大工作水深 6 100 米，并可以下放一根钻深 800 米的钻柱。

　　这艘船最初两次航行是在墨西哥湾内试航，以确保一切正常。
第三次航行是首次真正意义上的科学项目，他们要去验证 1968 年
最热门的地质学观点：海底扩张理论是否成立。他们航行到南大西
洋，并在大西洋中脊两侧各钻探了一系列岩芯。果然，离洋脊越远，
岩芯底部的沉积物越老，证明海底确实在扩张（参见第 21 章）。

　　1983 年，"格罗玛·挑战者号"几乎持续运行了 15 年，历经
了 96 次独立探险或"远航"，航行里程达 695 670 千米，在海底钻
了 624 个孔，取得 19 119 根岩芯。在此过程中，它创下了世界海
洋历史上的惊人纪录，探索了很多奥秘，从冰河时代的成因（参见
第 25 章）到恐龙的灭绝（参见第 20 章），再到过去 1.5 亿年中洋
流如何变化及如何影响气候等问题。许多人认为，深海钻探计划是
科学史上最重要的项目之一，当然也是海洋地质学和海洋学最重要
的项目之一。

　　但"格罗玛·挑战者号"上的设备已经磨损且过时，因此这艘
船退役了，并且被毫不客气地切割成废料。这未免太可惜了，因为
作为科学仪器，它在历史上的地位可与用于探索宇宙膨胀的威尔逊
山望远镜，或推动现代核物理快速发展的回旋加速器相媲美。1985
年，"格罗玛·挑战者号"被更新、更先进的"乔迪斯·决心号"
（*JOIDES Resolution*）取代。此后，"决心号"行驶超过 572 574 千

米，完成了 111 次航行，钻了 1 797 个孔，取得 35 772 根岩芯。虽然"乔迪斯·决心号"仍在航行，但服务三十多年后，它现在已处于半退休状态。

目前海洋钻探工作由巨大的日本深海钻探船"地球号"（*Chikyu Maru*，图 24.3）执行。"地球号"始建于 2002 年，在 2007 年首次航行并开始钻探作业。不幸的是，在 2011 年的日本海啸中，该船从停泊处脱离并与码头相撞而受损。"地球号"非常大，长 210 米，宽 38 米，钻塔高 130 米，比自由女神像或圣路易斯拱门还要高，被戏称为"哥斯拉号"（Godzilla Maru，哥斯拉是日本电影中的大型怪兽形象）。"地球号"甚至有一个独立的直升机起降场，航程超过 27 000 千米。船上载有 200 多人，其中有 100 名船员，钻深超

图 24.3　深海钻探船"地球号"（图源：维基百科）

过 10 000 米。2012 年 9 月 6 日，"地球号"创造了一个新的世界
纪录。它在太平洋西北部日本下北半岛（Shimokita Peninsula）附
近海底以下 2 111 米处钻探，并取得了岩芯。2012 年 4 月 27 日，"地
球号"下钻到海平面以下 7 740 米，创造了新的深海钻探世界纪录。
该纪录至今仍未被打破。

为了向莫霍孔计划致敬，"地球号"计划在不久的将来钻到地幔。

谜题 1：进退两难

西西里岛和意大利本土之间的墨西拿海峡是世界上最特别的地
方之一。海峡最狭窄处不到 3.1 千米，它不仅对地中海的海洋生物
很重要，对陆生生物也有重大影响。这个狭窄处不仅生活着罕见的
海洋生物（如偶尔浮出水面的深海蝰鱼），也是几乎所有从非洲经
西西里岛到欧洲的鸟类的重要迁徙路线。春季迁徙期间，鸟类通常
达 300 多种，一次迁徙中鸟类的数量高达 35 000 只。

在古代，墨西拿海峡就广为人知。伊阿宋和金羊毛的故事，以
及伊索寓言中都曾提及它。最早提到墨西拿海峡的故事是荷马的
《奥德赛》（Odyssey），该故事讲述了奥德修斯及其船员如何穿越这
个狭窄的海峡。他们同时面临来自意大利本土和西西里岛两侧的危
险，意大利本土一侧有名为斯库拉（Scylla）的六头怪物，西西里岛
一侧有吞噬船只的巨大漩涡卡律布狄斯（Charybdis，图 24.4）。海
峡最窄处实在太窄，没有船只能安然通过，唯一的选择是面对哪种
危险。根据女巫喀耳刻（Circe）的建议，奥德修斯选择了斯库拉
这侧。怪物夺走了一些水手的生命，但他的船终于逃离了漩涡。在
《奥德赛》中，喀耳刻告诉奥德修斯："沿着斯库拉的峭壁以最快的
速度驶过！虽然你会失去 6 个伙伴，但可以保住你的船，总比全军

图 24.4 奥德修斯在斯库拉和卡律布狄斯之间做出选择的神话故事，常用来比喻在艰难选择之间做出决定。例如，这幅 1793 年的英国政治漫画就用拟人的手法描绘了代表大不列颠的"布列塔尼亚号"（*Britannia*）在首相威廉·皮特（William Pitt）的指挥下，航行在斯库拉和卡律布狄斯之间。它的副标题是："宪政之船行驶在民主之石和独裁权力漩涡之间"。皮特驾着"宪政"小船，驶向一座插有"公众幸福天堂"旗帜的城堡。他们正在被理查德·布林斯利·谢里登（Richard Brinsley Sheridan）、查尔斯·詹姆斯·福克斯（Charles James Fox）和约瑟夫·普里斯特利（Joseph Priestley）追赶，这些人可以看作鲨鱼，也可以当成斯库拉的狗（图源：维基百科）

覆没要好得多。"当奥德修斯接近斯库拉所在的岩石时，怪物的头出现并从甲板上抓走了 6 名船员。正如《奥德赛》中所写：

　　　　斯库拉把他们扔向悬崖，他们扭动着，大口喘气，惊恐不安，怪物张开大嘴，把他们生吞下去——

他们向我伸出双臂，大声哭喊着，

在挣扎中失去了生命。

由于多年来西方数代人学习古典文学，"斯库拉和卡律布狄斯之间"（between Scylla and Charybdis）这句话被纳入英语体系，成为一个习语，意思是在两个糟糕的选项之间做出艰难的抉择。与短语"进退两难"（on the horns of a dilemma）、"左右为难"（between a rock and a hard place）、"进退维谷"（between the devil and the deep blue sea），或者"在死亡与毁灭之间"（between death and doom）的意思相同。

荷马史诗中的神话故事并非完全虚构。墨西拿海峡靠近意大利的一侧波涛汹涌，有许多暗礁，斯库拉的传说可能由此而来。卡拉布里亚（Calabria）海岸上有一块被称为"斯库拉岩"的著名岩石，据说是怪物斯库拉的栖息地或洞穴。卡律布狄斯就更不是神话了。由于奇怪的环流模式，且通过海峡狭窄处的潮汐流很强，海峡西西里岛一侧经常出现大型漩涡。它可能没有 23 米的卡律布狄斯漩涡那么大，可吞没一艘古希腊战船，但是漩涡真实存在，并且直到今天对往来的船只来说仍然相当危险。

对于地质学家来说，"墨西拿"有着不同含义。19 世纪，地质学家在墨西拿附近的西西里岛地区首次开展工作，发现了非常厚的石膏和盐类沉积物（图 24.5），这类矿物由湖泊或海洋盆地中的水蒸发而形成（形成几厘米的盐或石膏需要蒸发大量海水）。在某些地方，盐和石膏的沉积厚度达 1 500 米，表明这里曾有大量海水被蒸发。在古代，盐非常珍贵，西西里岛人自古就开采这些盐矿，然

图 24.5 墨西拿海峡厚厚的盐层和石膏层，夹有海洋淤泥（图源：维基百科）

后通过船只运往世界各地。

地质学家最初研究这些沉积层时，还无法解释它们的成因。1867 年，地质学家卡尔·马耶尔-埃马尔（Karl Mayer-Eymar）对它们进行了仔细研究，并发现了一些重要线索。他在盐层和石膏层顶部之上的岩层中发现了化石，这表明泥质成分形成于半咸水潟湖环境。半咸水潟湖的化学组分介于淡水和海水之间。化石证据还表明，它们形成于中新世末期。半咸水层上方沉积的是在正常盐度的清澈冷水中所形成的深海泥质沉积。厚厚的蒸发岩为欧洲中新统顶部墨西拿阶的底界，其上的深海泥层是上新统赞克尔阶的底界。

地质学家随后在地中海周围其他地方也发现了许多厚厚的中新统盐层和石膏层，但没人能够解释它们是如何形成的，以及为什么当时会形成如此多的蒸发岩。

谜题 2：尼罗河大峡谷

尼罗河是强大自然之力的产物。它发源于肯尼亚高地和维多利亚湖区，全长 6 671 千米，最后注入地中海，是世界第一长河。其后半段流经苏丹、埃塞俄比亚和埃及的沙漠地带，为那里带去了生机。

尼罗河上游地区遭受暴雨时，会导致大量洪水沿山谷而下，摧毁冲积平原上所有的小村庄。洪水为冲积平原带来了新鲜的淤泥和有机物质，形成世界上最肥沃的土壤。由于尼罗河肥沃的泛滥平原，6 000 多年前，世界上最古老的文明之一出现在古埃及。希腊历史学家希罗多德（Herodotus）曾说："埃及是尼罗河的馈赠。"几个世纪以来，埃及人不得不应对尼罗河每年的洪水，以便获得丰厚的农业效益。数千年来，他们取得了巨大成功。埃及历法也与尼罗河挂钩，分为三个不同的季节："泛滥季"（Akhet）、"生长季"（Peret）和"收获季"（Shemu）。几千年来，埃及一直是古代世界的"粮仓"，生产了大量粮食，以及近几年著名的埃及棉花。埃及人已经习惯了每年到来的洪水可能造成的生命和财产损失。

1954 年，埃及军方发动政变，推翻了法鲁克国王（King Farouk）的腐败政权，接管了埃及。军队首领加迈尔·阿卜杜勒·纳赛尔（Gamal Abdel Nasser）是一位野心勃勃的军官。作为一名雄心勃勃又充满魅力的领导人，他很快就认为自己是中东所有伊斯兰国家的领导者。冷战高峰期间，在与美国、英国及其盟国，以及苏联、中国和东方集团的往来中，他还试图保持严格中立。当他需要帮助时，他最先找到美国，但美国总统艾森豪威尔和中央情报局局长约翰·福斯特·杜勒斯（John Foster Dulles）只想为他提供用于防御目的的武器和美国军事顾问。纳赛尔拒绝了这些条件。1955 年，埃及人对以色列的突袭使得双方关系更趋紧张。纳赛尔转而向苏联领导人尼基塔·赫鲁晓夫（Nikita Khrushchev）寻求帮助。

1956 年，为筹集尼罗河上的一座大坝的建设资金，纳赛尔夺取了苏伊士运河的控制权，以获取其收益。这引发了一场全球危机。英国、法国和以色列入侵埃及，一场几乎全球性的战争要在苏伊士运河打响。最后美国和苏联施加了压力，几国最终撤军。从那以后，埃及一直控制着苏伊士运河。

1958 年，该事件降温后，苏联承诺资助在阿斯旺市（Aswan）尼罗河河段上建造大坝的费用，这座大坝被命名为阿斯旺大坝（Aswan High Dam）。大坝在 1960 年开始建设，并于 1970 年完工。它也产生了一些负面影响，最出名的是淹没了几座令人惊叹的古埃及神庙，如阿布辛贝神庙（Abu Simbel）。1960 年，联合国教科文组织（UNESCO）进行了一次拯救行动，将拉美西斯二世（Ramses Ⅱ）等大型雕塑切割成块，运到地势较高的地方（图 24.6A 和图 24.6B），然后在水库（现在称为纳赛尔湖）边重建整个神庙。菲莱（Philae）、卡拉布萨（Kalabsha）和阿玛达（Amada）的遗址也不得不迁移。部分需要迁移的埃及神庙送给了协助拯救工作的国家，包括现在位于纽约大都会艺术博物馆的著名的丹铎神庙（Temple of Dendur）。

大坝可以防洪。如果发生干旱（也困扰着埃及和苏丹），大坝也可以提供稳定的水源及水力发电。但是这需要付出代价。失去周期性的尼罗河洪水，意味着两岸的土壤每年都不再有营养补充，农业因此受到影响。此外，尼罗河流域洪水的减少加上其高蒸发率，使土壤中的盐分不再被稀释或冲走，从而渗出地表。许多重要农业

图 24.6 建设阿斯旺大坝带来的影响:(A)阿布辛贝神庙,不得不迁移到更高的地方;(B)迁移大雕像拉美西斯二世;(C)尼罗河下方大峡谷横截面,显示了绘制剖面图的地质学家标记的原始俄语符号(图源:维基百科)

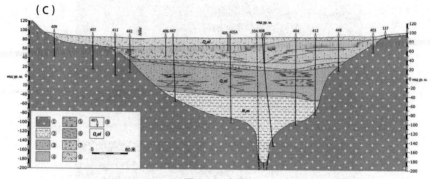

图 24.6 （续）

区的土壤已经变得过咸，再也无法种植庄稼。

沉积物的匮乏也意味着尼罗河三角洲不再扩张，反而受到地中海的侵蚀。相反，河流沉积物被困在纳赛尔湖的底部，使纳赛尔湖逐渐变浅，发生淤堵，最终将毫无用处。尼罗河的水质不再浑浊，清澈的河水现在长满了水生藻类，这影响了整个埃及的饮用水质量。尼罗河三角洲和地中海近海区域的渔业已近崩溃。简言之，许多人认为纳赛尔项目的经济损失远超它所带来的效益，尤其埃及现在是非洲人口最多的国家之一，并且正饱受贫困和政治动荡之苦。

但在阿斯旺大坝的建设中有另一个惊人发现。苏联和埃及的工程师之所以将坝址选在此地，是因为这里是一个狭窄的峡口，两侧均为砂岩悬崖。然后，他们在山谷中钻孔，试图找到底部坚硬基岩的位置，以确定大坝的基底。他们在尼罗河河谷不停钻探，但似乎一直找不到底，洪泛区下方深处充填的只有沉积物。1967 年，苏联地质学家伊万·S. 丘马科夫（Ivan S. Chumakov）发现岩芯中充满了深水环境下的上新世海洋浮游生物。最终，他们在海平面千米之下才钻到基岩！开罗之下的钻探结果显示，基岩在洪泛区表面以下 2 500 米。从地下获取的反弹地震波数据表明，下方有一个大峡谷尺度的大型地貌。可以说，大坝的工程师无意中发现，尼罗河河谷实际上是古代大峡谷充填形成的（图 24.6C），比现今的海平面低了 2 500 米。

然而，是什么导致尼罗河下切到比现今海平面低这么多的位置呢？为什么下切得如此之深后它又完全被沉积物填满？另一个谜题出现了，拼图中又多了一块独立的碎片。

谜题 3：洋底的洞

数十年来，地震学家一直在收集地中海底部的声波资料，发现了中新世、上新世，甚至更早时期的沉积层。中生代和新生代大部分时期，这里都是从直布罗陀到印度尼西亚这段特提斯海道的一部分。然后，在中新世，非洲大陆和欧洲大陆发生碰撞，导致地中海闭合（这次碰撞也导致阿尔卑斯山隆起）。然而，1961 年，地震剖面中首次出现一个独特的层，一层非常“明亮”的强反射波。它被称为“M 反射器”，其密度与截面其他部分的砂泥层差别很大，因此，地震学家最开始猜测它可能是一层盐类沉积。它像毯子一样盖着整个地中海，但深埋于其下，表明它曾覆盖整个海底，后被更年轻的沉积物掩埋。1967 年，意大利地震学家乔治·鲁杰里（Giorgio Ruggieri）提出，M 反射器不仅代表盐层，而且与墨西拿海峡中的盐层相对应。他认为，整个地中海曾经干涸，成为一个巨大的盐盆，并创造了“墨西拿盐度危机”（Messinian salinity crisis）一词。然而，当时没有直接证据能够证实他的想法。

不过这个想法显然值得深究。科学家建议，“格罗玛·挑战者号”的第 13 次探测巡航（在其首航后仅仅两年）对地中海底部进行钻探，试图搞清楚 M 反射器到底代表什么，以及验证鲁杰里的想法是否正确。和之前的深海钻探计划航行一样，第 13 次航行也配备了一支由 3 位科学家领导的庞大科研队伍。第一位领队是微体古生物学家玛丽亚·B. 西塔（Maria B. Cita）。第二位是许靖华，一位华裔沉积学家，他开创了许多研究领域，包括搞清楚加利福尼亚混杂岩的成因（参见第 23 章）。许靖华教授现在九十多岁，因其重要发现，他曾获得地质学领域几乎所有的荣誉，包括伦敦地质学会的沃拉斯顿奖章和美国地质学会的彭罗斯奖章。

第三位是海洋地球物理学家比尔·瑞安（Bill Ryan），他的主要研究领域是地球物理、深度剖析及取岩芯。1977 年，我在拉蒙特研究所读研究生时，比尔·瑞安是我的海洋地质学教授，因此我直接从他那儿听到了这个故事。他曾参与过数十次拉蒙特研究所的海洋考察队，并开创了回声测深、海洋测量、深海摄像机和走航式采样器等多项技术，以及其他海底数据辅助收集技术。比尔谦逊温柔、沉默寡言，说话慢条斯理。但是他的思想和职业道德无与伦比。虽然他讲课时从容不迫，但我仍然清晰地记得他讲述自己第一次测绘世界海洋深海平原的经历。他告诉我们，它们是如此平坦、如此宽广，以至于科学家在深海平原上巡航了几天，回声测深仪不断给出相同的深度读数。

许靖华、比尔和玛丽亚怀着不同的目标来到这个项目：发现导致晚中新世欧洲各地海平面下降的原因（许靖华）；寻找中新统-上新统海相地层，完善地中海海相岩石的生物地层年代（玛丽亚）；弄清楚 M 反射器的意义及地中海盆地的成因（比尔）。1970 年初，"格罗玛·挑战者号"从葡萄牙里斯本出发，穿过直布罗陀海峡后，立即开始在巴利阿里盆地（Balearic Basin，位于地中海的西半部，西班牙和撒丁岛-科西嘉岛之间，包括巴利阿里群岛）进行钻探。第一批钻探点（点120～点122）在巴利阿里盆地西缘附近，紧邻西班牙东海岸（图24.7）。钻探钻过更新统和上新统海洋淤泥后，在中新统-上新统界线处遇到了一层厚厚的砾岩，这表明曾有粗糙的河流沉积物，甚至是来自干涸河道的洪水期冲积物或干燥沙漠"冲刷物"流入地中海盆地。虽然没有定论，但这显然表明，巴利阿里盆地的上层斜坡并非一直在海水之下，它曾是广阔的冲积扇，分布着从陆地上冲刷而来的砂和砾石。

然后他们将船驶向更东边，在盆地斜坡下钻探。他们钻到上新

碳酸盐岩

硬石膏

石盐

● 油井

○ 深海钻探计划钻孔点

⤳ 盐丘

0　　　　　　500 千米

图 24.7 地中海西部巴利阿里盆地的同心圆状分带，显示了深海钻探计划的钻探点（图源：深海钻探计划）

统和更新统泥岩之下时，发现了一些令人吃惊的东西：叠层石（参见第 13 章）和白云质壳体层，这表明斜坡下层曾是超咸的潮间泥滩，只有蓝绿细菌和某些藻类可以在这种环境下生存。水体盐度太高，以至于形成了像白云石这样的奇怪矿物。这有力地证明，地中海底部确实曾经暴露于地表，完全干涸，因为叠层石和潮间带沉积物白云岩不可能形成于深海中，且光合细菌不能在没有阳光的地方生存。

最后，他们让船到达"同心圆"的圆心——巴利阿里盆地的中心。果然，钻到上新统海洋沉积物之下时，发现了厚厚的盐层和石膏层，它们位于现今地中海底部数百米之下。这是强有力的证据，证明大约在 550 万年前，地中海西部曾完全干涸。它也证实了许多地震学家的猜想：M 反射器是一层厚厚的盐层和石膏层，位于中新统最上部，覆盖整个地中海的海底。

这类沉积物与死海或死谷（Death Valley）等曾完全干涸的水体中发现的沉积物一样。这种盆地的边缘一般有冲积砂砾，海洋盆地中有时还会出现叠层石和碳酸盐矿物等潮间带沉积物。意大利化学家 M. J. 乌齐利奥（M. J. Usiglio）曾在 1849 年做过一组著名实验，实验结果表明，原始水量至少蒸发 50%，才能形成碳酸盐矿物（如方解石、文石或白云石）；原始水量蒸发 80% 以上，才会形成同心圆外环的石膏等硫酸盐矿物；当原始水量蒸发 90% 以上时，最后沉淀的盐类是"苦盐"（bitter salt）：石盐（氯化钠）、钾盐（氯化钾），以及各种形式的氯化钙；当盆地中央（同心圆中心）的水完全消失时，这些盐类才会从高浓度盐水中沉淀出来。

惊人的发现不断涌现。科学家在其中一个岩芯中钻探到地中海底部沙漠的风成沙丘，他们发现这个风成沙丘由石英砂粒和古老海洋淤泥风化而成的浮游动物壳体组成，是古老的中新世沙尘暴吹成的。在其他岩芯中，他们还发现了大量泥质裂缝，证明地中海底部曾经完全干涸。他们注意到，大多数岩芯中的盐层和石膏层与普通的海洋沉积层交替出现，表明地中海的底部曾经干涸，后短暂地被淹没，然后再次干涸，如此反复。因为单一蒸发事件中，所有水消失后只会留下一层薄薄的盐和石膏，所以墨西拿海峡的盐和石膏沉积物如此之厚是干涸和淹没反复交替出现的结果。事实上，据科学家估算，这里的盐层总体积有 100 万立方千米！该盐量是现在地中海盐量的 50 倍。因此，地中海至少需要连续干涸 50 次，洪水和干涸之间的快速波动必定非常剧烈。

谜底：巨型版死海

深海钻探计划第 13 次航行继续向东前进，穿过意大利和西西里岛，在地中海东部钻取了更多钻孔，并发现了更多相同的沉积物。航行结束时，对船上的科学家来说，现有证据无可争议。在他们看来，这种现象只有一种解释：地中海曾经是一片巨大的沙漠（图 24.8）。

然而，当他们返航并在 1971 年初的科学会议上展示他们的成果时，遭到了令人难以置信的怀疑和抵制。无论证据多么强大，许多科学家仍无法想象整个地中海曾经干涸，并在海平面以下 1 800 米处形成一个含大量盐类的沙漠盆地——一个巨大版的死海。虽然几十年后仍然有科学家反对这一想法，但大多数人都接受了许靖华、瑞安及其同事在 1970 年和 1971 年提出的结论。

首先要认识到，地中海非常敏感。它位于中纬度地区，受副热带高气压带控制（图 18.4），大部分地区炎热干燥，地中海北非海

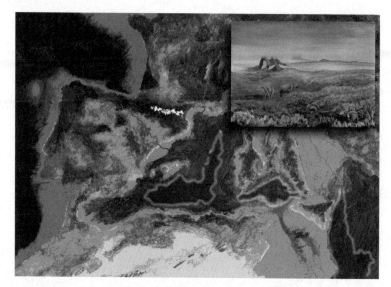

图 24.8 艺术家关于干涸的地中海盆地的想象图（图源：维基百科）

岸到沿岸的欧洲国家都是温暖干燥的"地中海气候"，如西班牙、意大利和希腊。由于位于沙漠带上，该地区流入的水比蒸发的水少得多，并且只有少数大型河流（尼罗河和罗讷河）带来的淡水来中和如此高的蒸发率。2 000 万年前，阿拉伯半岛和非洲板块与亚洲板块碰撞挤压，导致该盆地的东端先闭合，只留下狭窄的直布罗陀海峡可容许海水涌入，来补给蒸发掉的水。另一起关键事件又导致这个狭窄的进水口闭合，使水源完全被切断。

事实上，596（±2）万年前，全球海平面确实下降；与此同时，非洲和西班牙相碰撞导致阿特拉斯山脉隆起。一旦海平面下降到可允许海水流入的狭窄水道以下，地中海的水源便完全被切断。596 万年前至 533 万年前期间，地中海盆地完全干涸，后来水又通过直布罗陀海峡流入，淹没盆地，如此不断反复。这一过程至少发生了 50 次。

在此期间，地中海盆地就像一个大号的死海，耐热耐干的动物可穿过地中海，或在现今是岛屿的地区之间迁徙。实际上，我们早就知道地中海的很多岛屿（如塞浦路斯、马耳他、加尔加诺、科西嘉岛、西西里岛和撒丁岛等）都有不常见的矮小哺乳动物化石。地中海最后一次被淹没时，这些地区被阻隔，形成地理隔离，使得这些动物独立演化。塞浦路斯和马耳他分别有各自特有的侏儒河马（已灭绝），其他岛屿上也有侏儒长毛象。还有一些岛上有像狗一样大小的巨型刺猬，以及像猪一样大小的兔子。这在许多岛屿动物区系中很常见，大象或河马等大型哺乳动物由于缺少天敌且资源有限而变小，而像刺猬和兔子这样的小型哺乳动物反而由于没有和它们体形级别相当的哺乳动物与之竞争而变大。

实际上，古哺乳动物学家早就知道，哺乳类动物群在中新世末期曾发生过重大变化，哺乳动物可在欧亚大陆和非洲之间自由迁徙。根据这一证据，他们曾最早提出地中海曾经完全干涸。

地中海发生过干涸的这一认知也破解了最后一个谜题：尼罗河大峡谷。墨西拿事件早期，地中海的海平面开始下降，为了匹配高度差，尼罗河的前身下切形成冲积平原和大峡谷。这种情况一直持续到地中海完全干涸，此时尼罗河峡谷已下切到海平面以下 2 500 米处，河水流入这片盐田后很快蒸发。当上新世的洪水重新淹没盆地时，尼罗河大峡谷将充满海水，很快被来自海洋的海洋沉积物和尼罗河上游的泥沙充填。地质学家研究法国罗讷河谷时，这个想法得到了证实。法国的罗讷河谷也有一个深邃的峡谷，现在峡谷之下已完全被上新世的海洋沉积物充填。

最后，根据 50 次小规模的水浸 - 蒸发事件，我们可估算出大概需要多少水及流入速度多大才能补偿如此高的蒸发率。事实上，要最终填满地中海并结束水浸-干涸循环，需要大量上新世"大洪水"中的洪水。瑞安计算得出，需要巨量寒冷的大西洋海水迅速冲过直布罗陀海峡，速度如此之快以至于形成了超级大的瀑布，其规模相当于尼亚加拉大瀑布的 1 000 倍，是世界最大瀑布之一赞比西瀑布（Zambezi Fall）的 15 倍。瑞安和许靖华教授计算得出，每年必须有 34 000 立方千米的海水穿过"直布罗陀瀑布"，回填地中海盆地 100 年，实际水量可能更大。按照这个流速，其水量和压力都很大，瀑布的巨大轰隆声很可能已突破声障！

只不过是简单观察了墨西拿海峡中的盐和尼罗河之下的峡谷，我们便对地球史上最令人惊奇的事件有所了解，多么不可思议！

延伸阅读

Bascom, Willard. *A Hole in the Bottom of the Sea: The Story of the Mohole Project*. New York: Doubleday, 1961.

Briggs, Peter. *200,000,000 Years Beneath the Sea: The Story of the* Glomar Challenger—*The Ship that Unlocked the Secrets of the Oceans and Their Continents*. New York: Holt, 1971.

Hsü, Kenneth J. Challenger *at Sea: A Ship That Revolutionized Earth Science*. Princeton, N.J.: Princeton University Press, 1992.

Hsü, Kenneth J. *The Mediterranean Was a Desert: A Voyage of the* Glomar Challenger. Princeton, N.J.: Princeton University Press, 1983.

25 诗人、教授、政客、门卫，以及关于冰期的发现

冰川漂砾

> 冰川就像上帝的犁，数百万年前对地球表面又是磨，又是犁，又是耙。

—— 著名冰川学家路易斯·阿加西（Louis Agassiz）

谜题 1：漫游的巨石

18 世纪末和 19 世纪初，在地质学初创时期，最大的谜题之一就是经常出现在奇怪的地方或者在看似不稳定的地方却保持平衡的巨石（图 25.1）。更令人费解的是这些岩石的类型，它们与其发现地点附近的岩石完全不同。在某些情况下，这些岩石的来源地可以追溯到所在地以北数百千米。苏格兰地质学先驱阿奇博尔德·盖基（詹姆斯·赫顿的门生）后来这样描述它们："这些巨大的石头像房子一样大，被冰川搬运到冰川谷突出的位置，或零散分布在丘陵和平原上。我们可以通过分析它们的矿物学特征来确定它们的来源。"

地质学家观察得越深入，就越觉得它们与周围环境格格不入。荷兰中部斯霍克兰地区（Schokland）一个村庄的地表覆盖着一层年轻的沉积物，几乎没有基岩露头，却出现了一大堆来自挪威的

巨石。德国北部沿岸平原中部施特克瑟（Stöckse）附近也有一群巨石，被称为吉比兴施泰因（Giebichenstein）。它们显然不是本地的，因为该地区并没有坚硬的基岩，只有松软的沿岸平原沉积物。这些岩石可能来自斯堪的纳维亚半岛。欧洲其他地方也有类似的巨石，其他大洲甚至有更大的，例如坐落在加拿大艾伯塔（Alberta）平原顶部的巨石，它们显然不是来自其周围硬度较低的白垩系页岩。美国的普利茅斯岩（Plymouth Rock）亦如此。我在伊利诺伊州中部进行地质实地考察时，经常会在某些路堑上发现天然铜块，这些铜块只可能来自密歇根州的北部半岛。这样的例子在北半球随处可见，它们被称为"流浪石"（wanderer）或"漂石"（erratic），后者源自拉丁语动词"*errare*"，意为"游荡"（与英文中的"err"和"error"字源相同——当你走上歧途，就会偏离真理；如果你"不规律地"行走，就是游荡）。它们也被称为"迷失的羔羊"或"弃儿"，因为学者觉得它们就像远离羊群的小羊。

然而，正如我们在第 5 章中所述，当时大多数早期地质学家将所有层状岩石（不仅仅是沉积物，甚至是熔岩流）归因于大洪水（通常被称作是诺亚洪水）活动。这种说法或许能够解释岩石的长距离搬运，却忽略了很多重要细节。例如，水流是如何携带如此大的岩石，却未留下满地砾石和鹅卵石（就像现在的大洪水一样）。它也无法解释为什么大多数此类巨石仍非常尖锐且棱角分明，而不像岩石和鹅卵石在水中（尤其是山洪中）因滚动、摩擦后变得圆润。但是，此时地质学仍然处于起步阶段，大洪水理念占主流，很少有人敢提出质疑。相反，他们忽视了各种各样的矛盾，强行将他们的所有发现用这个简单的说法解释。1824 年，著名英国博物学家威廉·巴克兰（William Buckland）写道：

图 25.1 欧洲北部几个"岌岌可危"的巨石：(A)芬兰萨沃尼亚的 Kummakivi（芬兰语"奇怪的岩石"）；(B)位于英格兰约克郡奥斯特威克附近的诺伯（Norber）的一块置于其他岩石之上的"乱入的巨石"；(C)最近，加利福尼亚约塞米蒂国家公园里的一块因冰川融化而掉落的处于微妙平衡状态的巨石（图源：维基百科）

图 25.1 （续）

我们有证据表明，来自北方的洪流导致它们沿整个英格兰东海岸漂流到现在的位置，使这里出现了部分不可能来自这个国家的砾石。其中一些可能来自苏格兰海岸，但大部分显然是从北海对岸漂流而来。

因此，冰川漂砾仍是一个谜。其他未经分选的巨砾、砂粒和黏土厚层沉积也是如此，如洪流漂移形成的沉积物，早期地质学家称之为"漂流物"（drift）。它的另一个名称是"洪积物"（diluvium），字面意思是"洪水沉积物"。同样，如果地质学家用批判的眼光来看，就会发现无论洪水的能量多强，任何流动的水流都会产生明显的分层。即使洪水突然失去能量，它所携带的巨砾、砾、砂和黏土也不会随意混合，而是会按颗粒大小分成不同层，从离散的

砾石层到砂层，再到较细的粉砂和黏土层。但这种批判性思维尚未
出现……

谜题 2：岩石上的擦痕

另一个一直困扰着欧洲早期地质学家的基岩地质学问题是，非
常坚硬的基岩表面经常有一道道平行的擦痕或沟槽，后者有时可长
达数米（图 25.2）。这些擦痕有些非常浅，但大部分非常深。有些
基岩上的擦痕的范围很大。那么到底是什么力量可以在如此坚硬
的基岩上刮出沟槽？更重要的是，是什么原因导致这些擦痕如此高
度平行？

19 世纪 30 年代末以前，大洪水再次成为解释它们成因的一个

图 25.2 基岩上像锉齿一样的冰川擦痕，是冰川底部的岩石被拖曳过基岩
形成的（图源：维基百科）

方便而简单的观点。1824 年，巴克兰写了一本长达 200 页的专著《洪水遗迹》（拉丁语 *Reliquiae Diluvianae*）。该书又名《通过观察有机残余物证明大洪水活动》（*Observations on the Organic Remains Attesting the Action of a Universal Deluge*），书中概述了诺亚洪水对于漂砾、冰碛物和平行擦痕的解释。他指出，这些擦痕是"重物在洪流中受到巨大推力快速运动时因自身重量与基岩发生摩擦而形成的"。然而，无论当时还是现在，任何敏锐的观察者，只要仔细观察洪水的运动，就会发现水流不可能长距离且直线式地运载岩石并形成擦痕。但由于当时的地质学家对大洪水模型的解释很满意，并未做相关实验。

谜底：阿加西和冰期

并非所有欧洲人都将这些奇怪的地质特征视为洪水的产物。特别是那些住在阿尔卑斯山区及其冰川附近的人们，由于曾亲眼看见冰川的运动，他们对此有着不同的见解。早在 1787 年，瑞士牧师贝尔纳德·弗里德里克·库（Bernard Friedrich Kuh）就认为这些奇特的巨石是由冰川带来的，因为他曾在瑞士看到冰川搬运这样的巨石。几年后，詹姆斯·赫顿游览瑞士和法国的侏罗山时也得出了相同的结论，可惜这一理论连同他的其他具有激进性和革命性的想法被世人忽视。1824 年，挪威博物学家延斯·埃斯马克（Jens Esmark）提出，挪威的擦痕和漂砾是冰川造成的。他们发现，巨大的冰川压在岩石上，使岩石脱离岩床，并在重力作用下随底冰向下滑动，像锉刀齿纹一样在基岩上刮出擦痕。受埃斯马克的影响，德国博物学家赖因哈德·伯恩哈迪（Reinhard Bernhardi）在 1832 年发表了一篇文章，称整个欧洲，甚至德国中部都曾经被极地冰帽覆盖。

　　与此同时，在瑞士，对近代阿尔卑斯山冰川及其作用的观测成果逐渐增多。1815 年，瑞士登山者和羚羊猎人让-皮埃尔·佩罗丹（Jean-Pierre Perraudin）描述了冰川对瑞士山谷的影响，并推测冰川的规模曾经更大，延伸得更远。1818 年，他的想法给一位名叫伊尼亚斯·韦内茨（Ignace Venetz）的公路工程师留下了深刻印象，因为工作的缘故，韦内茨在瑞士待了很长时间。韦内茨越来越确信，冰川曾从阿尔卑斯山蔓延开来，并影响了周边地区。他曾在 1816 年、1821 年和 1829 年的三次演讲中，宣称过去冰川曾发生过大规模扩张。与此同时，贝克斯盐矿的负责人让·德夏彭蒂耶（Jean de Charpentier）听过佩罗丹和韦内茨的演讲，自己进行野外考察后，也开始坚信这一观点，并于 1829 年至 1833 年间就这个主题发表了几篇文章。

　　1834 年，德夏彭蒂耶在卢塞恩发表演讲，听众中有一位名叫路易斯·阿加西的瑞士年轻古生物学家（图 25.3）。当时阿加西因在鱼类化石方面的开创性研究在欧洲很多地区颇为有名。1836 年夏天，阿加西在贝克斯拜访了德夏彭蒂耶，目的是证明后者的冰川理论是错误的。然而，最后他接受了冰川理论，并渴望将这一观点传播给大多数不太了解冰川的地质学家。与早期仅仅简单地证明阿尔卑斯山和附近地区冰川作用的冰川地质学倡导者不同，阿加西是一位富有想象力的思想家、大胆的演说家、具有煽动性的作家，也是一个热切、勤奋和雄心勃勃的人。

　　1837 年，阿加西在其家乡纳沙泰尔（Neuchâtel）主持瑞士自然科学学会年会。他上台致辞时，观众原本以为这是一场关于鱼类化石的报告，然而他却发表了一场激进演讲，认为曾经归因于诺亚大洪水的大部分地质特征，其实是冰川作用的结果。在回顾了佩罗

图 25.3　年轻时的路易斯·阿加西（图源：维基百科）

丹、韦内茨和德夏彭蒂耶的证据和观点之后，他将他们的观点扩展到了欧洲大部分地区，认为欧洲在"冰期"曾被冰川覆盖。他的发言是如此出乎意料和令人惊讶，以至于会议陷入了混乱，漫长的争论完全打乱了原定的报告。其中一位演讲者是阿曼·格雷斯里（Amanz Gressly），他计划介绍现在著名的"沉积相"概念，但在阿加西的重磅炸弹造成混乱后没有机会进行展示。

大多数听众对阿加西的想法仍然持高度怀疑和批判的态度，因此会议结束时，阿加西组织了一次即兴野外考察，去距离最近的阿尔卑斯山冰川（这种事在今天的学术会议上是不可能发生的，因为现在的学术会议上的所有行程都要提前几个月紧密安排，参会者的机票和酒店也无法变更）。当时出席的欧洲最权威的地质学家，包括埃利·德博蒙（Élie de Beaumont）和利奥波德·冯·布赫（Leopold von Buch）等人和阿加西一起坐马车前往。如果阿加西以为，他们在看到实地证据后会立即转变想法，那他显然过于乐观。他们在怀疑中结束了野外考察，大多数地质学家仍然批判他的想法。著名博物学家和探险家亚历山大·冯·洪堡（Alexander von Humboldt）甚至让阿加西回去研究他的鱼类化石，"去为实证地质学多做些贡献吧，而不是以这些空泛之论（除了有点冰）改变原有的世界认知。这些想法只能说服那些创立这些理论的人"。

欧洲大陆的科学家对阿加西的理论十分冷淡，但其他地区的接受程度则高得多。英格兰的威廉·巴克兰听说了阿加西的一些想法后开始怀疑他自己用诺亚大洪水解释一切的做法。1835 年，巴克兰在牛津接待了阿加西，当时后者正在做访问学者，研究鱼类化石，后来他们成为朋友。1838 年，巴克兰前往德国弗赖堡参加德国博物学家协会年会，听到阿加西宣传他的冰川理论，并聆听了他的观点。随后，他与阿加西一起前往纳沙泰尔，和富有的自然科学赞助人夏尔-吕西安·波拿巴（Charles-Lucien Bonaparte）一起进行了一场冰川地质学之旅（自从他的叔父拿破仑在 1815 年滑铁卢战役失败并遭流放后，波拿巴基本无事可做）。经历了这次地质之旅之后，巴克兰并没有完全接受这个理论。直到 1840 年，阿加西在格拉斯哥举办的英国科学促进会会议上做演讲时，他才反复思考。最后，巴克兰想法改变了，成为第一个相信冰川理论的英国人。其他大部分英国地质学家对他态度的突然转变感到惊讶，并表示鄙视。当时有一幅著名的讽刺漫画（图 25.4），描绘巴克兰身着学者们常穿的高帽和长袍，带着地图、锤子等地质装备，站在有平行擦痕的地面上。擦痕上标着"冰川在创世之前 33 330 年造成的擦痕"和"前天车轮在滑铁卢桥上刮出的擦痕"。

后来，巴克兰说服了当时最有影响力的评论家查尔斯·赖尔。赖尔立即写了一篇文章来支持他的观点。随后阿加西、巴克兰和赖尔一起前往苏格兰高地。在那里，阿加西向他的同伴说明，许多长期以来无法解释的独特特征都是苏格兰曾被冰川覆盖而产生的。1841 年，爱德华·福布斯（Edward Forbes）写信给阿加西："你让这里所有的地质学家都为冰川而疯狂，他们正在把英国变成冰屋。一两个伪地质学家试图用可笑而荒谬的行为来反对你的观点。"

关于冰河时代的争论持续了很多年，阿加西已经厌倦了无休止的争论。他于 1846 年乘船去了美国，原本是为了研究鱼类化石，但后来收到了非常慷慨的邀约，留在哈佛并创建了比较动物学博物馆。后来他一直留在美国，在哈佛大学教学和研究 27 年之久，直到 1873 年去世。更重要的是，他借此在北美东北部各地进行了野外考察，发现了很多冰川地质特征，进一步证实了他的想法，即北极冰帽发生过全球性扩张，曾覆盖了北半球所有大陆。阿加西还培养了一批杰出的学生，他们后来成为美国新一代的动物学家和地质学家，包括古生物学家查尔斯·杜利特尔·沃尔科特（参见第 17 章）、阿尔菲厄斯·海厄特（Alpheus Hyatt）和纳撒尼尔·谢勒（Nathaniel Shaler），古生物学和昆虫学家阿尔菲厄斯·帕卡德（Alpheus Packard），博物学先驱欧内斯特·英格索尔（Ernest Ingersoll），鱼类学家戴维·斯塔尔·乔丹（David Starr Jordan），探险地质学家约

图 25.4 著名讽刺漫画，站立在冰川擦痕上的威廉·巴克兰（图源：维基百科）

瑟夫·勒孔特（Joseph LeConte），以及著名的哲学家和心理学家威廉·詹姆斯（William James）。

教授、政客和诗人，瑞士教授阿加西不仅创立了冰期理论，还得到政治家-地质学家赖尔的支持，到 1842 年他已说服了许多地质学家。但是，直到一位名叫伊莱沙·肯特·凯恩（Elisha Kent Kane）的诗人-探险家发现了其他的证据，这个理论才最终被全世界接受。

格陵兰的冒险与死亡

地质学家和普通人试图理解"冰河时代"概念时，遇到的主要问题是难以想象大型冰盖曾覆盖整个欧洲。要想象阿尔卑斯山的冰川规模在过去比现在大得多是一回事，但要想象整个欧洲都被厚厚的极地冰帽覆盖是另一回事。同样，问题在于大多数欧洲人对世界的认知有限。正如维氏学说信徒（水成论者）从未见过火山喷发因而无法将熔岩流视为液体岩石一样，当时的地质学家也不知道巨大的冰盖是什么样子。

在此之前，科学和学术研究上的几乎所有突破都出自欧洲。不过，美国这个年轻的国家开始探索和扩张，许多先驱和侦察兵从阿巴拉契亚山脉到密西西比州一路探索。刘易斯与克拉克远征（Lewis and Clark Expedition）在 1803 年至 1805 年间从密西西比州一直考察到太平洋。1848 年，美国在美墨战争中赢得了大片领土；1850 年，加利福尼亚州作为一个州被纳入联邦。

美国人不断探索着他们的西部地区，但也有人向北极地区进发。一些大胆的美国人想利用这个新机会成名，伊莱沙·肯特·凯恩就是其中之一。他于 1820 年出生于费城的名门望族，22 岁时获得宾夕法尼亚大学医学学位，后来在美国海军担任外科助理医师。这个职位使他参与过许多危险任务，如签订中美《望厦条约》、被派遣去非洲，以及参加过美墨战争中的几次战役。在 1848 年 1 月 6 日的诺帕鲁坎战役（Battle of Nopalucan）中，凯恩被俘，还与墨西哥上将安东尼奥·高纳（Antonio Gaona）和他受伤的儿子成为朋友。

1845 年，英国探险家和海军军官约翰·富兰克林（John Franklin）爵士开始了一次大胆的航行，他们打算利用"幽冥号"（HMS *Erebus*）和"惊恐号"（HMS *Terror*）两艘军舰，经由北极海域探索西北航道。探险队向北航行后便消失无踪，下落不明。由于富兰克林是英国贵族和著名探险家，珍妮·富兰克林夫人和英国海军部提供巨额赏金用以寻找富兰克林及其船只和船员。随后许多探险队出发寻找失踪人员以赚取赏金。到 1850 年夏天，共有 11 艘英国船只和 2 艘美国船只在寻找富兰克林探险队。

亨利·格林内尔（Henry Grinnell）于 1850 年也资助了一支探险队参与搜寻。由于凯恩经验丰富又大胆勇敢，他被任命为这支探险队的高级医务官。他们是这些探险队中唯一相对成功的队伍，因为他们发现了富兰克林探险队第一个冬季营地的位置。在这次成功经历的鼓舞下，凯恩组织了第二次由格林内尔资助的探险队，去更远的地方搜寻。1853 年 5 月 31 日，他们从纽约出发，冬天到达格陵兰的伦斯勒湾（Rensselaer Bay）。整个冬天，凯恩和他的船员都饱受坏血病的摧残，有些人差点死去。尽管如此，下一个春天到来时，凯恩的团队仍继续向北航行，并在格陵兰和埃尔斯米尔岛之间最北端的缝隙中发现了未结冰的肯尼迪海峡。这成为未来极地探险家的首选路线，最终 1910 年罗伯特·皮里经由此航线到达了北极。

然而，穿越格陵兰的航行越来越艰难，很快他们的任务就不是找到富兰克林，而是要活着返回家乡。1855 年 5 月 20 日，他们的双桅帆船"前进号"（Advance）已经开始被冰封，无法航行。凯恩随后带领他的船员穿越冰盖，进行了长达 83 天的艰苦跋涉，直到他们最终到达乌佩纳维克（Upernavik，格陵兰西海岸的中间地带）附近的一条开阔水域的通道，在那里被一艘经过的帆船救出。尽管困难重重，但他们中仅一人在途中丧生，其他人都成功穿越冰缝，艰难前行，并在冰冻条件下幸存了下来。虽然要承受着雪橇的重量，他们仍拖着伤病的同伴一起前行。

1855 年 10 月 11 日，凯恩探险队终于回到纽约，并受到了英雄般的迎接。随后凯恩着手撰写他的探险笔记，一年后，两卷的报告发表。这份报告记述了凯恩惊险又英勇的经历，引人入胜，激动人心，因此在美国和欧洲都造成巨大轰动。此外，这是第一次有人在近两千米厚的冰盖环境中幸存并返回来描述其特征。他的报告成了超级畅销书。同样，科学家和普通人首次能够想象并理解巨大冰层的概念。此后数年之内，其他反对阿加西冰期理论的地质学家再也无法忽视巨型冰盖的概念。地质学家终于能够想象得到，欧洲和北美曾被数千米厚的冰覆盖的场景。

这个故事还有两个后续：凯恩本人正从探险的极度压力中恢复过来，仍未痊愈，但他觉得有义务前往英格兰并亲自向富兰克林夫人提交他的报告。遵照医嘱，他随后乘船前往古巴休养。不幸的是，他的身体每况愈下，于 1857 年 2 月 16 日在古巴去世，年仅 36 岁。他的尸体被送到新奥尔良，再由火车运回费城。火车沿途各站都有大量民众纪念这位民族英雄。这是当时美国历史上最长的送葬火车，甚至超过 1865 年 4 月遭暗杀身亡的林肯总统回伊利诺伊的送葬火车。

最后，这些早期探险队都未能发现不幸的富兰克林探险队的下落。直到现代卫星定位技术和更先进的北极搜寻方法出现后，这支探险队的命运才水落石出。我们现在已经知道，整个探险队 129 名船员当时被困在冰雪中，死于疾病、失温、饥饿，甚至同类相食。"幽冥号"的残骸在 2014 年被发现，而"惊恐号"在 2016年才被发现。两者都被冰封，后被冰压碎，沉入深海中。

苏格兰门卫和塞尔维亚数学家

冰期概念确定后，19 世纪末和 20 世纪的大部分时间里，地质学家开始测绘冰川"搬运"沉积物（实际上是由冰川堆积而成的冰碛物，即冰川消融后在其前缘堆积而成的砂、砾石和巨砾等的混合物）。不久，地质学家就确定在北美有四次大冰期，分别是（年代自新到老）威斯康星冰期（Wisconsinan）、伊利诺伊冰期（Illinoian）、堪萨冰期（Kansan）和内布拉斯加冰期（Nebraskan），以冰碛物分布范围最南端的州命名。与此同时，欧洲地质学家也发现了五次大冰期，分别是（年代自新到老）：武木冰期（Würm）、里斯冰期（Riss）、贡兹冰期（Gunz）、民德冰期（Mindel）和多瑙冰期（Donau）。北半球大陆不止出现过一次冰河时代，而是至少四五次。不幸的是，当时还没有定年法以确定这些冰期的年代，或确定北美的四次冰期是否与欧洲的五次冰期相对应。地质学家对多次冰期存在的证据做出了各种解释，但没有一种得到普遍认可。

此时，天文学界正在热烈讨论一种理论，地球表面接收的太阳光量（称为太阳辐射）可能是冰期向间冰期转换的关键因素。遗憾的是，当时尚未有人推算出所需轨道的数学方程，或是计算出两者的能量差异。苏格兰著名科学家詹姆斯·克罗尔（James Croll，图 25.5）填补了这个空白。克罗尔是自学成才的典范。他出生在苏格兰珀斯郡的一个农场，不到 16 岁就不得不出去工作，几乎没受到过正规教育。他一开始在一名车匠和机械师那里当学徒，后来卖茶，还曾经营过禁酒旅馆，但失败了，之后还当过保险经纪人。1859 年，他被聘为位于格拉斯哥的安德森大学（Andersonian University）的门卫，经常在图书馆自学数学、物理学和天文学。

于尔班·勒威耶（Urbain Le Verrier）是最早提出地球绕太阳

图 25.5　詹姆斯·克罗尔（图源：维基百科）

轨道转动及其自转轴倾角一直在不断变化的天文学家。克罗尔在勒威耶的工作基础上继续研究，向查尔斯·赖尔爵士和阿奇博尔德·盖基爵士展示了他的研究成果，给他们留下了深刻印象。盖基爵士聘请他担任爱丁堡苏格兰地质调查局的地质图和通信管理员，在这里他有充足的业余时间阅读和研究，而且有许多文献可供参考。1875 年，克罗尔写下《气候与时间的地质关系》（*Climate and Time in their Geological Relations*）一书，书中给出了地球轨道运动如何影响它所接收到的太阳辐射量，从而引起冰期。这本书让他获得了大学研究职位及圣安德鲁斯大学荣誉学位，并最终当选为伦敦皇家学会的会员。

克罗尔对已知的地球绕太阳轨道周期进行了计算，研究它是否可以解释冰期成因。他指出，天文学家约翰内斯·开普勒（Johannes Kepler）早在 1609 年就发现，地球绕太阳运行轨道不是圆形而是椭圆形。地球轨道是从近乎正圆非常缓慢地变为蛋形的（如今我们知道，这个过程大约需要 10 万年），这被称为地球轨道"偏心率"周期（图 25.6A）。另一个是岁差（precession）或"摆动"周期，早在公元前 130 年，希帕克斯（Hipparchos）就已提出这一概念。正如古希腊人所知道的那样，地轴像陀螺一样摆动，自转轴会指向不同的方向。比如今天它指向北极星，但 1 万年前它指向完全不同的恒星，如织女星。地轴方向不同会影响极点接收到的太阳光量，这就是岁差或"摆动"周期。如今我们已经知道，这个周期大约是 21 000 ~ 23 000 年，是三个周期中最快的。

克罗尔还指出，由于反照率反馈回路，冰川生长或消融的速度非常快。当冰川面积较大时，冰反射日光的能力强，或者说有很高的反照率，会将更多的太阳能反射回太空，使温度降低，冰川扩

张。但如果地表被冰雪覆盖，只要冰雪稍微融化，使吸收日光、低
反照率的海水或植被等深色地表暴露出来，就可以吸收更多的热
量，加速融化。

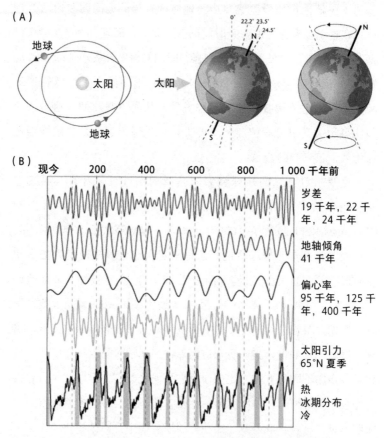

图 25.6　米兰科维奇循环：（A）地球轨道和地轴倾角的变化引发的三种周
期性变化。（B）每个循环都有自己的周期性，形成三个正弦波，它们相互
作用形成一个复杂的干涉图形，产生锯齿形的冷热波动图。这种模式与深
海岩芯中记录的古海洋温度相对应，最终也得到冰芯中的古大气包裹体的
证实（图源：维基百科）

克罗尔的书的内容非常具有挑战性，值得认真对待。遗憾的是，当时没有合适的数据去验证他的想法。因为那时没有可靠的测年方法，冰期的陆地记录也不完整，很难证实他的想法。故此后数十年，他的理论被归类为有趣但不可验证的想法。克罗尔本人在1880年遭受了严重的头部损伤，不得不在59岁时退休。他于1890年去世，在这十年里，他的观点毫无进展。

当塞尔维亚天文学家和数学家米卢廷·米兰科维奇（Milutin Milankovitch）重新提出克罗尔的观点时，它们几乎已被世人遗忘了（图25.7）。米兰科维奇于1879年出生在现在的克罗地亚（当时隶属

图 25.7 米卢廷·米兰科维奇（图源：维基百科）

奥匈帝国），他是一名出色的学生，并于 1904 年获得维也纳理工学院的工程学位，后来成为一名顶尖的土木工程师，在奥地利建造了许多桥梁、沟渠和大坝等建筑物。他甚至还有 6 项发明专利。后来他移居塞尔维亚，担任贝尔格莱德大学应用数学系主任。

虽然米兰科维奇的正职是工程师，但他对基础研究更感兴趣。1912 年，他参与研究太阳辐射变化如何影响气候的问题。他感叹道："大部分气象学成果（主要是数据资料）毫无意义，只不过是一大堆经验主义发现，再用物理学知识进行解释……数学运用得甚至更少，仅仅用到了基本的微积分……高等数学完全没用到。"1912 年和 1913 年，他发表了几篇论文，计算了地球各纬度接收的太阳日照量及其对气候带位置的影响。1914 年 7 月，弗兰茨·斐迪南大公在萨拉热窝遭遇暗杀，塞尔维亚和奥匈帝国之间的危机引发了第一次世界大战。身为塞尔维亚人，米兰科维奇在奥地利度蜜月期间被捕，而后被囚禁在埃塞格堡（Esseg Fortress）。他如此描述在战俘营的第一夜：

> 厚重的铁门在我身后关上了……我坐在床上，环顾房间，开始接受这个新环境……我随身携带的手提行李中有我已出版或者才开始研究的关于宇宙问题的资料，甚至还有一些白纸。我浏览了一遍资料，拿起钢笔开始写写算算……午夜过后，环顾四周，我需要花一些时间才能意识到我在哪里。在我看来，这个小房间像是我宇宙之旅中的一个临时住所。

幸运的是，米兰科维奇在维也纳人脉很广，因此他后来被转移到布达佩斯。在那里，扣押期间他有权使用资料，他的研究才得以继续。虽然严格意义上他是一名囚犯，但他利用在布达佩斯不受干扰的这段时间，以及可进入大学图书馆的权利，在数学气象学方向取得巨大进步，并于1914年至1920年间发表了一系列论文。最后，战争结束了，米兰科维奇和他的家人于1919年3月回到贝尔格莱德，并恢复了他在贝尔格莱德大学的教授职位。

接着，米兰科维奇在这项研究的基础上，计算出太阳辐射量周期变化导致冰期出现的精确模型。最重要的是，他意识到关键因素是地球表面夏季接收到的光照量，这个因素决定了冰雪融化（残留）的程度。米兰科维奇在对克罗尔的偏心率周期和岁差周期理解的基础上，增加了路德维希·皮尔格林（Ludwig Pilgrim）在1904年发现的第三个周期：地轴倾角或"黄赤交角"周期。地球自转轴并非垂直于绕太阳运动的平面，而是倾斜23.5°（图25.6A），且该角度并不总是恒定的，而是在22°和24.5°之间波动。当角度大到24.5°时，两极区域会获得更多的阳光，冰雪融化；当它低至22°时，极地接收到的阳光较少，冰雪增加。这被称为地球轨道的倾斜角周期，从22°到24.5°再回到22°这样一个完整周期大约需要41 000年。米兰科维奇对所需资料进行了大量计算和绘图（当时没有计算机或计算器，只能用笔在纸上进行），发表了数十篇研究地球太阳辐射和气候问题的科学论文和短篇书籍，并于20世纪30年代末将它们汇编成一本书，即《地球日照量及其对冰期的影响》（*Canon of Insolation of the Earth and Its Application to the Problem of the Ice Ages*）。

然而，世界再度陷入危机，干扰了米兰科维奇的生活和工作。1941年，他将书送去印刷厂后第四天，德国入侵南斯拉夫，印刷厂在贝尔格莱德轰炸中被摧毁。幸运的是，已打印好的书页放在另一个仓库中，没有受到损坏，最终得以装帧出版。1941 年 5 月，纳粹入侵塞尔维亚时，两名德国军官和几个地质系学生来到他家帮忙。他将自己唯一一本已装订好的书交给他们妥善保管，以防他或他的工作室发生意外。其后几年，他一直躲藏在家中，撰写他的回忆录。战争结束后，他再次回到贝尔格莱德大学，并担任塞尔维亚科学院副院长。虽然他已经获得了许多荣誉和奖项，但米兰科维奇并没有满足于他的成就，而是继续研究重要问题。他对修正儒略历（Julian Calendar）、验证极移理论和撰写科学史很感兴趣，甚至1954 年退休后仍在进行研究。1958 年，米兰科维奇因中风去世，享年 79 岁，当时他仍不知道他的想法是否会得到地质证据的支持。

谜底：浮游生物和冰期触发器

虽然米兰科维奇已提出天文周期和冰期成因的关系问题，且任何天文学家或数学家也都可以通过计算得到，但在地质学上，仍然没有明确的证据可支持这个观点。陆地沉积物只显示了四到五次大冰期事件，甚至到 20 世纪 50 年代后期，它们的年代仍不确定。天文周期和冰期的观点仍是个未证实的猜想。

通过陆地冰川记录永远无法解决这个问题，因为大部分陆地记录很容易遭受侵蚀，记录不连续，所以不完整。直到 20 世纪 70 年代早期，科学家开始分析深海沉积物岩芯，这个问题才得以解决。与陆地上不连续的沉积物不同，深海海底几乎被稳定的不间断的沉积物"降雨"所覆盖，这些"雨"是海洋表面沉降的细泥和浮游生物壳体。一旦我们能够获取足够长的岩芯，便能得到过去 200 万至300 万年的连续的海洋气候记录，也就有足够的资料来验证克罗尔-米兰科维奇假说。

美国国家科学基金会（NSF）CLIMAP 项目（Climate: Long-Range Investigation, Mapping, and Prediction 的首字母缩写，即 "气候：远程调查、制图和预报"）资助的一支科学家队伍牵头做了这项研究。项目的首席科学家是拉蒙特研究所微体古生物学家詹姆斯·海斯（James Hays，他是我博士论文委员会的成员，也是我早期一些微体古生物学研究的合作者）、布朗大学微体古生物学家约翰·英布里（John Imbrie）和剑桥大学同位素地球化学家尼克·沙克尔顿（Nick Shackleton）。他们三人分析了很多不同的深海岩芯，这些岩芯中包含过去 200 万年至 300 万年内的冰期的大尺度连续记录。他们通过微体化石的生物地层学特征、火山灰和岩芯沉积物中记录的磁场变化，测定了岩芯的精确年龄。这些科学家发现，岩芯中某些对温度敏感的浮游生物可用于追踪海洋温度变化。此外，浮游生物壳体中矿物质的化学成分也可以作为海水温度变化的指示物，因此这些岩芯中有好几种气候指标。

CLIMAP 的科学家分析并研究了世界各大洋的岩芯，发现冰期旋回不止有四次或五次，在过去的 200 万年中有 20 多次冰期！显然，陆地只记录下几个大的冰期旋回，而较小旋回的踪迹都被其后的大冰期抹除了。但是在深海记录中，所有旋回都得以保留，同时海洋温度变化的确切时间及幅度可以绘制成精确的温度曲线。

CLIMAP 的科学家得到温度曲线后，尝试梳理这些复杂的锯齿状冷暖变化的成因。他们利用光谱分析法分析复杂曲线并将其分解成为细小的组分。结果表明，这个复杂的干涉图形是由三种不同的正弦曲线合成的（图 25.6B）。果然，这三个正弦波分别是 110 000 年的偏心率周期、41 000 年的地轴倾角周期，以及 21 000 到 23 000 年的岁差周期——正如米兰科维奇 30 多年前所预测的那样。

于是，1975 年，在克罗尔发表第一本相关著作 100 年之际，这个问题终于得以解决。1976 年，海斯、英布里和沙克尔顿发表了著名的"触发器"（pacemaker）论文，其中列出了所有证据，证明地球绕太阳运动的天文周期决定了地球接收到的太阳辐射量，这些周期是冰期的主因或"触发器"。从那时起，各种地质记录中都发现了克罗尔-米兰科维奇循环，包括石炭系煤层和白垩系白垩岩海的循环。克罗尔-米兰科维奇假说的确认被认为是地质学上的重要里程碑。海斯、英布里和沙克尔顿于 1976 年发表的"触发器"论文被评为 20 世纪最重大的科学突破。

想想看，巨石和基岩擦痕之谜的答案，竟然由深海中微小的浮游生物壳体揭晓，多么不可思议。

延伸阅读

Gribbin, John, and Mary Gribbin. *Ice Age: The Theory That Came in from the Cold!* New York: Barnes and Noble, 2002.

Imbrie, John, and Katherine Palmer Imbrie. *Ice Ages: Solving the Mystery.* Cambridge: Harvard University Press, 1986.

Macdougall, Doug. *Frozen Earth: The Once and Future Story of the Ice Ages.* Berkeley: University of California Press, 2013.

Ruddiman, William F. *Earth's Climate: Past and Future.* 3rd ed. New York: Freeman, 2013.

Woodward, Jamie. *The Ice Age: A Very Short Introduction.* Oxford: Oxford University Press, 2014.

著作权合同登记号 图字：11-2023-133
审图号：GS（2023）2561 号
本书插图系原文插附地图

图书在版编目（CIP）数据

改写地球历史的 25 种石头 /（美）唐纳德·R. 普罗
瑟罗著；周敏译 . -- 杭州：浙江科学技术出版社，2023.9
（2024.7 重印）
　ISBN 978-7-5739-0607-6

　Ⅰ . ①改… Ⅱ . ①唐… ②周… Ⅲ . ①岩石—普及读
物 Ⅳ . ① P583-49

　中国国家版本馆 CIP 数据核字 (2023) 第 069796 号

书　名	改写地球历史的 25 种石头	
著　者	［美］唐纳德·R. 普罗瑟罗	
译　者	周　敏	

出版发行 浙江科学技术出版社
　　　　　杭州市体育场路 347 号　　　邮政编码：310006
　　　　　办公室电话：0571-85176593　销售部电话：0571-85176040
印　刷 河北中科印刷科技发展有限公司

开　本	143mm×210mm　1/32	印　张	12.25	
字　数	270 千字			
版　次	2023 年 9 月第 1 版	印　次	2024 年 7 月第 3 次印刷	
书　号	ISBN 978-7-5739-0607-6	定　价	75.00 元	

出版统筹	吴兴元	编辑统筹	费艳夏
特邀编辑	孟　培	封面设计	墨白空间·黄　海
责任编辑	卢晓梅	责任校对	张　宁
责任美编	金　晖	责任印务	叶文炀